大宗工业固体废弃物制备绿色建材技术研究丛书（第一辑）

尾矿综合利用技术

黄天勇 ◎ 编著

中国建材工业出版社

图书在版编目（CIP）数据

尾矿综合利用技术/黄天勇编著. --北京：中国建材工业出版社，2021. 1

（大宗工业固体废弃物制备绿色建材技术研究丛书. 第一辑）

ISBN 978-7-5160-3027-1

Ⅰ. ①尾…　Ⅱ. ①黄…　Ⅲ. ①尾矿利用—综合利用　Ⅳ. ①TD926. 4

中国版本图书馆 CIP 数据核字（2020）第 152779 号

尾矿综合利用技术

Weikuang Zonghe Liyong Jishu

黄天勇 ◎ 编著

出版发行：中国建材工业出版社

地　　址：北京市海淀区三里河路 1 号

邮　　编：100044

经　　销：全国各地新华书店

印　　刷：北京天恒嘉业印刷有限公司

开　　本：787mm × 1092mm　1/16

印　　张：14

字　　数：240 千字

版　　次：2021 年 1 月第 1 版

印　　次：2021 年 1 月第 1 次

定　　价：138. 00 元

本社网址：www. jccbs. com，微信公众号：zgjcgycbs

《大宗工业固体废弃物制备绿色建材技术研究丛书》（第一辑）
编　委　会

序 一

FOREWORD 1

大宗工业固体废弃物产生量远大于生活垃圾，是我国固体废弃物管理的重要对象。随着我国经济高速发展，社会生活水平不断提高以及工业化进程逐渐加快，大宗工业固体废弃物呈现了迅速增加的趋势。工业固体废弃物的污染具有隐蔽性、滞后性和持续性，给环境和人类健康带来巨大危害。对工业固体废弃物的妥善处置和再生利用已成为我国经济社会发展不可回避的重要环境问题之一。当然，随着科技的进步，我国大宗工业固体废弃物的综合利用量不断增加，综合利用和循环再生已成为工业固体废弃物的大势所趋，但近年来其综合利用率提升较慢，大宗工业固体废弃物仍有较大的综合利用潜力。

我国“十三五”规划纲要明确提出，牢固树立和贯彻落实创新、协调、绿色、开放、共享的新发展理念，坚持节约资源和保护环境的基本国策，推进资源节约集约利用，做好工业固体废弃物等大宗废弃物资源化利用。中国建材工业出版社携同中国硅酸盐学会固废与生态材料分会组织相关领域权威专家学者撰写《大宗工业固体废弃物制备绿色建材技术研究丛书》，阐述如何利用煤矸石、粉煤灰、冶金渣、尾矿、建筑废弃物等大宗固体废弃物来制备建筑材料的技术创新成果，适逢其时，很有价值。

本套丛书反映了建筑材料行业引领性研究的技术成果，符合国家绿色发展战略。祝贺丛书第一辑获得国家出版基金的资助，也很荣幸为丛书作序。希望这套丛书的出版，为我国大宗工业固废的利用起到积极的推动作用，造福国家与人民。

中国工程院　院士
东南大学　教授

序 二

FOREWORD 2

习近平总书记多次强调，绿水青山就是金山银山。随着生态文明建设的深入推进和环保要求的不断提升，化废弃物为资源，变负担为财富，逐渐成为我国生态文明建设的迫切需求，绿色发展观念不断深入人心。

建材工业是我国国民经济发展的支柱型基础产业之一，也是发展循环经济、开展资源综合利用的重点行业，对社会、经济和环境协调发展具有极其重要的作用。工业和信息化部发布的《建材工业发展规划（2016—2020年）》提出，要坚持绿色发展，加强节能减排和资源综合利用，大力发展循环经济、低碳经济，全面推进清洁生产，开发推广绿色建材，促进建材工业向绿色功能产业转变。

大宗工业固体废弃物产生量大，污染环境，影响生态发展，但也有良好的资源化再利用前景。中国建材工业出版社利用其专业优势，与中国硅酸盐学会固废与生态材料分会携手合作，在业内组织权威专家学者，撰写了《大宗工业固体废弃物制备绿色建材技术研究丛书》。丛书第一辑阐述如何利用粉煤灰、煤矸石、尾矿、冶金渣及建筑废弃物等大宗工业固体废弃物制备路基材料、胶凝材料、砂石、墙体及保温材料等建材，变废为宝，节能低碳；第二辑将阐述利用工业副产石膏、冶炼渣、赤泥等工业固体废弃物制备建材的相关技术。丛书第一辑得到了国家出版基金资助，在此表示祝贺。

这套丛书的出版，对于推动我国建材工业的绿色发展、促进循环经济运行、快速构建可持续的生产方式具有重大意义，将在构建美丽中国的进程中发挥重要作用。

中国工程院　院士
武汉理工大学　教授

丛书前言

PREFACE TO THE SERIES

中国建材工业出版社联合中国硅酸盐学会固废与生态材料分会组织国内该领域专家撰写《大宗工业固体废弃物制备绿色建材技术研究丛书》，旨在系统总结我国学者在本领域长期积累和深入研究的成果，希望行业中人通过阅读这套丛书而对大宗工业固废建立全面的认识，从而促进采用大宗固废制备绿色建材整体化解决方案的形成。

固废与建材是两个独立的领域，但是却有着天然的、潜在的联系。首先，在数量级上有对等的关系：我国每年的固废排出量都在百亿吨级，而我国建材的生产消耗量也在百亿吨级；其次，在成分和功能上有对等的性能，其中无机组分可以谋求作替代原料，有机组分可以考虑作替代燃料；第三，制备绿色建筑材料已经被认为是固废特别是大宗工业固废利用最主要的方向和出路。

吴中伟院士是混凝土材料科学的开拓者和学术泰斗，被称为“混凝土材料科学一代宗师”。他在二十几年前提出的“水泥混凝土可持续发展”的理论，为我国水泥混凝土行业的发展指明了方向，也得到了国际上的广泛认可。现在的固废资源化利用，也是这一思想的延伸与发展，符合可持续发展理论，是环保、资源、材料的协同解决方案。水泥混凝土可持续发展的主要特点是少用天然材料、多用二次材料（固废材料）；固废资源化利用不能仅仅局限在水泥、混凝土材料行业，还需要着眼于矿井回填、生态修复等领域，它们都是一脉相承、不可分割的。可持续发展是人类社会至关重要的主题，固废资源化利用是功在当代、造福后人的千年大计。

2015 年后，固废处理越来越受到重视，尤其是在党的十九大报告中，在论述生态文明建设时，特别强调了“加强固体废弃物和垃圾处置”。我国也先后提出“城市矿产”“无废城市”等概念，着力打造“无废城市”。“无废城市”并不是没有固体废弃物产生，也不意味着固体废弃物能完全资源化利用，而是一种先进的城市管理理念，旨在最终实现整个城市固体废弃物产生量最小、资源化利用充分、处置安全的目标，需要长期探索与实践。

这套丛书特色鲜明，聚焦大宗固废制备绿色建材主题。第一辑涉猎煤矸石、粉煤灰、建筑固废、冶金渣、尾矿等固废及其在水泥和混凝土材料、路基材料、地质聚合物、矿井充填材料等方面的研究与应用。作者们在书中针对煤电固废、冶金渣、建筑固废和矿业固废在制备绿色建材中的原理、配方、技术、生产工艺、应用技术、典型工程案例等方面都进行了详细阐述，对行业中人的教学、科研、生产和应用具有重要和积极的参考价值。

这套丛书的编撰工作得到缪昌文院士、张联盟院士、彭苏萍院士、何满潮院士、欧阳世翕教授和晋占平教授等专家的大力支持。缪昌文院士和张联盟院士还专门为丛书写序推荐，在此向以上专家表示衷心的感谢。丛书的编撰更是得到了国内一线科研工作者的大力支持，也向他们表示感谢。

《大宗工业固体废弃物制备绿色建材技术研究丛书》（第一辑）在出版之初即获得了国家出版基金的资助，这是一种荣誉，也是一个鞭策，促进我们的工作再接再厉，严格把关，出好每一本书，为行业服务。

我们的理想和奋斗目标是：让世间无废，让中国更美！

王栋民

中国硅酸盐学会固废与生态材料分会　理事长
中国矿业大学（北京）　教授、博导

前言

PREFACE

尾矿，就是选矿厂在特定的经济技术条件下，将矿石碎磨、分离有用组分后所排放的废弃物。废石往往和尾矿一同被称为矿山固体废弃物，也就是广义上的尾矿。尾矿是工业固体废弃物的主要组成部分，其中含有一定数量的有用金属、非金属矿物，是一种复合的硅酸盐、碳酸盐等矿物材料，具有数量大、污染和危害环境的特点。我国尾矿多以自然堆积法储存于尾矿坝中，不仅要侵占大量的土地，污染矿区与周边地区的环境，形成安全隐患，同时也造成资源流失。因此，大力开展尾矿资源综合利用和减排的工作，使之变废为宝，化害为利，对于改善生态环境、提高资源利用率、促进矿业可持续发展、践行“无废城市”有着十分重要的意义。

为了安全合理地利用尾矿这一固体废弃物，编著者在搜集、整理、分析和研究有关资料的基础上，阐述了尾矿的成分、分类、特点等，并介绍尾矿再选、充填、制备建筑材料、制备高附加值材料方面的新成果、新工艺、新方法及应用实例，是一本较系统、全面地介绍尾矿综合利用技术的著作。

本书共分 6 章，第 1 章绪论，阐明了尾矿的定义、分类、成分、危害及综合利用的意义；第 2 章介绍了尾矿和废石综合利用的现状及途径；第 3 章介绍了尾矿和废石再选技术及应用实例；第 4 章介绍了尾矿和废石充填技术及应用实例；第 5 章介绍了尾矿和废石制备混凝土、干混砂浆、墙体材料和硅酸钙板技术及应用实例，同时针对尾矿及其建材制品浸出毒性进行详细介绍；第 6 章介绍了尾矿制备陶瓷材料、微晶玻璃等高附加值材料技术及应用实例。

本书的编写和出版，得到了北京建筑材料科学研究总院有限公司各级领导的关怀和支持，在此表示衷心的感谢。本书在编著过程中，得到了陈旭峰、章银祥、郭建平、战佳宇、代文彬、郑永超、房桂明、李寅明、常宇、张莹等人的大力帮助，在此一并表示感谢。

由于编著者水平有限，书中不足和疏漏之处在所难免，敬请广大读者和专家批评指正。

编著者

2020 年 8 月

目录

CONTENT

1 绪论

1.1 尾矿的定义

尾矿是指选矿中分选作业的产物中有用目标组分含量较低而无法用于生产的部分；废石是指在矿体周围的岩石（围岩）以及夹在矿体中的岩石（夹石），不含有用成分或含量过少不宜作为矿石开采的部分。中国是矿产资源大国，伴随产生的废石和尾矿量是巨大的，尾矿和废石总是被联系在一起，称为矿山固体废弃物，也就是广义上的尾矿。

1.2 尾矿的分类及成分

1.2.1 尾矿的分类

1. 按照行业划分

尾矿按照行业划分主要包括黑色金属尾矿、有色金属尾矿、稀贵金属尾矿和非金属尾矿四类。

黑色金属尾矿包括铁尾矿、锰尾矿。大部分铁尾矿、锰尾矿都含有可进一步提取的残余的铁、锰，其余组分主要是硅酸盐类矿物。部分铁尾矿和锰尾矿还含有可提取的有色、稀有或稀土金属（如四川攀枝花的钒钛磁铁矿型尾矿和内蒙古白云鄂博的多稀土金属伴生型铁尾矿及“锰三角”地区的部分锰尾矿）。

有色金属尾矿主要包括铜尾矿、铅锌尾矿、镍尾矿、锡尾矿、钼尾矿等。有色金属尾矿一般都含有多种残余的有色金属、硫化物、石英、长石、云母等氧化矿物和硅酸盐类矿物。有色金属尾矿中残余的有色金属大部分对于周边环境来说都是潜在的重金属污染源，尤其是砷、铅污染最为严重。大部分有色金属尾矿由于含有较多的硫化物，也是酸性废水的潜在发生源，其对环境构成酸污染的潜在危害。

稀贵金属尾矿主要包括黄金尾矿、银尾矿、钨尾矿、铌钽尾矿等。

稀贵金属尾矿除了含有可以再提取的有价稀贵金属外，具有与有色金属尾矿相近的矿物组成，即尾矿的主要成分也是石英、长石、云母等矿物。部分稀贵金属矿物中含有较多的方解石、萤石等矿物，是氟的潜在污染源。

非金属尾矿种类繁多，主要包括石灰石尾矿、大理石尾矿、高岭土尾矿、石英岩尾矿、花岗岩尾矿、滑石尾矿、石棉尾矿、硅藻土尾矿、膨润土尾矿、珍珠岩尾矿、蛭石尾矿、云母尾矿、铝矾土尾矿等。非金属尾矿按所含主要成分分为碳酸盐类尾矿和硅酸盐类尾矿。大部分非金属尾矿所含的原目标矿物都不具有再选价值，多采用整体利用或自然堆存，但总量少，堆存分散。由于大部分非金属尾矿不含高浓度的有毒有害物质，又属硅酸盐或碳酸盐类，在堆存过程中易于土壤化，再加上单库容一般较小，所以非金属尾矿堆存带来的环境危害和安全风险相对较小。

2. 按照选矿工艺流程划分

按照选矿工艺流程，尾矿可分为手选尾矿、重选尾矿、磁选尾矿、浮选尾矿、化学选矿尾矿和电选及光电选尾矿六大类。

手选尾矿：因为手选主要适合于结构致密、品位高、与脉石界限明显的金属或非金属矿石，因此，尾矿一般呈大块的废石状。根据对原矿石的加工程度不同，又可进一步分为矿块状尾矿和碎石状尾矿，前者粒度差别较大，但多在100～500mm之间，后者多在20～100mm之间。

重选尾矿：因为重选是利用有用矿物与脉石矿物的密度差和粒度差选别矿石，一般采用多段磨矿工艺，致使尾矿的粒度组成范围比较宽。分别存放时，可得到单粒级尾矿；混合储存时，可得到符合一定级配要求的连续粒级尾矿。按照作用原理及选矿机械的类型不同，可进一步分为跳汰选矿尾矿、重介质选矿尾矿、摇床选矿尾矿、溜槽选矿尾矿等。其中，前两种方法选别的尾矿粒径较粗，一般大于2mm；后两种方法选别的尾矿粒径较细，一般小于2mm。

磁选尾矿：磁选主要用于选别磁性较强的铁锰矿石，尾矿一般为含有一定量铁质的造岩矿物，粒度范围比较宽，一般从0.05mm到0.55mm不等。

浮选尾矿：浮选是有色金属矿产的最常用的选矿方法，其尾矿的典型特点是粒径较细，通常在0.0～0.5mm之间，小于0.075mm的细粒径占绝大部分。

化学选矿尾矿：由于化学药液在浸出有用元素的同时，也对尾矿颗粒产生一定程度的腐蚀或改变其表面状态，一般能提高其反应活性。

电选及光电选尾矿：目前这种选矿方法用得较少，通常用于分选砂矿床或尾矿中的贵重矿物，尾矿粒度一般小于1mm。

3. 按照尾矿中主要组成矿物的组合搭配情况划分

按照尾矿中主要组成矿物的组合搭配情况，可将其分为镁铁硅酸盐型尾矿、钙铝硅酸盐型尾矿、长英岩型尾矿、碱性硅酸盐型尾矿、高铝硅酸盐型尾矿、高钙硅酸盐型尾矿、硅质岩型尾矿和碳酸盐型尾矿八大岩石化学类型。

镁铁硅酸盐型尾矿：该类尾矿的主要组成矿物为 $Mg_2[SiO_4]$-$Fe_2[SiO_4]$系列橄榄石和 $Mg_2[Si_2O_6]$-$Fe_2[Si_2O_6]$ 系列辉石，以及它们的含水蚀变矿物：蛇纹石、硅镁石、滑石、镁铁闪石、绿泥石等。一般产于超基性和一些偏基性岩浆岩、火山岩，镁铁质变质岩，镁矽卡岩中的矿石，常形成此类尾矿。在外生矿床中，富镁矿物集中时，可形成蒙脱石、凹凸棒石、海泡石型尾矿。其化学组成特点为：富镁、富铁，贫钙、贫铝，且一般镁大于铁，无石英。

钙铝硅酸盐型尾矿：该类尾矿的主要组成矿物为 $CaMg[Si_2O_6]$-$CaFe[Si_2O_6]$ 系列辉石、$Ca_2Mg_5[Si_4O_{11}](OH)_2$-$Ca_2Fe_5[Si_4O_{11}](OH)_2$系列闪石、中基性斜长石，以及它们的蚀变、变质矿物：石榴子石、绿帘石、阳起石、绿泥石、绢云母等。这类尾矿在中基性岩浆岩、火山岩，区域变质岩，钙矽卡岩型矿石时较为常见。与镁铁硅酸盐型尾矿相比，其化学组成特点是：钙、铝进入硅酸盐晶格，含量增高，铁、镁含量降低，石英含量较小。

长英岩型尾矿：该类尾矿主要由钾长石、酸性斜长石、石英及它们的蚀变矿物如白云母、绢云母、绿泥石、高岭石、方解石等构成。产于花岗岩自变质型矿床，花岗伟晶岩矿床，与酸性侵入岩和次火山岩有关的高、中、低温热液矿床，酸性火山岩和火山凝灰岩自蚀变型矿床，酸性岩和长石砂岩变质岩型矿床，风化残积型矿床，长英砂及硅质页岩型沉积矿床的矿石，常形成此类尾矿。它们在化学组成上具有高硅、中铝、贫钙、富碱的特点。

碱性硅酸盐型尾矿：这类尾矿在矿物成分上以碱性硅酸盐矿物，如碱性长石、似长石、碱性辉石、碱性角闪石、云母以及它们的蚀变、变质矿物，如绢云母、方钠石、方沸石等为主。产于碱性岩中的稀有、稀土元素矿床，可产生这类尾矿。根据尾矿中的 SiO_2 含量，可分为碱性超基性岩型、碱性基性岩型、碱性酸性岩型三个亚类。其中，第三亚类分布较广，建材中多用此类。在化学组成上，这类尾矿以富碱、贫硅、无石英为特征。

高铝硅酸盐型尾矿：这类尾矿的主要组成成分为云母类、黏土类、蜡石类等层状硅酸盐矿物，并常含有石英。常见于某些蚀变火山凝灰岩型、沉积页岩型以及它们的风化、变质型矿床的矿石中，煤系地层中的煤矸石亦多属此类。化学成分上，表现为富铝、硅，贫钙、镁，有时钾、钠含量较高。

高钙硅酸盐型尾矿：这类尾矿主要矿物成分为透辉石、透闪石、硅灰石、钙铝榴石、绿帘石、绿泥石、阳起石等无水或含水的硅酸钙岩。多分布于各种钙矽卡岩型矿床和一些区域变质矿床。化学成分上表现为高钙、低碱，SiO_2 一般不饱和，铝含量一般较低的特点。

硅质岩型尾矿：这类尾矿的主要矿物成分为石英及其二氧化硅变体。包括石英岩、脉石英、石英砂岩、硅质页岩、石英砂、硅藻土以及二氧化硅含量较高的其他矿物和岩石。自然界中，这类尾矿广泛分布于伟晶岩型，火山沉积—变质岩型，各种高、中、低温热液型，层控砂（页）岩型以及砂矿床型的矿石中。SiO_2 含量一般在 90% 以上，其他元素含量一般不足 10%。

碳酸盐型尾矿：这类尾矿中，碳酸盐矿物占绝对多数，主要为方解石或白云石。常见于化学或生物—化学沉积岩型矿石中。在一些充填于碳酸盐岩层位中的脉状矿体中，也常将碳酸盐质围岩与矿石一道采出，构成此类尾矿。根据碳酸盐矿物是方解石，还是白云石为主，又可进一步分为钙质碳酸盐型尾矿和镁质碳酸盐型尾矿两个亚类。

1.2.2 尾矿的成分

尾矿的成分包括化学成分和矿物成分，无论何种类型的尾矿，其主要组成元素有 O、Si、Al、Fe、Ca、Mg、Na、K、P、Mn、Ti 等几种，但它们在不同类型的尾矿中含量差别很大，且具有不同的结晶化学行为。

根据我国一些典型金属和非金属矿山的资料统计，各类型尾矿化学成分和矿物成分列于表 1-1，我国几种典型金属矿床尾矿的化学组分见表 1-2。

表 1-1 尾矿的化学组成和矿物组成范围一览表

<table>
<tr><th rowspan="2">尾矿类型</th><th rowspan="2">矿物成分</th><th rowspan="2">质量分数/%</th><th colspan="8">主要化学成分/%</th></tr>
<tr><th>SiO_2</th><th>Al_2O_3</th><th>Fe_2O_3</th><th>FeO</th><th>MgO</th><th>CaO</th><th>Na_2O</th><th>K_2O</th></tr>
<tr><td rowspan="3">镁铁硅酸盐型</td><td>斜长石（绢云母）</td><td>25 ~ 75</td><td rowspan="3">30.0 ~ 45.0</td><td rowspan="3">0.5 ~ 4.0</td><td rowspan="3">0.5 ~ 5.0</td><td rowspan="3">0.5 ~ 8.0</td><td rowspan="3">25.0 ~ 45.0</td><td rowspan="3">0.3 ~ 4.5</td><td rowspan="3">0.02 ~ 0.5</td><td rowspan="3">0.01 ~ 0.3</td></tr>
<tr><td>辉石（绿泥石）</td><td>25 ~ 75</td></tr>
<tr><td>镁铁橄榄石（蛇纹石）</td><td>≤15</td></tr>
<tr><td rowspan="4">钙铝硅酸盐型</td><td>镁铁橄榄石（蛇纹石）</td><td>0 ~ 10</td><td rowspan="4">45.0 ~ 65.0</td><td rowspan="4">12.0 ~ 18.0</td><td rowspan="4">2.5 ~ 5.0</td><td rowspan="4">2.0 ~ 9.0</td><td rowspan="4">4.0 ~ 8.0</td><td rowspan="4">8.0 ~ 15.0</td><td rowspan="4">1.5 ~ 3.5</td><td rowspan="4">1.0 ~ 2.5</td></tr>
<tr><td>辉石（绿泥石）</td><td>25 ~ 50</td></tr>
<tr><td>斜长石（绢云母）</td><td>40 ~ 70</td></tr>
<tr><td>角闪石（绿帘石）</td><td>15 ~ 30</td></tr>
<tr><td rowspan="4">长英岩型</td><td>石英</td><td>15 ~ 35</td><td rowspan="4">65.0 ~ 80.0</td><td rowspan="4">12.0 ~ 18.0</td><td rowspan="4">0.5 ~ 2.5</td><td rowspan="4">1.5 ~ 2.5</td><td rowspan="4">0.5 ~ 1.5</td><td rowspan="4">0.5 ~ 4.5</td><td rowspan="4">3.5 ~ 5.0</td><td rowspan="4">2.5 ~ 5.5</td></tr>
<tr><td>钾长石（绢云母）</td><td>15 ~ 30</td></tr>
<tr><td>碱斜长石（绢云母）</td><td>25 ~ 40</td></tr>
<tr><td>铁镁矿物（绿泥石）</td><td>5 ~ 15</td></tr>
</table>

续表

尾矿类型	矿物成分	质量分数/%	主要化学成分/%							
			SiO_2	Al_2O_3	Fe_2O_3	FeO	MgO	CaO	Na_2O	K_2O
碱性硅酸盐型	霞石（沸石）	15～25	50.0～60.0	12.0～23.0	1.5～6.0	0.5～5.0	0.1～3.5	0.5～4.0	5.0～12.0	5.0～10.0
	钾长石（绢云母）	30～60								
	钠长石（方沸石）	15～30								
	碱性暗色矿物	5～10								
高铝硅酸盐型	高岭土石类黏土矿物	≥75	45.0～65.0	30.0～40.0	2.0～8.0	0.1～1.0	0.05～0.50	2.0～5.0	0.2～1.5	0.5～2.0
	石英或方解石等非黏土矿物									
	少量有机质、硫化物	≤25								
高钙硅酸盐型	大理石（硅灰石）	10～30	35.0～55.0	5.0～12.0	3.0～5.0	2.0～15.0	5.0～8.5	20.0～30.0	0.5～1.5	0.5～2.5
	透辉石（绿帘石）	20～45								
	石榴子石（绿帘石、绿泥石等）	30～45								
硅质岩型	石英	≥75	80.0～90.0	2.0～3.0	1.0～4.0	0.2～0.5	0.02～0.2	2.0～5.0	0.01～0.1	0.0～0.5
	非石英矿物	≤25								

续表

尾矿类型	矿物成分	质量分数/%	主要化学成分/%							
			SiO_2	Al_2O_3	Fe_2O_3	FeO	MgO	CaO	Na_2O	K_2O
钙质碳酸盐型	方解石	≥75								
	石英及黏土矿物	5~25	3.0~8.0	2.0~6.0	0.2~2.0	0.1~0.5	1.0~3.5	45.0~52.0	0.01~0.2	0.0~0.5
	白云石	≤5								
镁质碳酸盐型	白云石	≥75								
	方解石	10~25	1.0~5.0	0.5~2.0	0.1~3.0	0.0~0.5	17.0~24.0	26.0~35.0	微量	微量
	黏土矿物	3~5								

表 1-2　我国几种典型矿床尾矿的化学成分

尾矿类型	化学成分/%											
	SiO_2	Al_2O_3	Fe_2O_3	CaO	MgO	Na_2O	K_2O	SO_3	P_2O_5	MnO	TiO_2	烧失量
鞍山式铁矿	73.27	4.07	11.60	0.16	4.22	3.04	0.41	0.95	0.25	0.19	0.14	2.18
岩浆型铁矿	37.17	10.35	19.16	7.94	8.50	11.11	1.60	0.10	0.56	0.03	0.24	2.71
火山型铁矿	34.86	7.42	29.51	0.64	3.68	8.51	2.15	0.37	12.46	4.58	0.13	5.52
矽卡岩型铁矿	33.07	4.67	12.22	0.16	7.39	23.04	1.44	0.40	1.88	0.09	0.08	13.47
矽卡岩型钼矿	47.51	8.04	8.57	0.55	4.71	19.77	0.55	2.10	1.55	0.10	0.65	6.46
矽卡岩型金矿	47.94	5.78	5.74	0.24	7.97	20.22	0.90	1.78	—	0.17	6.42	—
斑岩型钼矿	65.29	12.13	5.98	0.84	2.34	3.35	0.60	4.62	1.10	0.28	0.17	2.83
斑岩型铜矿	61.99	17.89	4.48	0.74	1.71	1.48	0.13	4.88	—	—	—	5.94

续表

尾矿类型	化学成分/%											
	SiO_2	Al_2O_3	Fe_2O_3	CaO	MgO	Na_2O	K_2O	SO_3	P_2O_5	MnO	TiO_2	烧失量
岩浆型镍矿	36.79	3.64	13.83	—	26.91	4.30	—	—	1.65	—	—	11.30
细脉型钨锡矿	61.15	8.50	4.38	0.34	2.01	7.85	0.02	1.98	2.88	0.14	0.26	6.87
石英脉型稀有矿	81.13	8.79	1.73	0.12	0.01	0.12	0.21	3.62	0.16	0.02	0.02	—
长石石英矿	85.86	6.40	0.80	—	0.34	1.38	1.01	2.26	—	—	—	—
碱性岩型稀土矿	41.39	15.25	13.22	0.94	6.70	13.44	2.58	2.98	—	—	—	1.73

1.3 尾矿的危害及综合利用的意义

1.3.1 尾矿的危害

尾矿处理不当，给自然生态和人类社会带来巨大的危害，其主要危害包括以下方面。

（1）安全危害。矿石经选矿处理后粒度变细，表面积增大，堆存时容易流动和塌漏。尾矿的大量堆存成为潜在的地质灾害源，已成为矿区最大的安全隐患。尾矿库是一个具有高势能的人造泥石流危险源，极易产生安全隐患，存在溃坝危险，一旦失事，极易堵塞山谷造成山洪爆发，将给工农业生产及下游人民生命和财产造成巨大的灾害和损失。每到汛期，矿区百姓极度惶恐，政府高度紧张。

（2）尾矿的堆存会对环境造成影响，主要体现在：

① 原矿直接携带超标污染物质，如放射性元素及其他有害组分。

② 选矿过程中使用的化学药剂残存于尾矿并与其中某些组分发生反应，产生新的污染源。

③ 在地表堆放条件下，尾矿发生氧化、水解和风化等变化，使原本无污染的组分转变为污染组分，如有色金属矿山普遍存在的某些重硫化物。

④ 矿石选矿需要加入药剂，这些药剂会残留在尾矿中。选矿中产生的铜离子、铅离子、锌离子，甚至砷、汞等有害物质会随矿水流入附近河流或渗入地下，严重污染河流及地下水源。流经尾矿堆放场所的地表水，也通过与尾矿相互作用，溶解某些有害组分并携带转移，造成大范围污染。

⑤ 由于金属矿山尾矿颗粒极细，自然干涸后的表层细尾砂经风力携带极易扬尘造成污染。一遇大风，将尾矿刮得黄沙骤起、尘土飞扬，落入村庄、农田、果园，使其受到污染侵害。另外，尾矿在风化过程中逸出某些有害气体，经大气传播也会造成污染和侵害。

⑥ 由于尾矿库长期不能生长植被，造成周边沙化蔓延，直接影响整个地区的植被生存。

(3) 尾矿堆存需要占用大量土地。目前，除了少部分尾矿得到应用外，多数尾矿只有堆存而未被利用，占用了大量土地资源。随着数量的增加，占用土地面积必将会继续扩大。

1.3.2 尾矿综合利用的意义

资源循环利用对转变经济发展方式，解决经济发展与资源环境的矛盾，促进可持续发展，落实工业绿色发展和“无废城市”具有重要意义。近年来，我国把大宗工业固体废弃物综合利用纳入节能环保战略性新兴产业范畴，对大宗工业固体废弃物资源综合利用的意义给予了高度肯定，并把资源节约、环境友好作为工业领域转型升级的重要指导原则，把工业资源综合利用作为转方式、调结构的重要抓手，先后出台了上百项资源综合利用产业发展相关政策，开展了国家资源综合利用“双百工程”、工业固体废弃物综合利用示范基地、尾矿综合利用示范工程、循环经济示范城市（县）、园区循环化改造、京津冀及周边地区工业资源综合利用产业协同发展示范工程等各类试点示范建设工作，促进和扶持产业发展。随着各项资源综合利用产业发展相关政策的出台和落实，我国大宗工业固体废弃物综合利用取得了长足发展，产业规模逐步扩大，技术装备不断进步，体制机制不断完善，商业模式不断创新，产业集中度与服务水平显著提升，为我国保持经济平稳较快发展提供了有力支撑，为改变“大量生产、大量消费、大量废弃”的传统增长方式和消费模式探索出了可行路径。

2 尾矿综合利用研究进展

2.1 尾矿综合利用现状

2018 年，我国尾矿总产生量约为 12.11 亿 t，其中，铁尾矿产生量最大，约为 4.75 亿 t，占尾矿总产生量的 39.22%；其次为铜尾矿，产生量约为 3.02 亿 t，占 24.94%；黄金尾矿 2.16 亿 t，占 17.84%；其他有色金属尾矿产生量约为 1.15 亿 t，非金属尾矿产生量约为 1.03 亿 t。截至 2018 年年底，我国尾矿累积堆存量约为 204 亿 t。图 2-1 为 2011—2018 年我国尾矿产生量及利用率，由图可以看出，随着近年来人们对尾矿资源综合利用的重视和技术研发，以及技术装备不断进步，体制机制不断完善，商业模式不断创新，尾矿产生量逐年下降，尾矿资源综合利用率不断提高。

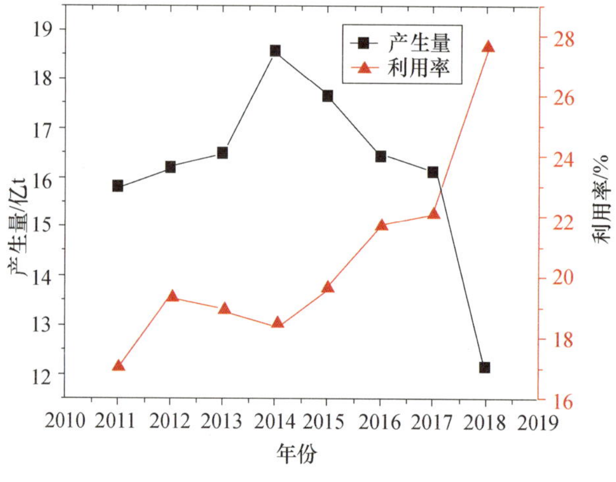

图 2-1 尾矿产生量及利用率

矿山生产环节排放的尾矿来自选矿等矿石加工环节，我国矿产资源特别是有色金属矿具有共伴生矿多、品位低的特点，这些资源禀赋特征使得我国矿山选矿厂尾矿产量也较高，因此以年度尾矿产生总量和尾矿排放强度表征尾矿排放状况。年度尾矿产生总量指某矿山或者某区域年度产生的矿山尾矿质量总和。尾矿排放强度指每生产 1t 精矿产生的尾矿量。由于矿山可能有多种精矿，年精矿产量可以为矿山所有精矿当量质量之和。尾矿排放强度=年尾矿产生量/年精矿当量质量。

表2-1为2011—2015年全国代表性的7138座煤炭矿山、2153座铁矿山、217座锰矿山、239座铜矿山、270座铅矿山、315座锌矿山、98座铝土矿矿山、35座镍矿山、112座钨矿山、51座锡矿山、40座锑矿山、70座钼矿山、53座稀土矿山、727座金矿山、180座磷矿山、80座硫铁矿矿山、10座钾盐矿山、481座萤石矿山、54座石墨矿山和43座耐火黏土矿山尾矿排放强度的情况。从表2-1可以看出，前六种尾矿的排放强度分别为钼矿496. 10、钨矿238. 06、锡矿119. 89、稀土矿43. 95、铜矿43. 18、金矿38. 26；相当于以尾精比（生产单位质量精矿排出的尾矿质量）计算，每生产1t钨精矿排出496. 10t尾矿，每生产1t钨精矿排出238. 06t尾矿，每生产1t锡精矿排出119. 89t尾矿，每生产1t稀土精矿排出43. 95t尾矿，每生产1t铜精矿排出43. 18t尾矿，每生产1t金精矿排出32. 26t尾矿。全部有色金属矿的尾矿排放强度远大于1，说明有色金属尾矿量远远高于精矿量；硫铁矿、磷矿、锰矿和铝土矿的尾矿排放强度小于1，说明我国这些矿种有的原矿品位较高，有的精矿质量要求不高，尾矿量小于精矿量。

表2-1　不同尾矿排放强度

矿种	钼矿	钨矿	锡矿	稀土矿	铜矿	金矿	铅矿	石墨矿	锑矿
排放量/万t	5611. 44	1376. 44	546. 15	132. 67	15568. 50	10580. 68	602. 74	496. 42	120. 47
排放强度	496. 10	238. 06	119. 89	43. 95	43. 18	38. 26	18. 59	12. 07	11. 92
矿种	锌矿	钾盐矿	镍矿	铁矿	萤石矿	硫铁矿	磷矿	锰矿	铝土矿
排放量/万t	1995. 11	4129. 10	1131. 60	38667. 42	222. 92	297. 70	55. 68	694. 00	97. 92
排放强度	9. 74	9. 29	8. 40	2. 17	1. 74	0. 86	0. 59	0. 57	0. 36

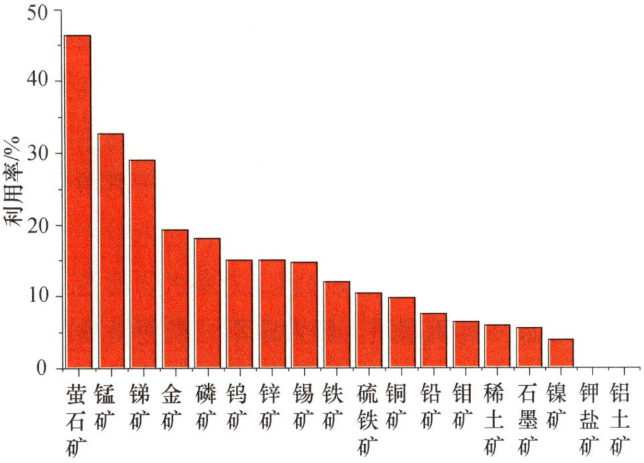

图2-2　不同矿种尾矿利用率

不同矿种之间尾矿利用率差别显著，具体见图2-2。由图2-2可以看出，我国尾矿利用水平较高的是萤石矿、锰矿、锑矿、金矿和磷矿。其原因主要是这类矿产充填开采产能占比较高，尾矿利用方式多为井下采空区充填，尾矿利用量较大。我国尾矿利用水平最高的十大矿山为栖霞山铅锌矿、焦家金矿、天马山硫金矿、霍邱吴集铁矿（北段）、丁西磷矿、新桥硫铁矿、霍邱吴集铁矿（南段）、罗山金矿四矿区、三山岛金矿和凡口铅锌矿。在尾矿综合利用方面，虽然我国个别矿山已经实现了无尾矿矿山，但全国尾矿总体利用率仍然偏低。

2.2 废石综合利用现状

矿山生产环节排放的废石主要来自采矿环节，极少量来自选矿过程中的手选或者拣选。以年度废石产生总量和废石排放强度表征废石排放状况。年度废石产生总量指某矿山或者某区域年度产生的矿山废石质量总和。废石排放强度指每生产1t精矿产生的废石质量。由于矿山可能有多种精矿，这里年精矿产量可以为矿山所有精矿当量质量之和。

根据全国重要矿产资源“三率”调查与评价工作成果，我国不同矿种废石排放强度，即不同矿种生产1t精矿排放废石的大数据统计结果如表2-2所示。由表2-2可以看出，我国矿山废石产生量大于尾矿产生量，其中，废石排放强度较高的有钼矿、钨矿和铜矿，废石排放强度分别达到835.71、185.22和158.63；相当于每生产1t钼精矿排出采矿废石835.71t，每生产1t钨精矿排出采矿废石185.22t，每生产1t铜精矿排出采矿废石158.63t。

表2-2　不同废石排放强度

矿种	钼矿	钨矿	铜矿	铝矿	铅矿	锡矿	锌矿	金矿	石墨矿
排放量/万t	9452.91	1070.9	57196	11578	3653.5	427.89	14228.36	13081.24	50.66
排放强度	835.71	185.22	158.63	129.09	112.66	93.93	69.45	47.30	19.01
矿种	磷矿	稀土矿	锰矿	锑矿	铁矿	硫铁矿	镍矿	萤石矿	
排放量/万t	782.6	15917.16	1509.43	66.31	103783.1	1412.86	405.21	333.62	
排放强度	8.77	13.60	12.00	6.56	5.82	4.09	3.01	2.61	

我国不同矿种废石利用率差异较大，不同矿种废石利用率见图2-3。按照废石利用率排序，我国废石利用水平较高的是耐火黏土矿、煤矿、锌矿和锑矿。其原因是，耐火黏土矿的废石多用来合成莫来石、生产陶粒原料、生产精密铸造砂等；煤矸石主要用于生产矸石水泥、混凝土的轻质骨料、耐火砖等建筑材料，此外还可用于回收煤炭，煤与矸石混烧

发电，制取结晶氯化铝、水玻璃等化工产品以及提取贵重稀有金属，也可作肥料；锌矿和锑矿废石利用率高的主要原因是77.97%的锌矿产能、99.74%的锑矿产能为地下开采，且这类矿产以充填开采为主，废石和尾矿用量巨大，砂石利用较多。栖霞山铅锌矿属于典型的“三下”开采矿山，矿体上方不仅有居民住宅和办公楼等建筑物，还有道路、河流及风景区森林、栖霞古寺等诸多景点。因此，矿山必须尽可能利用矿山废石。该矿建立了井下废石贮运系统，开发了废石砂浆重力混合技术，实现了采掘废石快速充填，解决了传统采充工艺必须将大部分采掘废石排放地表构筑废石场的问题。井下废石直接用于采场充填，实现了废石全部利用。

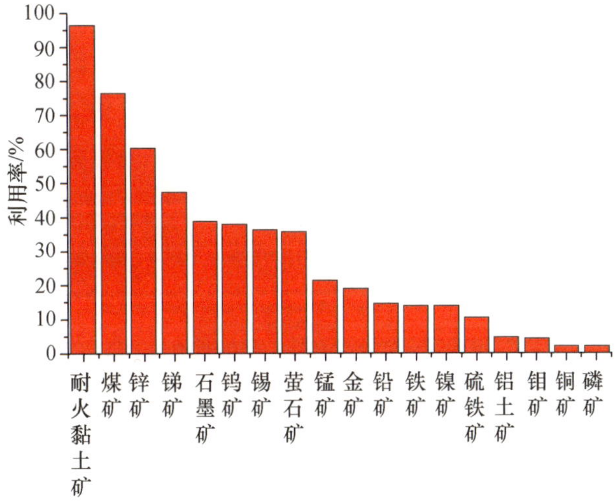

图2-3　不同矿种废石利用率

2.3　尾矿综合利用途径

随着科技的发展和学科间的相互渗透，尾矿利用的途径越来越广阔。国外尾矿的利用率可达60%以上，欧洲一些国家已向无废物矿山目标发展。克里沃罗格磁铁石英矿，仅回收磁铁矿每年便可多产铁品位65%的铁精矿200万t。美国国家矿产和化学公司综合回收明尼苏达州铜、镍尾矿中的铅，每年可得60万t铅金属。前捷克斯洛伐克最大的重晶石-菱铁矿矿床选厂尾矿库存放了约800万t尾矿，该尾矿含铁17%～22%、重晶石3.5%～12%，采用强磁选机磁选，可获得品位34.6%、回收率70%的菱铁矿精矿，回收率65%～70%、$BaSO_4$含量为95%的重晶石精矿；同时一些矿山浮选尾矿的砂浆、磨细的石灰和重晶石加入颜料压制成彩色灰砂砖。苏联将尾矿用作建筑材料的约占60%，用铁矿尾矿制造微晶玻璃、耐化学腐蚀玻璃制品和化工管道等。保加利亚将从尾矿中回收的石英用作水泥惰性混合料和炼铜溶剂。

我国的尾矿综合利用起步晚，起步之初大多停留在回收有价金属组分的阶段，即使有少量研究者和企业利用尾矿生产涂料、填料、建筑材料，其数量少、规模小，尚达不到减量化和资源化的目的。近年来，尾矿资源开发利用和环境综合治理受到我国政府部门的高度重视，尾矿综合利用局面得到了明显的改变，其利用率也不断提高。近年来，我国尾矿开发利用主要表现在三个方面：一是尾矿有价组分再选回收技术有了较大进展。江西漂塘钨采用两段浮选流程从重选尾矿和细泥中回收钼、铋和银；甘肃金川铜镍矿有尾矿 3500 万 t，采用氨浸-褐煤吸附法从含铜 0.2%、镍 0.24%、钴 0.013% 的铜镍矿中再选回收铜、镍、钴，回收率分别达 80%、90% 和 60%。攀枝花钒钛磁铁矿从尾矿中回收钒、钛、钴、钪，总价值占矿石总价值的 60% 以上（铁价值占矿石总价值的 38.6%）。河南各矿山采用再磨-浮选-氰化、重选-内混汞、浮选-再磨-氰化、强磁选-再磨-氰化四种工艺，从尾矿中回收金；江西宜春铌钽矿尾矿经浮选回收锂云母，重选回收长石，尾矿再选产值达矿山生产总值的 52.4%。二是尾矿的整体利用水平提高。尾矿整体利用可分为高层次和低层次的利用，均以没有再选价值的尾矿为原料，高层次的尾矿整体利用研究和开发应用集中在制造微晶玻璃、陶瓷等方面，低层次的尾矿整体利用集中在利用尾矿进行矿山的回采充填、还田复耕、造地绿化、铁路道渣、筑路碎石、矿物废料和土壤改良剂等。三是无尾矿、少尾矿生产工艺有所突破。江西梅山铁矿尾矿再选后，最终使用尾矿制作墙地砖，基本实现无尾矿生产；江西省宜春铌矿将尾矿再选后，经脱泥处理，最终的尾矿被用作制造微晶玻璃，实现了少尾矿生产；栾川钼矿再选后的最终尾矿不足原尾矿的 30%，也实现了少尾矿生产。

近年来，尾矿资源综合利用取得了较快的发展，综合利用技术水平不断提高，综合利用产品产值、利润均得到较大提升，取得了较好的经济效益、环境效益和社会效益。尾矿作为我国工业产出量最大的工业固体废弃物，与粉煤灰、煤矸石等其他固体废弃物的综合利用相比还远远落后，被列为优先需要重点解决的项目。目前，我国尾矿综合利用的方式主要有尾矿再选回收有用组分、矿山地下开采采空区的充填、尾矿生产建筑骨料、建筑系列制品以及微晶玻璃、陶瓷及耐火材料等高附加值产品。从尾矿中回收有价组分约占尾矿利用总量的 3%，有价金属资源回收量超过 1 千万 t，充填矿山采空区约占尾矿综合利用总量的 53%，生产建筑材料约占尾矿利用总量的 43%，其他途径利用约占 1%。

2.3.1 尾矿再选技术

尾矿再选回收有价矿物需要根据不同元素的特性有针对性地进行分选。首先要确定再选尾矿中各元素组成，查明有用元素的物相及尾矿粒级组成，然后通过选别试验确定分选工艺流程和设备。尾矿回收技术主要有低能耗单体解离控制技术、磁性物高效回收技术、深度还原和控制技术、高效浮选药剂合成及应用技术、多种伴生组分综合回收分质利用技术、闪速焙烧再选工艺技术等。尾矿回采再选也是提高尾矿综合利用率、建设生态矿山的重要途径之一。尾矿回采过程中，要根据现场实际情况因地制宜地采取合适的回采方法，在确保尾矿坝体安全的前提下，尽量选用高效、经济的回采方法。

2.3.2 尾矿充填技术

尾矿充填技术是一种制备尾矿充填材料并将其输送到井下采空区，形成具有一定强度的充填体以支撑围岩或堆存尾矿废料的技术。尾矿充填技术主要可分为充填料配比与强度、充填制备、充填料输送和采场工艺等四部分。我国尾矿充填技术经历了从卧式砂池工艺到立式砂仓工艺、从干式充填到水力充填、从分级尾矿充填到全尾矿充填、从高浓度自流充填到膏体泵送充填的发展过程。

尾矿充填技术在保护环境和资源、提高采矿资源回收率、保证安全和矿山可持续发展等方面有着非常重要的意义，随着全球矿产资源的不断减少和对环保重视程度的提高，除了传统的有色矿山外，越来越多的黑色矿山和煤矿也开始采用尾矿充填技术进行矿产资源的开采。

2.3.3 尾矿制备建筑材料技术

尾矿除含有残余的微量元素外，主要是以石英、长石、辉石、石榴石、角闪石以及由它们蚀变而成的黏土、云母等铝硅酸盐矿物以及方解石、白云石等钙镁碳酸盐矿物为主，化学成分与传统的建筑材料基本相近。尽管尾矿的物质组成千差万别，但其中基本的组分及发利用途径是有规律可循的。矿物成分、化学成分及工艺性能这三大要素构成尾矿利用可行性的基础。磨细的尾矿构成了一种复合矿物原料，加上微量元素的作用，具有许多工艺特点。研究表明，尾矿在资源特征上与传统的建筑材料原料基本接近，实际上是已加工成细粒的不完备混合料，加以调配即可用于生产建筑材料。尾矿制备建筑材料可实现尾矿的大宗利用。

2.3.4 尾矿制备高附加值产品技术

金属尾矿矿物成分和化学组成常与建材、轻工、无机化工原料较为接近，是一种不完备的天然混合料。尾矿的高附加值利用主要是利用矿物成分和化学组成，通过掺入少量其他原料，适当调配，经过一定的制备工艺，开发出如微晶玻璃、陶瓷、耐火材料等高附加值产品。微晶玻璃、建筑陶瓷等产品均具有高硅特点，用于制备这类产品的尾矿主要是可以节约优质石英、长石的高硅尾矿以及低硅尾矿。尾矿制备高附加值产品可实现尾矿的高端化、高质化、精细化利用。

2.4 废石综合利用途径

废石综合利用途径和尾矿的利用途径基本相同，综合利用的方式主要有再选回收有用组分，矿山地下开采采空区的充填，生产建筑骨料、建筑系列制品以及高附加值产品。

2.4.1 废石再选技术

废石再选回收有价矿物需要根据不同元素的特性有针对性地进行分选。首先要确定再选废石中各元素组成，查明有用元素的物相，然后通过选别试验确定分选工艺流程和设备。矿山废石综合利用清洁节能新工艺研究和新药剂对矿山废石综合利用有很强的适应性，较好地解决了提高技术指标的问题，解决了长期困扰矿山废石的生产难题。

2.4.2 废石充填技术

废石胶结充填是根据混凝土理论，在废石干式充填和砂浆胶结充填基础上发展起来的新充填方法，以水泥砂浆包裹废石形成胶结充填料。充填料的部分砂浆被废石替代，不仅提高了充填材料的强度和稳定性，而且可显著降低充填成本。该工艺往往是将废石与水泥砂浆按照一定的配合比分别输送至井下，同时同点下放到采空区自行混合形成胶结体，其充填能力大，机械化程度高。该工艺技术一般适用于阶段空场法、VCR 法、分段空场法、留矿法等大空场采矿法的嗣后充填。废石砂浆胶结充填的废石粒径一般小于 300mm。

利用采空区排放废石，最大限度地降低废石外排，减少对环境的污染，同时相对降低了废石排放成本，带来一定的经济效益。利用井下已有空间就地消纳废石，减少了固体废弃物外排对矿区生态环境的影响，达到了人与自然的和谐共处，不仅符合国家绿色矿山建设的目标要求，而且实现了经济效益、环境效益和社会效益的有机统一，意义重大。

2.4.3 废石制备建筑材料技术

废石的主要矿物组成以及化学组成与建筑材料所用原料基本相近，其可以作为混凝土、砂浆等建筑材料的粗细骨料以及掺合料，也可以作为烧结制品的原料组分。废石制备建筑材料可实现废石的大宗利用。

2.4.4 废石制备高附加值产品技术

废石的高附加值利用主要是利用其矿物成分和化学组成。高岭石质煤矸石的主要矿物成分与黏土极为相近，可制备出建筑墙地砖；利用煤矸石废石生产含结晶水的硫酸铝，用于造纸工业作为糊料，净水时用作絮凝剂，也可作为媒染剂、木材防腐剂等；利用煤矸石开发莫来石陶瓷和制备赛隆。

2.5 尾矿资源综合利用的设想及建议

世界各国十分重视尾矿的综合利用，尤其是经济发展国家，投入大量的人力和物力，广泛开展尾矿的综合利用研究，并把利用程度作为衡量科学技术水平和经济发展程度的标志。例如，德国、美国、英国、日本、俄罗斯、澳大利亚、加拿大和匈牙利等国，制定了二次资源综合管理法规和包括尾矿在内的废料排放标准，对于尾矿开发利用措施不力、环境质量不达标的矿业开发单位，限期整改、予以经济处罚直至取消注册登记，同时在贷款和税收等方面给予优惠政策，以刺激二次资源开发利用。国外矿产资源综合利用的主要发展方向为：一是发展无废生产工艺；二是采用再资源化新技术；三是优化产品应用途径；四是从资源综合回收利用率、保护生态环境等多维度评价资源综合利用程度。

我国在尾矿综合利用方面虽然取得了很大的成绩，但远不能适应经济和社会可持续发展要求，与国内其他领域工业固体废弃物的利用水平和国家先进水平相比，存在着较大差距。主要的问题有以下五个方面：一是综合利用率低，利用水平参差不齐；二是高附加值产品少，缺乏市场竞争力；三是缺乏示范工程，实践具有盲目性；四是尾矿资源调查和研究水平相对较低，尾矿资料信息不完整；五是资源意识、环境意识不高。

结合尾矿利用的现状以及大量尾矿所带来的诸多问题，尾矿利用工作应当进一步引起有关部门、矿山企业及相关企业的高度重视，应从政策、经济、法律以及技术等多方面采取切实可行的措施。

（1）国家要重视。俄罗斯、美国、加拿大、澳大利亚、南非、日本、德国和英国等，一方面投入大量资金和人力加强尾矿开发利用的研究工作和兴建“二次原料工业”；另一方面，制定政策法规，强化包括尾矿在内的二次资源开发利用，同时给予优惠政策，鼓励开发二次资源市场和使用二次资源。因此国家有关部门应确定尾矿利用在资源综合利用中的重要地位。

（2）要立法保障。法律法规是开展尾矿综合利用的强制力量，因而一些矿业大国十分重视矿产资源综合利用和矿山环境保护和治理方面的立法工作。如美国1970年颁布《资源回收条例》，1978年颁布《资源保护与回收法规》，美国环保局于1988年、1990年相继颁布Strawman Ⅰ和Strawman Ⅱ两个法案以及鼓励开发二次资源市场的七条政策，包括给予直接奖励、降低二次资源运费、二次资源产品减税等；德国于1994年颁布《循环经济/废弃物法》。在这些国家的法律法规中，都是把尾矿等看作可利用资源纳入产品生产过程之中。

（3）评价需先行。尾矿矿物组成虽和原矿床有着密切的成生联系，但在地表富氧、富水的环境下，尾矿中的硫化物必然要被氧化，尾矿在雨水淋溶、酸化水和残留选矿废液的联合作用下，尾矿中的矿物将会持续、长期地发生复杂的物理化学变化。因此，尾矿的化学成分、矿物成分、赋存形式、分布及其物理化学性状等均与原矿床有所区别，对尾矿的利用应重新进行勘查评价和研究。需要强调的是，对尾矿的勘查评价是服务于尾矿资源的开发利用以及环境评价和治理两个目标的，查明其化学成分、矿物成分、有用组分品位和储量（含金属和非金属）及赋存状态、与颗粒度的关系、分布规律、工艺特性等；重金属及硫化物种类、含量、赋存状态及其在表生地球化学条件下的溶解、淀积和迁移规律及控制因素等。

（4）技术做支撑。从尾矿中选出有用组分，是尾矿资源化、减少排尾量的重要环节。但因尾矿中有用组分含量一般不高，粒度细，嵌布复杂，富集程度也发生了变化，用矿山正在使用的选矿工艺和设备难以取得好的选矿效果。早在20世纪60年代，苏联、美国、日本、加拿大、澳大利亚、南非及欧洲矿业发达国家开展了选冶新工艺、新设备的研究，甚至规定尾矿堆积的方式，兴建了一批二次选矿厂，形成了“二次原料工业”。

（5）最大化利用。国外对尾矿的利用是全方位的，既关注回收有用组分，提高矿产资源利用价值，也关注实现无尾化、生态化。有用组分的提取，既含金属组分，也含非金属组分，如土耳其从铁尾矿中选出钾长石；加拿大、美国等国从尾矿中选出石英等非金属矿物，利用其特殊性能进行深加工，制成高附加值产品，如功能陶瓷、复合陶瓷等。因尾矿中常含有一些植物所需元素，用作农肥或改良土壤则是另一种重要用途，如卡奇卡那尔采选公司用含钙、镁及硅等氧化物铁尾矿用于改良酸性土壤。对尾矿添加其他材料加以适当改造用以造田复垦是大量消耗尾矿的好办法。

（6）提高社会对尾矿利用的认知度。尾矿综合利用除具有重大的环境效益外，充分利用现有尾矿资源，其意义如同找到新的矿床一样重大。因此，尾矿综合利用得到世界各国的高度重视。要运用各种手段和方式，加强尾矿利用的宣传教育，使全社会真正认识到尾矿利用在节约资源、环境保护、提高矿山经济效益、促进经济增长方式的转变、实现合理配置资源和可持续发展等方面的重要意义。

3 尾矿再选技术

在过去的一段时间里，许多矿山企业受冶选技术水平的限制，致使许多有用组分损失在尾矿之中。随着科学技术的发展，目前已有能力从尾矿中再次选出有用组分。再选主要有主要矿物再选和伴生矿物再选两种。当前我国主流尾矿再选技术有溶剂萃取法、重磁浮法、电极回收法、电解气浮法等，近些年来微生物浸出技术再选尾矿也逐渐成为主要技术。尾矿再选使其成为二次资源，可减少尾矿坝建坝及维护费用，节省研磨、开采、运输等费用，还可节省设备及新工艺研制的更大投资，因此越来越受到重视。尾矿再选已在铁矿、铜矿、铅锌矿、锡矿、钨矿、钼矿、金矿、铌钽矿、铀矿等许多金属矿的选矿尾矿再选方面取得了一些进展，虽然其规模及数量有限，但取得的经济效益、环境效益及资源保护效益是明显的，应用前景较好。

主要矿物再选即利用当前可行的选矿技术降低选矿品位，再次回收尾矿中的主要元素，并以此创造经济价值。目前，尾矿中主要矿物的再选已为国内许多矿山企业带来了可观的经济价值和社会效益。单一矿种少、伴生矿物多是我国矿产资源的特征之一，许多矿山尾矿除了主要矿种外，还含有许多伴生矿物。对尾矿中的主要矿物和伴生矿物进行再次回选技术已经较为成熟，对于缓解我国资源紧张局面、提高矿山竞争力起到了重要作用，引起了国内越来越多的矿山企业对尾矿再选工作的重视。

3.1 铁尾矿的再选

铁尾矿再选的难题在于弱磁性铁矿物，共、伴生金属矿物和非金属矿物的回收。弱磁性铁矿物和共、伴生金属矿物的回收，除少数可用重选方法实现外，多数要靠强磁、浮选及重-磁-浮组成的联合流程，需要解决的关键问题是有效的设备和药剂。采用磁-浮联合流程回收弱磁性铁矿物，磁选的目的主要是进行有用矿物的预富集，以提高入选品位，减少入浮矿量并兼脱除微细矿泥的作用。为了降低基建和生产成本，要求采用的磁选设备最好具有处理量大且造价低的特点。用浮选法回收共、伴生金属矿物，由于目标矿物含量低，为获得合格精矿和降低药剂消耗，除采用预富集作业外，也要求药剂本身具有较强的捕收能力和较高的选择性。因此今后的方向是在研究新型高效捕收剂的同时，可在已有的脂肪酸类、磺酸类药剂的配合使用上开展一些研究工作，以便取长补短，兼顾精矿品位和回收率。对于尾矿中非金属矿物的回收，多采用重-浮或重-磁-浮联合流程，因此，研究具有成本低、处理量大、适应性强的选矿工艺、设备及药剂就更为重要。

3.1.1 铁尾矿的类型

我国铁矿选矿厂的尾矿资源，按照伴生元素的含量可分为单金属类铁尾矿和多金属类铁尾矿两大类。

1. 单金属类铁尾矿

根据其硅、铝、钙、镁的含量又可分为以下几类。

（1）高硅鞍山型铁尾矿。该类铁尾矿是数量最大的铁尾矿类型，尾矿含硅高，有的含 SiO_2 量高达 85%；一般不含有价伴生元素，平均粒度 0.04～0.2mm。属于这类尾矿的选矿厂有本钢南芬、歪头山、鞍钢东鞍山、齐大山、弓长岭、大孤山，首钢大石河、密云、水厂、太钢峨口、河钢石人沟等。

（2）高铝马钢型铁尾矿。该类尾矿年排出量不大，主要分布在长江中下游宁芜一带，如江苏吉山铁矿、马钢姑山铁矿、南山铁矿及黄梅山铁矿等选矿厂。其主要特点是 Al_2O_3 含量较高，多数尾矿不含有伴生元素和组分，个别尾矿含有伴生硫、磷，～0.074mm 粒级含量占30%～60%。

（3）高钙、镁邯郸型铁尾矿。该类尾矿主要集中在邯郸地区的铁矿山，如玉石洼、西石门、玉泉岭、符山、王家子等选矿厂。主要伴生元素为硫、钴及微量的铜、镍、锌、铅、砷、金、银等，～0.074mm 粒级含量占 50%～70%。

（4）低钙、镁、铝、硅酒钢型铁尾矿。这类尾矿中主要非金属矿物是重晶石、碧玉，伴生元素有钴、镍、锗、镓和铜等，尾矿粒度为～0.074mm 的占 70%。

2. 多金属类铁尾矿

多金属类铁尾矿主要分布在我国西南攀西地区、内蒙古包头地区和长江中下游的武钢地区，特点是矿物成分复杂、伴生元素多，除含有丰富的有色金属外，还含有一定量的稀有金属、贵金属及稀散元素。从价值上看，回收这类铁尾矿中的伴生元素已远远超过主体金属——铁的回收价值。如大冶型铁尾矿（大冶、金山店、程潮、张家洼、金岭等铁矿选矿厂）中除含有较高的铁外，还含有铜、钴、硫、镍、金、银、硒等元素；攀钢型铁尾矿中除含有数量可观的钒、钛外，还含有值得回收的钴、镍、镓、硫等元素；白云鄂博型铁尾矿中含有22.9%的铁矿物、8.6%的稀土矿物以及15.0%的萤石等。

3.1.2 铁尾矿再选技术

1. 铁尾矿反浮选提铁降硅技术

（1）原理

铁尾矿先经立缓脉动高梯度磁选机复选粗精矿，粗精矿汇集后由渣浆泵经脱磁器给入高频细筛，筛上经浓缩磁选给入节能球磨机，球磨机排矿返回缓冲池，筛下经磁选后给入二段磨矿细筛；二段磨矿细筛筛上经浓缩给入二段磨机，二段磨矿细筛筛下经磁选进入反浮选作业除硅，可获得铁品位为67.2%的铁精粉。

（2）工艺流程

设计原则流程为：两段磨矿-磁选（阶段磨矿阶段选别）-阴离子反浮选工艺流程（一粗三扫，其中一次扫选、二次扫选和三次扫选中矿顺序返回），粗选底流为最终精矿，三扫泡沫为最终尾矿。为保证磨矿效率，对筛上产物增加了浓缩磁选作业。设计工艺流程见图3-1。

（3）关键技术

关键技术为强磁选提取粗精矿-细磨-弱磁选-反浮选除硅工艺技术，可有效提取尾矿中的铁磁性物质生产铁精粉。

（4）技术特点

该技术适用于品位10%以上的铁尾矿，可使尾矿中的铁品位降至5%左右，减少尾矿中铁资源的损失，节约矿石资源，减少尾矿堆存，经济效益明显，具有较高的推广价值。

2. 钒钛磁铁矿尾矿回收钛铁技术

（1）原理

① 钒钛磁铁矿尾矿经磁场强度为1300的一段强磁抛尾后获得含17%～19% TiO_2的粗钛精矿。

② 将粗钛矿进行一段闭路磨矿后经弱磁扫铁，再给入磁场强度为750A的二段强磁，获得含22%～24% TiO_2的钛精矿。

③ 二段强磁尾矿经反浮选除硫作业后，进入全粒级浮钛作业，主要

药剂为 R-2 及硫酸，经过“一粗四精”的选别作业后，可获得含钛 47% 以上的钛精矿。

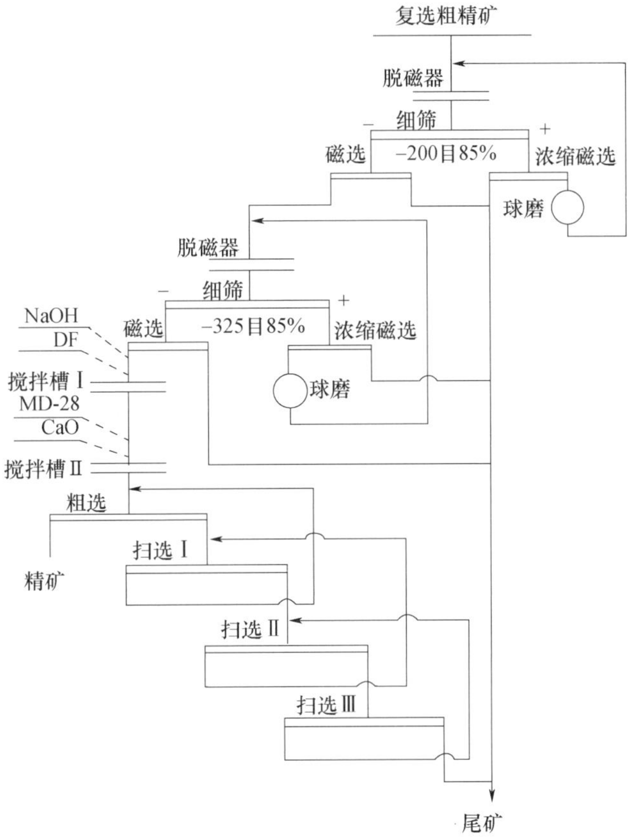

图 3-1 铁尾矿反浮选提铁降硅工艺流程

（2）工艺流程

该项技术的工艺流程详见图 3-2。

（3）关键技术

① 磁选技术。采用国内先进的强磁机 SLONϕ1750 进行强磁抛尾，一段磁场强度为 1300A，二段强磁磁场强度为 750A，既保证了钛铁矿的回收率，又提高了入浮品位。

② 分级技术。采用具有世界先进水平的 Derrick 高频细筛作为分级设备，避免过磨现象的发生，保证进入浮选的最佳粒度组成，降低浮选药剂消耗。

③ 浮选技术。采用新型浮选药剂 R-2，既保证钛精矿的品位和回收率，又大幅度地降低了选矿成本。

（4）技术特点

该技术具有流程短、设备配置简单、投资省、成本低等特点。采用全粒级选别新工艺从钒钛磁铁矿选铁尾矿中回收钛铁矿具有工艺新颖、技术可靠、金属回收率高、设备运转稳定、操作简便、人为因素影响小，以及对矿浆粒度、浓度有较强的适应性等优点，最大限度地回收有用矿物，减少资源浪费。每年可减少废物排放 1.0×10^5t，减小尾矿占地面积和对环境的污染，延长尾矿库服务年限。

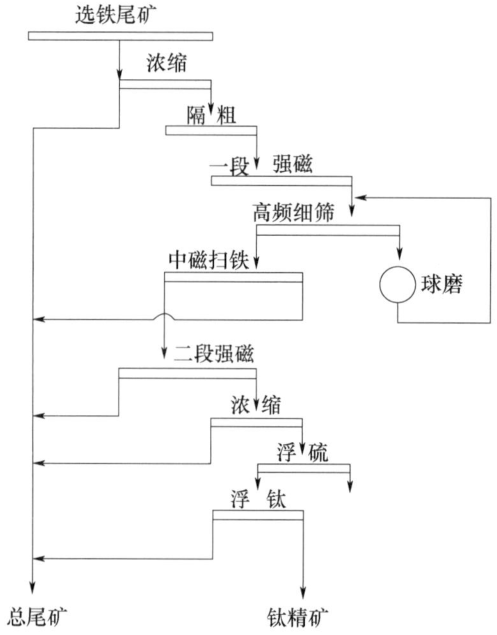

图 3-2　钒钛磁铁矿尾矿回收钛铁工艺流程

3. 尾矿回收磁性铁矿物技术

（1）原理

针对尾矿中脉石含铁量不同、铁矿物难以回收的特点，利用矿物的磁性差异、密度差异，采用强磁、摇床相结合的磁-重联合流程，采用小直径强磁分选介质，通过不同磁场强度的强磁粗选、精选工艺，生产品位为50%以上的铁精矿。

（2）关键技术

① 采用强磁、摇床选别相结合的磁-重联合流程。

② 强磁机选用 ϕ2m 设备，磁介质选用 ϕ2mm 的小直径介质。

③ 设计利用地形高差，流程实现全自流，为流程的低能耗创造了条件。

（3）技术特点

该技术针对尾矿浓度低、给矿体积大、矿物嵌布粒度细的特点，采用强磁选-重选联合流程生产铁精矿，特别是设计利用地形高差，流程实现全自流，为流程的低能耗创造了条件。

4. 磷铁钛综合利用技术

（1）原理

破碎是三段一闭路流程，一段粗破采用颚式破碎机，二段中破采用圆锥标准破碎机，三段为细破采用短头圆锥破碎机。其中细破与中破产品进入返回料仓，由振动筛作为控制筛分。破碎系统产品粒度在15mm左右，由皮带输送至主厂磨选流程。

磨选流程是“先选磷，后选铁”，即一次磨矿后球磨溢流先行选磷，磷选为一次粗选、二次精选、一次扫选，可获得34%以上的磷精矿；磷精矿进入18m大井进行浓缩沉淀后，再进行磷过滤脱水处理，得到含水率10%左右的磷精矿，扫选后的磷尾矿进入磁选选铁，采用两段磨矿，三次磁选，高频振动筛、磁团聚重选工艺的阶段磨矿磁选流程选铁，经三段磁选后得到65.5%以上的铁精粉，铁精粉进入过滤系统脱水后得到含水率8.5%左右的铁精粉，进入成品仓。

将磷、铁的综合尾矿送至选钛厂房，经两次螺旋溜槽重选-细筛-两次摇床重选-一次强磁选，得到钛精矿。尾矿输送系统为直径60m中心传动轨道式浓缩机1台，尾矿输送分一泵站1座、二泵站1座。利用直径325mm陶瓷管送至2km外的老营沟尾矿库进行堆存和水处理。生产水主要为清水、生产循环水、尾矿库回水，其中生产循环水采用ϕ60m大井作为浓缩池，其溢流作为生产循环水，底流（即尾矿浓度40%～50%）被送至约2km外的尾矿库封存，尾矿库中的清水被泵送至厂区作为生产补充水（即回水）。

（2）工艺流程

图3-3为磷铁选矿流程，图3-4为磷铁选后尾矿选钛流程。

（3）关键技术

磷生产的最佳温度为25℃，各季节温度稳定控制是一项关键工作。

（4）技术特点

磷浮选使用了新型药剂，不仅解决了环保问题，而且使原来磷的可选品位由不低于10%降到1.8%，磷的尾矿可选品位也由1.5%以下降到0.7%以下，大大提高了回收率。在选钛上，可选品位由10%下降到3%；同时，在工艺上，由传统的磁选、电选、浮选变为强磁加浮选，不仅降低了能源消耗，而且使北方结晶粒度较粗的钛精矿品位由原来的最多能达到38%，提高到44%以上。

铁原矿品位13.00%、磷原矿品位3.80%，经过该工艺流程后得到了铁精矿品位66.18%，磷精矿品位34.07%。从尾矿中回收了磷、钛，提高了资源利用率，年处理尾矿量2.85×10^{6}t，每年减少尾矿排放3.6×10^{5}t，尾矿库服务年限延长15%，给企业带来较大的经济效益。

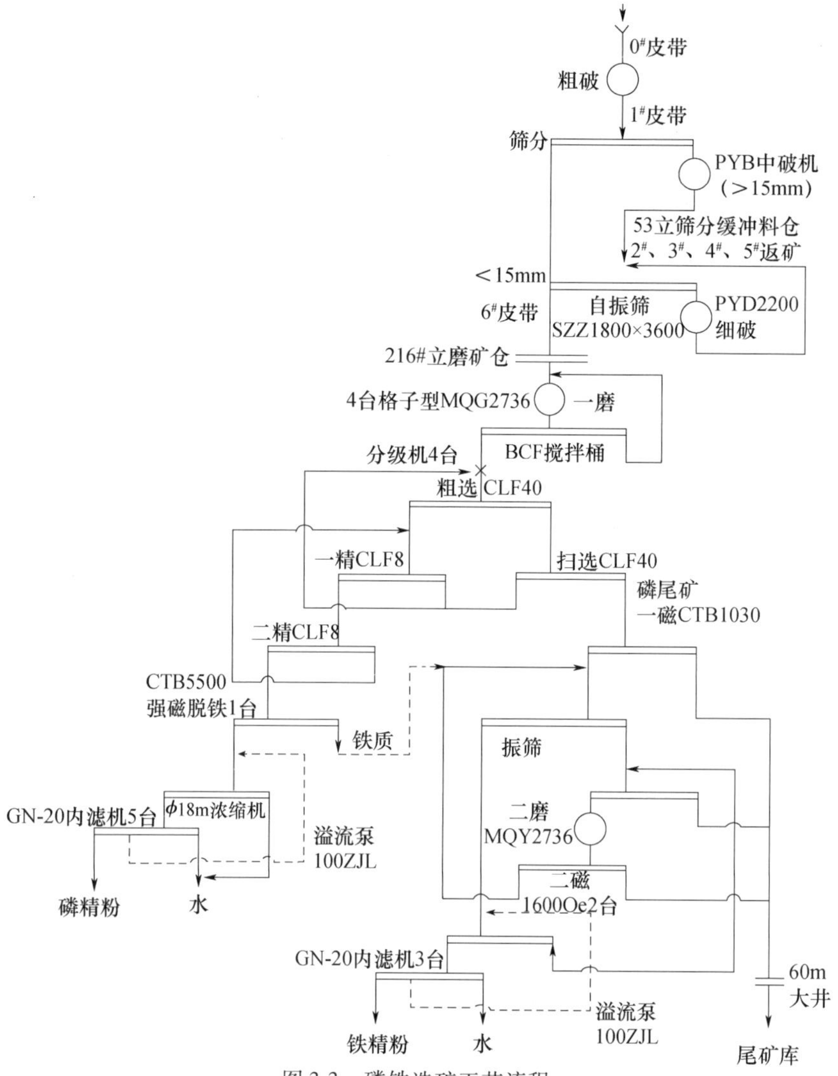

图 3-3　磷铁选矿工艺流程

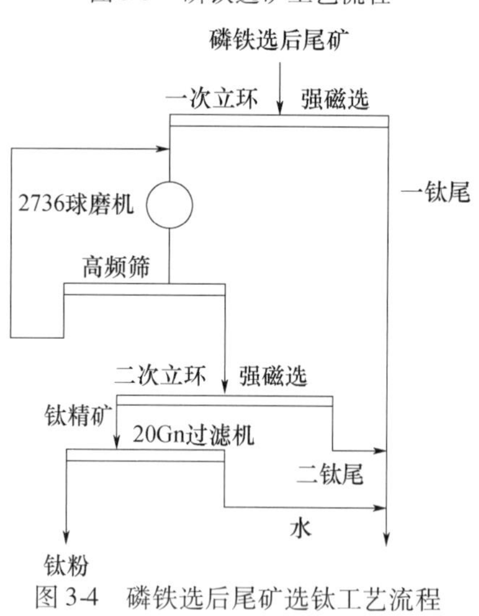

图 3-4　磷铁选后尾矿选钛工艺流程

3.1.3 铁尾矿中多种有用矿物的综合回收实例

1. 铁尾矿中回收钴矿物

铁山河铁矿为白云岩水热交代磁铁矿床，可回收利用的矿物除磁铁矿外，还有含钴黄铁矿，由于建厂时伴生的含钴黄铁矿未考虑回收，选矿厂的磁选尾矿中含硫 3.6%、含钴 0.065%，钴绝大多数以类质同象形式存在于黄铁矿中，另一部分存在于褐铁矿、磁铁矿、磁赤铁矿中。黄铁矿中的钴约占 60%，铁矿物中的钴约占 15%，其他脉石中的钴约占 25%。纯黄铁矿单体中，钴含量最高者为 0.79%。一部分黄铁矿氧化为褐铁矿。光片下，在褐铁矿中尚有黄铁矿的残余。为此采用-重-磁重联合选别工艺流程（图 3-5）回收磁选尾矿中的含钴黄铁矿，先采用大处理量的 GL600 螺旋选矿机丢尾，再用磁选除去带磁性的磁铁矿和磁赤铁矿，以利于后续的摇床选别，同时减少铁精矿中夹杂的黄铁矿。按年处理 45000t 磁选尾矿计，一年可产含钴大于 0.5% 的硫钴精矿 2500t 以上、含钴金属 12.5t 以上，年利税 100 万元以上。

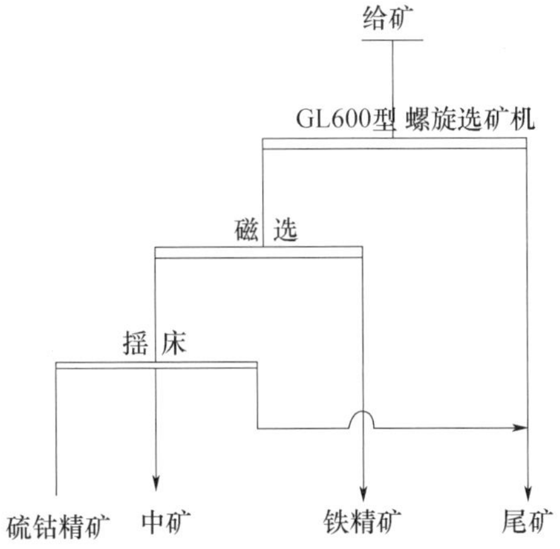

图 3-5 重-磁-重联合选别工艺流程

2. 铁尾矿中回收锆矿物

广西北部湾海滨铁矿砂矿床中伴生有锆英石、独居石、含铁金红石等可综合利用的有用矿物。钦州、防城港等地的小型选矿厂采用干式磁选生产单一的钛铁矿产品，尾矿中仍含有大量的有用矿物：细粒级的钛铁矿 10%～20%，含铁金红石与锐钛矿 1%～3%，锆英石 7%～22%，独居石 1%～5%；其次尾矿砂中含有大量石英砂、极少量的电气石、白钛石、石榴子石、黑云母等矿物。对尾矿进行筛析表明，粒度大都在 -0.2～+0.5mm 之间，矿物的单体解离度十分理想，连生体仅偶见。为了达到综合利用的目的，选矿厂采用重-浮-磁的联合生产工艺流程对选钛尾矿进行分离回收，只在选矿厂原有的 PC3×600 型干式磁选机基础上，增加一台 6-S 型细砂摇床及一台 3A 单槽浮选机。选矿厂重-浮-磁的联合生产工艺流程如图 3-6 所示。

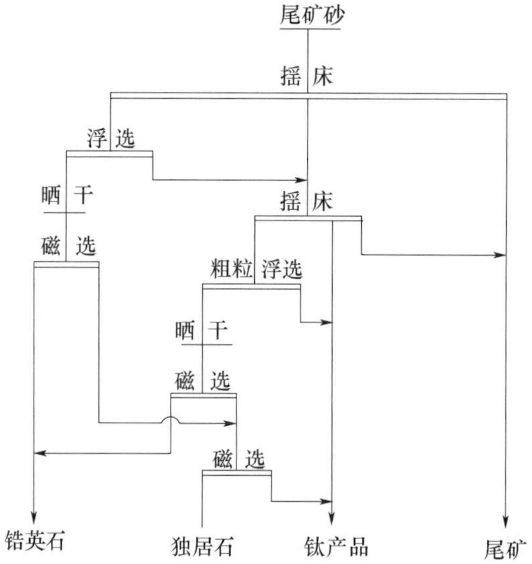

图 3-6　重-浮-磁生产工艺流程

尾砂经摇床选别抛掉大部分脉石矿物，使重矿物得到富集，同时，经过摇床选别，包裹在重矿物上的黏土被排除，让矿物暴露出原来的新鲜表面，为后续的浮选作业提供条件。浮选作业将锆英石、独居石一同混浮，作为下一步磁选给矿，钛铁矿和含铁金红石则基本被留在浮选尾矿中，入浮的粗精矿粒度在 0.2mm 以下，矿浆浓度按入浮品位高低控制在 50% 左右，浮选在常温下即可进行。正常的药剂制度为：pH 值调整剂碳酸钠 0.31kg/t、市售肥皂（浓度为 20% 的溶液）0.15～0.03kg/t、捕收剂煤油 0.05～0.01kg/t。浮选时间：搅拌 7min、粗选 12min、扫选 5min。浮选尾矿与摇床中矿合并，进行第二次摇床选别，回收较粗粒的锆英石、独居石。

晒干的混合精矿进入 PC3×600 型干式三盘磁选机进行磁选分离，经一次磁选可获得（ZrHf）O_2 大于 60% 的锆英石合格精矿，而磁性产品经再一次磁选尾矿即为独居石产品（TR51%）。利用该工艺选别民采毛矿选钛后的尾矿中的重矿物，在获得合格锆英石精矿产品的同时，产出含钛产品和独居石两种副产品，而且锆英石精矿回收率高，技术指标较好，提高了矿石的综合利用率，明显地提高了选厂的经济效益。

3. 铁尾矿中回收硫、磷

马钢南山铁矿属高温热液型矿床，矿石自然类型复杂，各类型矿石中含有不同程度的磷灰石、黄铁矿。凹山选矿厂生产能力为年处理原矿量 500 万 t，每年尾矿排放量 290 万 m^3，尾矿中硫、磷含量较高，选矿厂建立了选磷厂，采用浮选工艺回收尾矿中的硫磷资源。其矿浆准备工艺流程及浮选工艺流程分别如图 3-7 和图 3-8 所示，其中选磷工艺为一粗二精一扫，所得磷精矿含磷量 14% ~15%；选硫工艺为一粗二精，所得硫精矿含硫量 33% ~34%。每年可从尾矿中回收磷精矿 30 万 t，硫精矿 9 万 t，相当于一个中型的磷硫选厂的精矿产量。

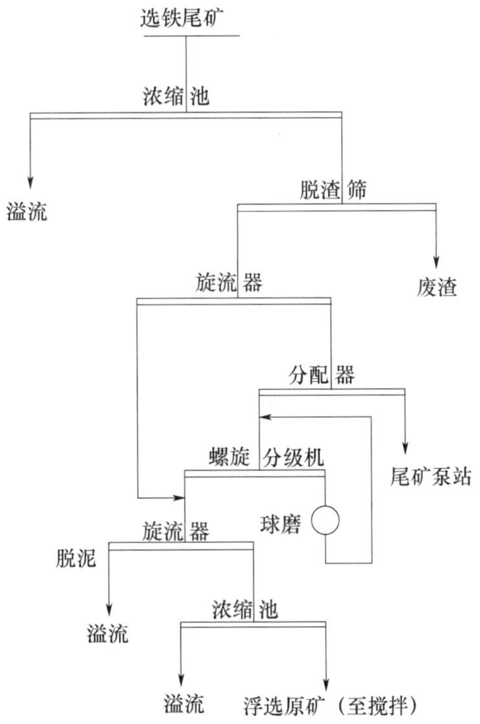

图 3-7　矿浆准备工艺流程

4. 铁尾矿中回收稀土

包头铁矿是世界上罕见的大型多金属共生矿床，富含铁、稀土、铌、萤石等多种有价成分，稀土储量极为丰富。宝钢选矿厂自投产以来主要回收该矿石中的铁矿物，其次回收部分稀土矿物，大部分稀土矿物作为尾矿排入尾矿坝中。为了加强稀土回收，宝钢稀土三厂利用现有工艺、设备、人员，在 1982 年组建了新选矿车间，开始从宝钢选矿厂总尾矿溜槽中回收稀土精矿。近年来，生产工艺流程不断改进，大大地提高了稀土精矿选别指标，降低了生产成本，增加了产品种类，并能够根据市场需求灵活生产产品，所产的稀土精矿不仅能满足本厂需要，还可向市场提供部分商品精矿，获得了显著的经济效益。

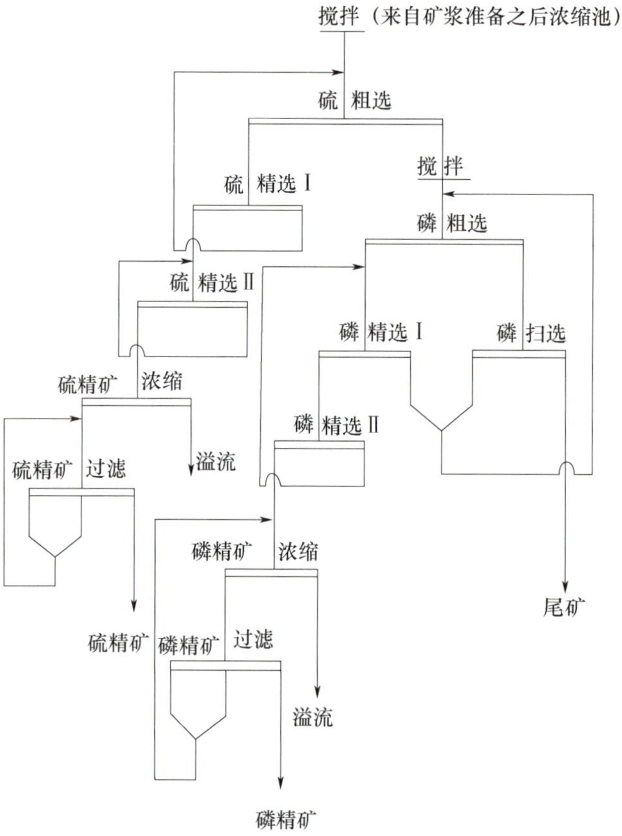

图 3-8 矿浆浮选工艺流程

宝钢选厂总尾矿中稀土矿物以氟碳铈及独居石为主，脉石矿物主要为铁矿物、萤石、重晶石、磷灰石、云母、石英、长石以及碳酸盐等。稀土含量为 4% ~7%，矿浆浓度为 2% ~5%，粒度 ~0.074mm 的占 50% ~70%，稀土单体为 50% ~70%，含大量的矿泥、残药及其他混入的杂质，主要成分见表 3-1。

表 3-1 入选原料及其成分 %

REO	TFe	SFe	F	P	CaO	BaO	SiO_2
4 ~ 7	20 ~ 30	20 ~ 30	10 ~ 15	0.7 ~ 2.0	20 ~ 25	2 ~ 5	10 ~ 20

经过工艺流程的改进，精选车间采用混合浮选和分离浮选生产工艺（图 3-9）回收稀土精矿，从尾矿槽吸取的矿浆经浓缩分级后，进入混合

浮选选别作业，以氧化石蜡皂作捕收剂，碳酸钠、水玻璃作调节剂和抑制剂，在 pH 值为 9 ~ 10 的碱性介质中进行浮选，使萤石、重晶石、磷灰石等含钙、钡矿物及稀土矿物与铁硅酸盐矿物分离，经过一粗多扫作业获得萤石、稀土混合泡沫产品；混合泡沫经脱泥脱药后进入稀土粗选作业，稀土粗选以 C5 ~ C6 烷基异羟肟酸作稀土矿物的捕收剂，碳酸钠为 pH 值调整剂，氟硅酸钠为稀土矿物的活化剂以及作为某些脉石矿物的抑制剂，在 pH 值为 9.0 ~ 9.5 时浮选稀土矿物，稀土粗选泡沫加入上述药剂后直接进入精选。该生产操作稳定，流程结构简单紧凑，适应性强，分选效果好，选别指标高，经济效益显著。在原料可选性较差的情况下，最终仍可获得含 REO≥50% 的合格稀土精矿，使稀土精矿产率平均提高 2% ~3%，回收率增加 15% ~20%。

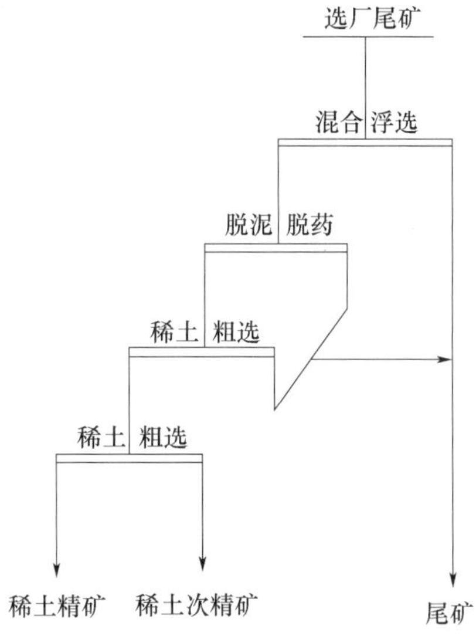

图 3-9　回收稀土精矿生产工艺

5. 铁尾矿中回收钛、钼等矿物

四川攀枝花密地选矿厂每年可处理钒钛磁铁矿 1350 万 t，年产钒钛铁精矿 588.3 万 t。磁选尾矿中还含有有价元素铁 13.82%、$TiO_2$8.63%、硫 0.609%、钴 0.0106%。为了综合回收利用磁铁尾矿中的钛铁和硫钴，又采用粗选，包括隔渣筛分、水力分级、重选、浮选、弱磁选、脱水过滤等作业；还有精选，包括干燥分级、粗粒电选、细粒电选、包装等作业，处理加工磁选尾矿每年可获得钛精矿（$TiO_2$46% ~ 48%）5 万 t，以及副产品硫钴精矿（硫品位 30%，钴品位 0.306%）6400t。

潘洛铁矿为矽卡岩型铁矿床，矿石成分较为复杂。选铁尾矿含钼

0.006%～0.02%。分别于2006年1月及8月开始投产，采用浮选流程（图3-10）回收尾矿中的钼、锌、硫，每年可生产42%品位的钼精矿45t，年产值567万元；年产锌精矿1800t，年产值1160万元；年硫精矿产量增加1.53万t，可增加利润30万元。

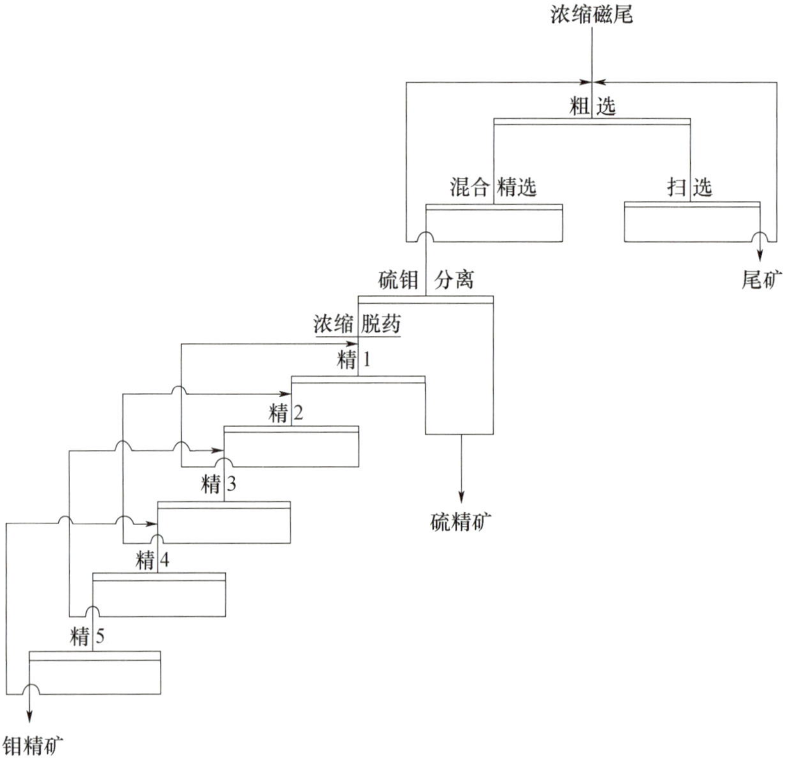

图3-10　磁选尾矿中钼回收工艺流程

3.2　有色金属尾矿的再选

3.2.1　有色金属尾矿再选技术

1. 尾矿再选短流程大型细粒浮选柱

（1）原理

尾矿再选系统以尾矿作为矿源，采用正浮选工艺，回收尾矿中的目的矿物和其他主要有价元素。尾矿再选短流程大型细粒浮选柱，无机械搅拌器，无传动部件，与浮选机相比，具有结构简单、制造容易、占地小、维修方便、操作容易、节省动力、对微细颗粒分选效果好等特点。随着柱浮选技术的日益成熟，大型细粒浮选柱技术在我国尾矿再选中的应用范围逐步扩大，其优越性也越来越明显。

（2）工艺流程

采用浮选-重选-浮选联合工艺配置方案：尾矿经大浮选柱一次富集后，精矿泡沫给入螺旋溜槽进行重选分离，分离后的目标矿物再给入小浮选柱二次富集后，直接产出精矿。

（3）关键技术

关键技术包括以下几种。

① 浮选柱两相流分选状态及喷嘴高速空气出流仿真 CFD 技术。利用该技术优化浮选设计参数，降低研发费用。

② 大型浮选柱分区技术。基于“小浮选柱元”的截面积基本等效的理论，对大型浮选柱进行分区，使每个分区具有较为“独立”的小浮选柱的分选特性，从而使大直径浮选柱具有高效选别的特点。

③ 气泡发生器采用高低双层布置技术。采用了空气直接喷射气泡发生器和混流气泡发生器两种气泡发生系统。气泡发生器布置时，高层沿柱体布置，底层沿大倾角锥底布置。

④ 双锥形稳流气泡弥散技术。利用该技术最大限度地减小气泡在浮选柱截面分散均匀所需浮选柱高度，增大浮选柱的有效容积。

⑤ 底流采用高位排放方式，降低底流管道的矿浆流速，一方面可以减少管道和锥阀的磨损；另一方面更容易实现线性控制，减少液位自动控制的偏差；同时节省了后续流程泵送矿浆的能量消耗。

（4）技术特点

尾矿再选短流程大型细粒浮选柱，是一种新型高效浮选设备，其优势在于处理量大、流程短、工艺过程简单、选别效果显著。短流程大型细粒浮选柱对于难选钼尾矿具有较高选矿效率，在给矿品位为0.020‰~0.031%时，获得的粗精矿品位平均可达0.4%，最高可达1.29%，富集比平均为22，最高可达79。应用该设备可充分利用已出窿的矿产资源，有效回收和利用钼金属，减少金属流失，提高综合回收率。

大型细粒浮选柱的技术开发有助于实现我国尾矿资源的高效综合利用。该大型浮选柱在取得高品质精矿的条件下，实现了节能降耗和资源高效回收的目的。

2. 浮钼尾矿综合回收白钨技术

（1）原理

浮钼尾矿先经过浮选柱常温浮选，所得粗精矿经浓缩机浓缩至

65% ~80%的浓度后，送入搅拌筒进行加温脱药（即彼得罗夫法），将脱药后的矿浆以一定流速给入 ϕ2000mm ×2000mm 搅拌筒稀释至25% ~28%的浓度，然后进入精选作业，最终获得品位为25% ~35%的钨精矿。

（2）工艺流程

浮钼尾矿经过浮选柱一次粗选、一次扫选获得钨品位在1.5%左右的粗精矿，经浓缩机浓缩后送入搅拌筒，进行加温脱药作业；然后将矿浆稀释至25% ~28%的浓度进入精选作业，经过一次精粗选、五次精选、三次精扫选获得合格的钨精矿；再经过压滤、干燥，最终获得品位在25% ~35%、水分在4%以下的钨精矿产品。

（3）关键技术

关键技术为浮钼尾矿浮选柱选别技术。经过浮选柱粗选后粗精矿品位为1.5% ~2.0%、回收率为75% ~80%，经过精选后精矿品位为25% ~35%，回收率在95%左右。

（4）技术特点

针对栾川地区白钨矿品位低、难选别和冬季气温低的特点，应用该技术较好地回收了白钨矿。以年处理尾矿量 8.965×10^7t 计，每年可回收8000多吨钨精矿（折合成65%一级钨精矿）。该技术全部采用国内设备，自动化程度高，高效、节能、环保。该技术水平国内先进，生产成本较低，设备维修方便，效益较好；采用的药剂简单、种类少，对环境无危害。

3. 多金属尾矿综合回收萤石技术

（1）原理

① 利用矿石的磁性差异选择适当的磁选设备分离矿物，减少萤石精矿中的杂质含量，提高萤石精矿品位。

② 调整剂和新型改性油酸使萤石与其他脉石矿物表面可浮性差异增大，从而提高萤石精矿品位和回收率。

（2）工艺流程

以下为在不同条件下使用的4个工艺流程。

① 磁选（中磁选和高梯度强磁选）-浮选（采用碳酸钠、水玻璃、酸化水玻璃或H1105和改性油酸）-萤石精矿。该工艺流程适合在含硅的磁性矿物较多以及萤石的单体解离度较高的条件下使用。

② 浮选（采用碳酸钠、水玻璃、酸化水玻璃或调整剂和改性油酸，粗精矿再磨工艺）-磁选（高梯度强磁选）-萤石精矿。该工艺流程适合

在含硅的磁性矿物比较少以及萤石的单体解离度不高的条件下使用。

③ 浮选（采用碳酸钠、水玻璃、酸化水玻璃或调整剂和改性油酸，粗精矿再磨工艺）-磁选（高梯度强磁选）-萤石精矿。该工艺流程适合在含硅的磁性矿物比较少以及萤石的单体解离度较高的条件下使用。

④ 磁选（中磁选和高梯度强磁选）-浮选（采用碳酸钠、水玻璃、酸化水玻璃或 H1105 和改性油酸）-磁选（高梯度强磁选）-萤石精矿。该工艺流程适合在含硅的磁性矿物比较多，采用一段磁选不能脱除干净，以及萤石的单体解离度较高的条件下使用。

（3）关键技术

① 磁选脱除部分弱磁性的含硅矿物，为萤石浮选提供有利的条件，或脱除萤石浮选精矿中的弱磁性矿物，达到提高萤石精矿品位和降低杂质含量的目的。

② 调整剂可选择性抑制含硅脉石和碳酸盐矿物，达到提高萤石精矿品位和回收率的目的。

③ 改性油酸对萤石有选择性捕收作用，达到提高萤石精矿品位和回收率的目的。

（4）技术特点

以年处理尾矿 1.2×10^{6}t 计，减少 10% 尾矿排放量，同时增加当地人员就业和提高企业经济效益，每年创造产值 4000 万元。采用该技术能达到低碳、绿色、环保和节能减排的生产要求以及和谐社会目标，同时也带来巨大的经济效益。

4. 锡矿尾矿综合利用技术

（1）原理

锡矿尾矿可以综合利用的矿物资源包括锡石、黑钨矿、钽铌矿物、长石、石英、锂云母、黄玉等，入选尾矿的目标矿物粒度变化大、微细粒含量高。因此，根据不同矿物间矿物学性质及物理化学性质的差异采用重-磁-浮联合工艺，其中重选主要是利用锡、钨、钽、铌、黄玉与长石、石英、云母、其他脉石矿物之间密度的差异，采用螺旋溜槽、摇床等重选设备和重选技术将密度较大的钽铌、黄玉同其他矿物分离或预富集；根据钽铌矿的磁性和其他矿物之间磁性的差异，将钽铌矿和其他矿物分离；根据钽铌矿物、长石矿物、石英矿物、锂云母矿物之间浮游的差异等将这些矿物梯次分离。

该工艺对尾矿的锡、钨、钽、铌、长石、石英、云母的回收率分别达到了 59.4%、62.7%、42.4%、38.3%、72.0%、75.0%、70.0%，二次排放少，基本实现清洁生产。

（2）工艺流程

工艺流程为：尾矿-分级-重磁联合（分离锡、钨、钽、铌粗精矿及磁性产品）-对重选回收锡、钨、钽、铌后的尾矿浓缩脱水，达到浮选浓度后进入浮选作业。在弱酸性条件下，用混合胺或脂肪酸捕收剂浮选分离锂云母，分离云母后的尾矿以硫酸作 pH 值调整剂及长石的活化剂，在 pH =2 ~3 的条件下，以阴阳离子混合捕收剂浮选分离长石、石英。

（3）关键技术

重选技术中主要因素为分级组合、给矿浓度、给矿量、所采用的重选设备、重选工艺及其组合。

磁选技术中主要因素为分级组合、磁选强度、磁选工艺以及和其他技术方法的组合等。

浮选主要因素为浮选药剂、浮选工艺、回水利用技术等有机组合清洁生产工艺。

（4）技术特点

该技术为有色金属矿山“二次资源”开发利用提供支撑，对有色金属矿山开展清洁生产有着示范作用和推广意义。

5. 选冶联合高效回收锡尾矿有价金属组分技术

（1）原理

针对锡尾矿资源的主要元素含量及矿石性质，其回收利用常采用单一重选、磁选-重选、重选-浮选或几种工艺联合的选矿流程，主要回收锡金属，或少量铁产品。以上几种选矿工艺，锡产品主要为富中矿，品位为3% ~5%，回收率为15% ~30%，选矿技术指标不理想，企业经济效益较差。铁产品含铁率为40% ~50%，回收率为10% ~20%，达不到铁精矿标准，常常难以实现销售。

某些锡选矿厂采用锡石浮选技术回收细粒锡石，虽然选矿技术指标略高于重选厂，但其选矿药剂成本高，企业经济效益差，而且该工艺流程复杂、含药剂成分的废水对环境具有一定的影响。

针对尾矿资源含锡品位低、含泥量大、细粒锡石多、锡铁结合致密、难磨难选、其他有价金属含量低、综合利用难度较大等特性，采用选冶联合新技术回收尾矿中的锡、铁、铅等有价金属元素。

锡尾矿经过预处理，粗砂采用载体富集技术使尾矿中锡、铁、铅等有价金属得到富集，再采用磁选、重选技术使锡（锡铅）矿物和铁矿物分离，得到锡富中矿和含锡铁物料；细泥经脱泥、分级，采用窄级别分选技术回收微细粒锡金属矿物，得到锡富中矿产品。锡富中矿产品经烟化炉处理技术，获得含锡 40% 的烟尘锡；含锡铁产品物料再经氯化挥发与还原分离技术，使锡、铅、铟等多种有价金属挥发得到回收；挥发后的物料进行还原，直接作为冶炼原料，利用炼铁技术在熔融态中实现金属铁和炉渣的熔融分离，最后得到生铁产品。

（2）工艺流程

选冶联合工艺流程如图 3-11 所示。

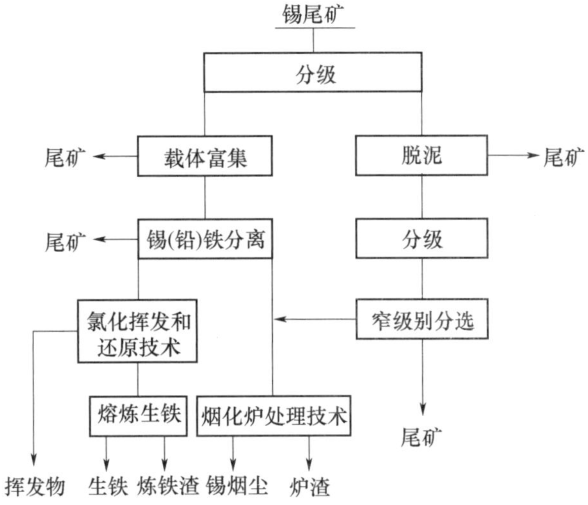

图 3-11 选冶联合工艺流程

（3）关键技术

① 高效分级采用先进的高效分级技术，按 0.037mm 分界粒度将锡尾矿进行分级，实现砂泥分选。

② 载体富集以锡尾矿中所含弱磁性矿物为载体，控制适宜的工艺参数和设备操作参数，使 75% 以上的锡金属和 80% 以上的铁金属富集于磁性产品中。

③ 锡铁分离采用磁选、重选组合的工艺流程，将已富集的有价金属进行分离，获得锡富中矿产品及含锡铁物料。若处理锡尾矿含铅，则铅富集于锡富中矿中得到回收。

④ 高效脱泥采用高效脱泥设备，将泥矿中小于 0.010mm 粒级的微细泥脱除，减少微细泥对选别作业的影响，提高入选物料质量。

⑤ 窄级别泥矿高效选别锡尾矿经一次脱泥、两次分级，使进入砂矿和泥矿选别系统的物料主要集中于 +0.037mm 级别、0.037 ~ 0.019mm 级别和 0.019 ~ 0.010mm 级别，采用不同的分选设备对各个级别分别进行选别，提高各级别的选别效率。

⑥ 锡富中矿氯化挥发采用烟化炉氯化技术，于高温时在固态下使富中矿中的锡以氯化物形态挥发出来，再由烟尘回收锡等有价金属，锡回收率可达90%以上。

⑦ 采用氯化挥发技术和还原熔炼技术回收含锡铁物料中的有价金属，将含锡铁物料制备成焙球，在焙球中加入氯化剂，在焙烧过程中氯化剂分离成金属离子和氯离子，氯离子与有价金属结合成易挥发的氯化物挥发，在除尘系统中回收氯化挥发物，使多种有价金属得到回收。有价金属挥发后铁矿球团可直接作为炼铁的原料，利用炼铁技术实现金属铁和炉渣的熔融分离，最后得到生铁和炉渣。

（4）技术特点

该技术充分发挥选冶联合工艺的技术优势，选冶技术指标高、工艺简单、生产成本低，有效利用尾矿资源、减少占用土地，在未来锡尾矿资源综合利用开发中，具有广阔的推广应用前景。

6. 旋流喷射浮选柱

（1）原理

旋流喷射浮选柱较好地解决了传统浮选柱高和气泡发生器存在缺陷的技术难题，将高柱改为矮柱，平均柱高仅为3m，同时采用带有导流片旋流喷嘴在强压给矿下自动吸入空气，使固液气三相充分快速地混合接触。通过控制吸入气量的大小将柱内产生的气泡大小、数量及泡沫层厚度调节到所选目的矿物需要的最佳水平，改善了矿化程度和浮选过程。在稳定而厚实的泡沫层内形成多次富集，从而实现高富集比和高回收率，尤其对微细粒级和连生体的回收效果更为突出，$-8\mu m$ 粒级的回收率可达60%以上。

旋流喷射浮选柱在气泡矿化、矿浆充气等方面主要有以下特点。

1）大量析出活性微泡。由于矿浆加压，增大了空气在矿浆中的溶解度，当槽外矿浆自喷管射入浮选柱后，压力剧降，于是使空气在矿浆中呈过饱和状态，这时溶于矿浆中的空气便以微泡形式优先在疏水性矿物表面析出，从而强化了气泡的矿化过程。

2）旋流喷射充气器有3个功能

① 旋流喷射充气器使矿浆产生旋转运动，使气泡有较多的粉碎机会，这样有利于矿浆和气泡的充分接触。

② 旋流喷射充气器的工作原理同射流泵，以砂泵为动力源来产生旋转矿浆射流，将空气介质吸入浮选槽内。与澳大利亚锌公司研制的达夫克拉浮选机相比，该浮选柱减少了空气压入装置，空气是自动吸入的。

③ 旋流喷射充气器是一种喷射式乳化装置，对药剂有乳化作用，它能将液体、气流分散成很微细的状态，使气泡和药剂被乳化，强化气泡的矿化过程，并降低药剂用量。

3）为了使空气分散得更好，防止给矿过早排出槽外，正对着喷嘴孔设有挡板，以保证空气分散，并使射流能量进一步消耗。挡板还迫使矿浆先向上，然后水平，最后向下通过相对稳定的排矿区排出。下降矿流在离开槽子以前，已消除了气泡。矿化气泡积聚在槽子上部，形成泡沫层。在泡沫层中矿化气泡再度富集，最后精矿越过溢流堰，排出槽外。

4）可调式尾矿排出管形式是将斜三通管与一节软管（例如胶皮管）相连作为尾矿排出管，简单实用。要提升或降低矿浆浮选液面时，只需将斜三通管位置提高或降低即可。如果要清空浮选槽中的矿浆，则把斜三通管置于浮选槽底的高度以下即可，非常便利。

（2）关键技术

① 该浮选设备与一般浮选柱相比具有更高的浮选速度。由于矿浆由泵加压后给入浮选槽，而不是自流，对提高精矿品位具有很好的作用，因此浮选效率很高。

② 在相同的处理量下，它比其他型式浮选柱占地面积小得多。

③ 该浮选设备不会引起矿浆短路循环。

④ 尺寸小，选别速度和处理量大，适合单槽浮选，用以去掉可浮矿物，减少过磨。

⑤ 该浮选设备可以在低成本和不增加现有厂房面积的情况下提高现有选厂的生产能力。

⑥ 该浮选设备容易控制。

⑦ 泡沫层的厚度和面积都比普通的浮选柱大，可获得高富集比。保持高回收率且能达到高富集比是旋流器式浮选柱的一个显著的特点。

（3）技术特点

应用旋流喷射浮选机并采用合理的工艺技术，已从包头稀土选矿厂的尾矿中回收了近5000t稀土；从白银公司厂坝选矿厂的尾矿中回收了6000多吨铅锌金属，价值3000余万元，取得经济效益1000余万元，减少了尾矿堆存，同时为当地提供了上百个就业岗位，经济效益、社会效益和环境效益显著。采用本技术设备可以最大限度地从尾矿中浮出有价矿物，减少尾矿中各种金属元素长期受浸湿给环境造成的影响。

7. 尾矿伴生萤石综合回收技术

（1）原理

柿竹园是我国最大的伴生萤石矿床，其已探明伴生萤石储量约

4.6×10^7t，占全国伴生萤石储量的70%。萤石矿物与其他矿物致密共生，浸染交代各种矽卡岩矿物。萤石常与脉石矿物连生，还带有磁铁矿、绿泥石、白云母、绿帘石、石英、长石等矿物的微细粒包裹物。柿竹园伴生萤石属典型的难选矿石。由于选矿技术复杂，柿竹园多金属选厂在生产回收钨、钼、铋几种主产金属后，萤石矿物被排入尾矿库中。该技术主要针对钨钼铋多金属浮选尾矿中萤石的综合回收，按高效浓缩脱药、高梯度磁选去除磁性矿物、常温下新型选矿药剂浮选萤石、浮选柱浮选机连选结合、中矿合理返回、强磁脱硅、产品分流等新的技术思路，解决柿竹园尾矿中萤石的回收利用问题。

（2）工艺流程

1）原料准备。浮钨尾矿中的萤石品位一般为17%～22%，是分离回收的目的矿物。非目的矿物以石英、长石和方解石为主，还有绿泥石、绿帘石、黑云母、白云母、角闪石和透闪石等。从粒度分析结果来看，萤石在浮钨尾矿中主要分布在－74μm粒级，产率为82.37%，CaF_2占有率为85.62%，粒度组成适合浮选。

2）分选萤石。选矿新工艺首先采用弱磁和强磁选对浮钨尾矿进行磁性分组，分组后非磁性产物的萤石品位得到提高，简化了矿物组成，优化了萤石浮选给矿，减轻了浮选的压力。弱磁选回收浮钨尾矿中的强磁性矿物，经精选后获得磁铁矿精矿。强磁选把浮钨尾矿分成两部分，磁性部分含黑钨矿、石榴子石等弱磁性矿物，通过重力分离获得黑钨中矿和石榴子石精矿产品。非磁性部分经浓缩后再浮选萤石，使得萤石浮选的给矿量和浓度易于控制。同时浓缩作业可脱除矿浆中的剩余药剂和微细矿泥，减少它们对浮选过程的干扰，加强萤石选矿的稳定性，使精矿质量更有保障。

3）浮选萤石。浮选采用“一粗一扫九精”的流程，浮选精矿脱硅后获得最终萤石精矿，通过中矿合理返回或单独处理分别得到酸级萤石精矿和冶金级萤石精矿。

（3）关键技术

新工艺的技术关键在于以磁选先行，采用弱磁和强磁选对浮钨尾矿进行磁性分组，对非磁性部分浓缩后再浮选萤石。

（4）技术特点

尾矿伴生萤石回收技术，集成了选矿新技术，减少了尾矿堆存，能够为企业创造显著的经济效益，增强企业竞争力。萤石资源面临枯竭已经成为制约我国氟化工发展的瓶颈，研究和实施伴生萤石资源的回收利用，对缓解氟化工原材料紧张问题意义重大。该技术为我国伴生萤石资源综合回收利用提供了支撑。

8. 尾矿回收锰矿物技术

(1) 原理

我国大部分有色金属矿山尾矿中含有铁、锰等有价元素。长期以来，企业只注重主要元素的提取，对尾矿中其他有用元素关注较少，资源利用率不高。南京银茂铅锌矿业有限公司铅锌有色金属矿，属于典型的复杂多金属铅锌锰矿，多年来以选别铅锌为主，尾矿中锰平均品位为4%，尾矿产量为1.5×10^5t/a，造成锰矿物流失严重。针对锰矿呈弱磁性的性质特点，采用强磁选工艺流程对浮选尾矿锰资源进行综合回收。

(2) 工艺流程

采用的流程为：高梯度-粗-精-扫-中矿返回-锰精矿弱磁选除铁，具体工艺流程如图 3-12 所示。

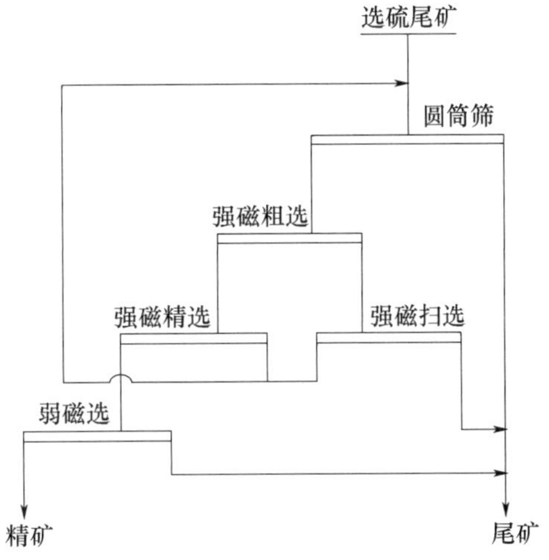

图 3-12 尾矿回收锰工艺流程

(3) 关键技术

关键技术在于用立环脉动高梯度强磁选机回收碳酸锰，锰粗精矿弱磁选除铁，以获得较高的锰品位及回收率。

(4) 技术特点

锰矿是我国的紧缺资源，自给率不足20%，而我国大部分铅锌矿尾矿中都含有锰金属，本技术应用前景十分广阔。同时该技术提高了资源利用率，减少了尾矿堆存，保护了矿山周边环境，环境效益与经济效益显著。

9. 尾矿综合回收钨、铋、钼技术

(1) 基本原理

棉土窝钨矿含有钨，并伴生有钼、铋等金属。入选原矿品位 WO_3

35%、BiO12%、$MoO_3$13%，由于选厂工艺是以重选为主，所以铋、钼在摇床回收过程中因为粒度、连生、易浮等原因在淘洗摇床中进入尾矿而被排进尾矿库。尾矿库堆存的尾矿运至再选车间原料仓，经球磨机磨矿后进行浮选，得到铋、钼混合精矿及浮选尾矿，铋、钼混合精矿送现有选厂分离，浮选尾矿进入绒毯溜槽回收钨精矿及氧化铋精矿后，得到最终尾矿，出售给当地的砂砖厂。

（2）工艺流程

运至原料仓的尾矿经过球磨机和螺旋分级机组成的闭路磨矿分级回路，进行磨矿、分级；分级机溢流进入铋、钼混合浮选作业，经一次粗选、一次精选和一次扫选得到铋钼混合精矿；精选后的尾矿并入最终尾矿，扫选尾矿依次经过绒毯溜槽、摇床和磁选得到最终钨精矿和铋精矿；溜槽和摇床分别抛弃部分尾矿。工艺流程如图 3-13 所示。

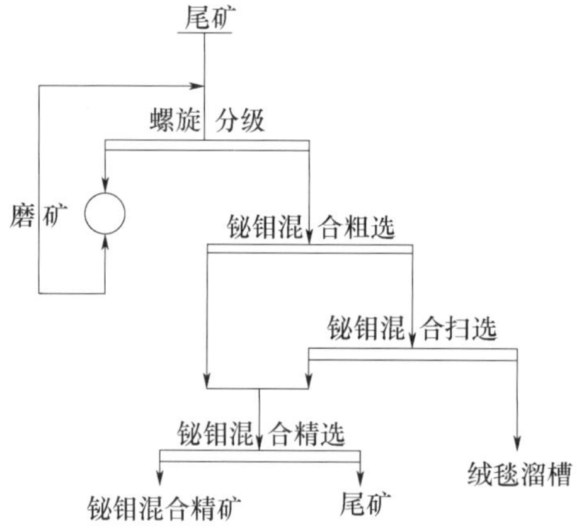

图 3-13　尾矿回收钨、铋、钼工艺流程

（3）关键技术

① 预先分级、脱水：现产生的尾矿通过水力分组箱自然分级、脱水；尾矿库尾矿通过螺旋分级机分级。

② 磨矿浮选：粗粒级尾矿进行磨矿，磨矿细度 60%（~0.074mm 矿粒的质量分数），细粒级矿直接进入浮选。

③ 药剂制度：以石灰为调整剂，以煤油、黑药为捕收剂，以二号油为起泡剂，在 pH 值为 10 的介质中进行浮选。

④ 技术特点

该技术对现有尾矿库中的尾砂及现产生的尾矿进行再处理，回收钨、铋、钼等，以综合利用资源、提高企业效益，解决尾矿库库容不足的问题。此外还可增加就业岗位，提高企业经济效益与社会效益。该技术先进适用，流程简单，推广方便，同类型的选矿厂尾矿均适用。

10. 铜尾矿综合利用湿法冶金技术

（1）原理

湿法冶金技术可应用于各种金属尾砂库、剥离表皮矿的资源再生综合利用和氧化原矿浸出，特别适用于金属元素氧化程度高的大型金属尾砂库。“酸浸-萃取-电积”法简称“L-SX-EW”法，具有效率高、成本低、无“三废”排放（萃余液全部返回循环使用）、绿色环保、低碳节能、金属回收率高等特点，具有广阔的应用发展前景。

铜矿尾砂加硫酸后的反应原理如下。

① 黑铜矿：$CuO + H_2SO_4 \longrightarrow CuSO_4 + H_2O$

② 兰铜矿：$2CuCO_3 \cdot Cu(OH)_2 + 3H_2SO_4 \longrightarrow 3CuSO_4 + 2CO_2\uparrow + 4H_2O$

③ 孔雀石：$CuCO_3 \cdot Cu(OH)_2 + 2H_2SO_4 \longrightarrow 2CuSO_4 + CO_2\uparrow + 3H_2O$

④ 硅孔雀石：$CuSiO_3 \cdot 2H_2O + H_2SO_4 \longrightarrow CuSO_4 + SiO_2 + 3H_2O$

$SiO_2 + H_2O \longrightarrow SiO_2 \cdot H_2O \longrightarrow H_2SiO_3$

⑤ 褐铁矿：$2Fe_2O_3 \cdot 3H_2O + 6H_2SO_4 \longrightarrow 2Fe_2(SO_4)_3 + 9H_2O$

$Fe_2(SO_4)_3 + 4H_2O \longrightarrow 2Fe(OH)_3 + H_2SO_4$

⑥ 硅酸盐：$SiO_3^{2-} + H_2SO_4 \longrightarrow H_2SiO_3 + SO_4^{2-}$

⑦ 铝酸盐：$Al_2O_4^{2-} + H_2SO_4 \longrightarrow H_2Al_2O_4 + SO_4^{2-}$

$H_2Al_2O_4 + 2H_2O \longrightarrow 2Al(OH)_3$

⑧ 钙化合物：$CaCO_3 + H_2SO_4 \longrightarrow CaSO_4\downarrow + H_2O + CO_2\uparrow$

⑨ 镁化合物：$MgCO_3 + H_2SO_4 \longrightarrow MgSO_4\downarrow + H_2O + CO_2\uparrow$

（2）工艺流程

从尾砂库采回的铜矿尾砂，经水冲式下料装置用部分萃余液和循环回用的中水调浆并除去石块、树枝、草根等杂物后，自流进入提升式矿浆搅拌槽，用经浓硫酸稀释器稀释的工业硫酸进行硫酸浸出作业，将尾砂中的酸溶铜全部浸出，酸浸矿浆自流进入几台串联配置的浓密机，用部分萃余液作为洗涤水进行酸浸矿浆的逆流洗涤作业。

一级浓密机溢流即为萃取工段的铜料液，经沉淀澄清后送入萃取工段经过“两萃一反一洗涤”萃取流程，把铜料液中低品位的铜富集到富铜液中成为高品位铜液，排出的萃余液作为调浆水和洗涤水返回上料和末级浓密机循环使用。

富铜液作为电解液自流进入电积工段的电解槽，通入直流电进行电积作业，液体中的铜沉积在阴极板上生产出国标 1 号阴极铜板，从电解槽流出的贫电解液作为反萃液返回萃取工段的反萃槽，经反萃负载有机相提高铜品位后成为富铜液，再流入电积工段的电解槽再次行电积循环作业。

末级浓密机底流加入部分清水稀释后送选铁工段，经过三级磁选作业，产出的铁精矿作为产品出售，铁尾矿矿浆经卧螺离心机脱水后，干尾矿直接售建材厂和水泥厂作为生产矿渣环保砖和水泥的主辅材料，中水返回上料调浆循环使用。这样，铜矿尾砂中的有价金属铜和铁，经过“L-SX-EW”法湿法冶金流水线，源源不断地以阴极铜板和铁精矿形态被提炼出来，工艺流程如图 3-14 所示。

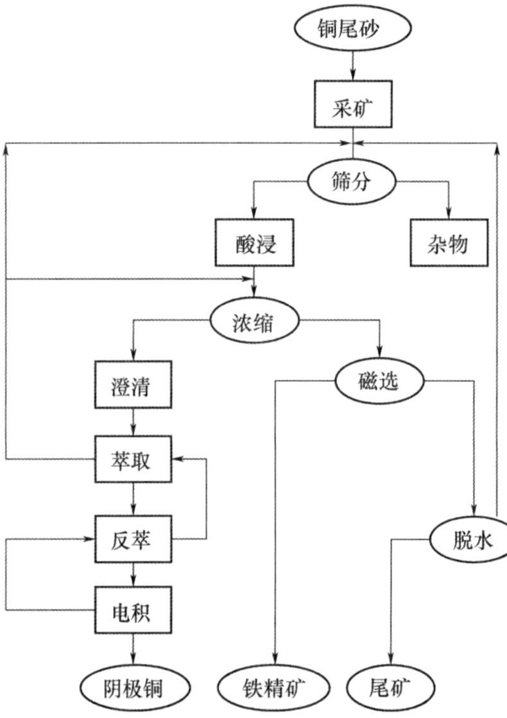

图 3-14　湿法冶金技术工艺流程

（3）关键技术

萃取混合室和搅拌桨叶采用创新技术，在低品位铜液萃取上有突出优点。

（4）技术特点

应用该技术可为制砖厂和大型水泥厂提供优质廉价的辅料，相对减少了建材生产企业对资源的消耗。随着尾砂库的逐步降容，库区安全系数迅速提高，长期困扰尾砂库区的环境污染问题逐渐解决，将来还可对尾矿库复垦造田，改善周边地区生态环境，增加可利用的土地资源。

11. 化学硫化集成技术

（1）原理

以低品位含铜废石为原料，经日晒雨淋、细菌氧化、喷淋堆浸等作用产生含铜酸性水，酸性水再经除杂提纯预处理工序，进入硫化工序以硫化铜的形式回收废矿石中的铜金属。

化学硫化集成技术与传统硫化技术、堆浸技术、膜渗透技术、离子交换、碱式沉淀等同类技术相比，具有以下几方面的优势。

① 与传统硫化工艺相比，解决了 H_2S 二次污染。现场 H_2S 浓度在 1×10^{-6} 以下，铜回收率 90% 以上、铜品位 30% 以上，1t 铜成本 1.5 万元以下。

② 采矿废石堆浸喷淋产生的酸性水中的铜离子浓度降到 40mg/L 时，硫化工艺运行仍具有经济性。

③ 该技术能够克服 Fe^{3+}、Fe^{2+}、Al^{3+} 等离子干扰，操作简便，运行稳定。

④ 在环保方面的优势：a. 该技术回收铜的同时，去除大部分的重金属离子；b. 提高了 pH 值，减少石灰中和的渣量；c. 硫化工艺无任何有机污染物产生。

⑤ 当废水中的铜离子浓度低于 200mg/L 时，硫化集成技术有明显的运行成本优势，回收成本随浓度变化较小。

（2）工艺流程

化学硫化工艺流程如图 3-15 所示。

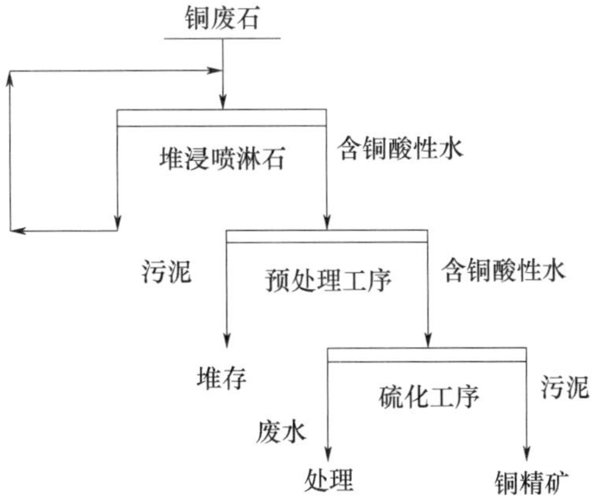

图 3-15　硫化工艺流程

（3）关键技术

① 预处理工序可将水中 Fe^{3+} 含量控制在 100mg/L 以下，水中 Cu^{2+}/Fe^{3+} 含量比由低于 1/10 提高到 1/1 以上。

② 硫化工序通过控制 pH 值和 ORP（氧化还原电位，电位为正表示溶液显示出一定的氧化性，为负则说明溶液显示出还原性）可使外排水 Cu^{2+} 小于 1mg/L，外排水 S^{2-} 小于 5mg/L，Fe^{3+} 反应率低于 50mg/L，环境中硫化氢浓度低于 1.0×10^{-6}，铜精矿含铜品位 30% 以上。

③ 应用晶种调节技术，反应物沉速达到 2.5m/h，浓度达到 40%。

（4）技术特点

采矿废矿石堆浸喷淋时产生的酸性水 pH 值为 2.2～2.5，含 Fe^{3+}、Al^{3+} 等多种金属离子，在回收铜金属后需经处理才能达标外排或回用。利用化学硫化集成技术回收酸性水中低浓度铜的同时可去除大部分的 Fe^{3+}、Al^{3+} 等多种金属离子，使酸性水达标处理更加简单，降低了废水达标处理的成本。

该技术可以较好地提取含铜废石废水中的金属铜，尤其是它能够提取含铜浓度低的酸性水中的铜，同时还能够起到酸性水处理的作用，减少了排放到环境中的有毒金属离子，使酸性水达标处理更加简单，经济成本更低，环境效益更好。

3.2.2 铜尾矿再选实例

1. 铜尾矿中回收铜、金、银和铁

（1）安庆铜矿回收铜、铁

安庆铜矿矿石类型分为闪长岩型铜矿、矽卡岩型铜矿、磁铁矿型铜矿及矽卡岩型铁矿等四类，矿石的组成矿物皆为内生矿物，主要金属矿物为黄铜矿、磁铁矿、磁黄铁矿、黄铁矿，经浮选、磁选回收铜、铁、硫后，仍有少量未单体解离的黄铜矿进入总尾矿；磁黄铁矿含铁和硫，磁性仅次于磁铁矿，在磁粗精矿浮选脱硫时，因其磁性较强，不可避免地夹带一些细粒磁铁矿进入尾矿。选矿厂的总尾矿经分级后，+20μm 粒级的送到井下充填储砂仓，-20μm 粒级的给入尾矿库。

尾砂的化学分析见表 3-2。由表 3-2 可以看出，铜矿物主要富集于粗尾砂中，所以主要回收粗尾砂中的铜，铁主要集中于细尾砂中，细尾砂中的铁主要是细粒磁铁矿和磁黄铁矿。

表 3-2　尾砂化学分析结果　　%

产品	Cu	S	Fe
粗尾矿（+20μm）	0.143	2.36	9.76
细尾矿（-20μm）	0.070	1.67	13.45
总尾砂	0.119	2.13	11.00

为了从尾矿中综合回收铜、铁资源，安庆铜矿充分利用闲置设备，因地制宜地建起了尾矿综合回收选铜厂和选铁厂。选厂尾砂因携带一定量的残余药剂，所以造成在储砂仓的顶部自然富集含 Cu、S 的泡沫，因此选铜厂在储砂仓顶部自制一台工业型强力充气浮选机，浮选粗精矿再磨后，经一粗二精三扫的精选系统进行精选，最终可获得铜品位 16.94% 的合格铜精矿。因此，投资 30 万元在充填搅拌站院内，就近建成 25t/d 的选铜厂。选铁厂是针对细尾砂中的细粒磁铁矿和磁黄铁矿，利用主系统技改换下来的 CTB718 型弱磁选机 3 台，投资 10 万元，在细尾砂进入浓密机前的位置，充分利用地形高差，建立了尾矿选铁厂，采用一粗一精的磁选流程进行回收铁。为了进一步回收选厂外溢的铁资源，又将矿区内各种含铁污水、污泥，以及尾矿选铜厂的精选尾矿汇集到综合选铁厂，最终获得铁品位 63.00% 的铁精矿。选铜厂和选铁厂的生产流程如图 3-16 所示。

选铜厂和选铁厂年创产值 491.95 万元，估算每年利税 421.45 万元，取得了较好的经济效益和社会效益。

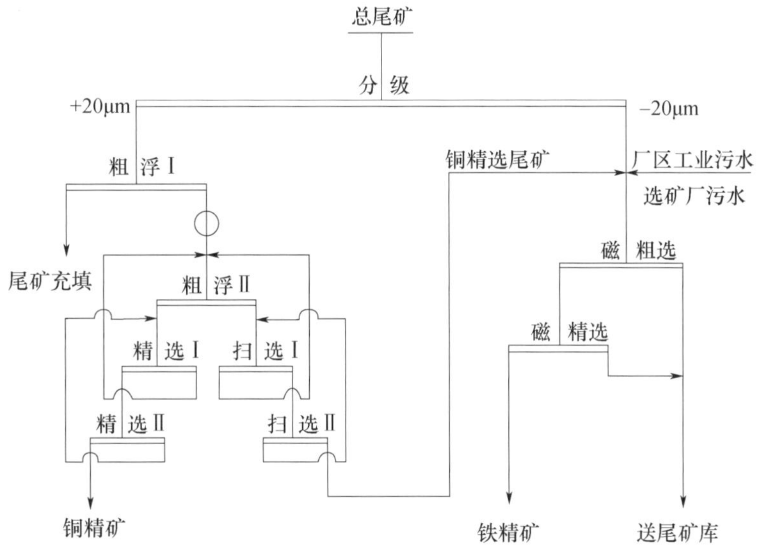

图 3-16 尾矿综合回收选铜厂和选铁厂的生产流程

（2）铜绿山铜矿回收铜、金、银、铁

铜绿山铜矿系大型的矽卡岩型铜铁共生矿床，钢铁品位高，储量大，并伴生金、银。矿石分氧化铜铁矿和硫化钢铁矿，两种类型的矿石进入选矿厂，分两大系统进行选别。选矿厂采用浮选-弱磁选-强磁选的工艺流程生产出铜精矿和铁精矿，产出的强磁尾矿总量 300 余万 t，其中铜金属量 2.5×10^4t，铁 1.32×10^6t。强磁尾矿中铜矿物有孔雀石、假孔雀石、黄铜矿，少量自然铜、辉铜矿、斑铜矿，极少量蓝铜矿和铜蓝；铁矿物主要有磁铁矿、赤铁矿、褐铁矿和菱铁矿；非金属矿物主要有方解石、玉髓、石英、云母和绢云母，其次有少量石榴子石、绿帘石、透辉石、磷灰石和黄玉。尾矿的多项分析及物相分析见表 3-3 ~ 表 3-6。

表 3-3　强磁尾砂多项分析结果

Cu/%	Fe/%	CaO/%	MgO/%	SiO_2/%	Al_2O_3/%	Mo/%	Au/ $(g\cdot t^{-1})$	Ag/ $(g\cdot t^{-1})$
0. 83	22. 59	13. 73	2. 32	33. 99	3. 74	0. 24	0. 97	11. 00

表 3-4　铜物相分析　　%

物相	游离氧化铜	原生硫化铜	次生硫化铜	结合氧化铜	总铜
质量分数	0. 25	0. 10	0. 18	0. 26	0. 79
占有率	31. 65	12. 66	22. 78	32. 91	100. 00

表 3-5　铁物相分析　　%

物相	磁性铁	菱铁矿	赤褐铁矿	黄铁矿	难溶硅酸铁	总铁
质量分数	7. 38	2. 39	11. 95	0. 10	0. 51	22. 53
占有率	32. 76	11. 50	53. 04	0. 44	2. 26	100. 00

表 3-6　金、银物相分析　　%

物相	单体金	包裹金	总金	单体硫化银	与黄铁矿结合银	脉石矿中银	总银
质量分数	0. 26	0. 62	0. 88	3. 0	7. 0	1. 0	11. 0
占有率	29. 56	70. 43	100. 00	27. 27	63. 64	9. 09	100. 00

在试验的基础上，选矿厂设计建立了日处理 1000t 的强磁尾矿综合利用厂，采用常规的浮-重-磁联合工艺流程综合回收铜、金、银和铁。强磁尾矿经磨矿后，添加硫化钠作硫化剂，丁黄药和羟肟酸作捕收剂，2 号油作起泡剂进行硫化浮选回收铜、金、银，浮选尾矿采用螺旋溜槽选铁（粗选），铁粗精矿用磁选精选得铁精矿。工艺条件为磨矿细度 -0. 074mm 60%，Na_2S 2000g/t，丁黄药 175g/t，羟肟酸 36g/t，2 号油 20g/t。最终获得含铜 15. 4%、金 18. 5%、银 109g/t 的铜精矿和含铁 55. 24% 的铁精矿，铜、金、银、铁的回收率分别为 70. 56%、79. 33%、69. 34%、56. 68%。按日处理 900t 强磁尾矿、年生产 300d 计算，每年可综合回收铜 1435. 75t、金 171. 26kg、银 1055. 92kg、铁 33757t。经初步经济效益估算，年产值可达 1082 万元，年利润约 1000 万元，具有显著的经济效益和社会效益。

2. 铜尾矿中回收硫

青海省果洛藏族自治州玛沁县境内某铜矿石20世纪60年代中后期探明的多金属复合硫化矿，含铜、钴、锌、铁、硫、金、银等多种有价元素，储量规模大，属大型矿床。矿山原设计仅对铜矿物进行了回收，尾矿中仍含有较多有用元素，对尾矿进行工艺矿物学研究后发现硫、铁含量较高，可综合回收利用。对尾矿矿样进行化学多元素分析及矿物成分分析，其结果分别见表3-7和表3-8。

表3-7 尾矿化学多元素分析结果

Cu /%	Zn /%	TFe /%	TS /%	Co /%	Pb /%	SiO_2 /%	CaO /%	Au /(g·t⁻¹)	Ag /(g·t⁻¹)
0.31	0.98	40.40	35.60	0.012	0.017	2.80	4.38	0.16	11.20

表3-8 尾矿矿物成分分析结果 %

矿物成分	黄铁矿	碳酸盐矿物	磁铁矿	绢云母	闪锌矿	石英	黄铜矿	绿泥石
相对含量	75.06	18.46	1.83	1.54	0.50	0.92	0.43	0.62

为充分利用资源，减少尾矿排放量，对尾矿分别进行了在弱酸性环境和弱碱性环境下的正浮选试验，经综合考虑，在生产中采用弱碱性浮选回收尾矿中的硫铁矿物，工艺流程如图3-17所示。生产实践表明，采用弱碱性浮选对该矿选铜尾矿回收硫铁尾矿完全可行，并获得了较高品质的硫铁精矿，生产指标见表3-9。

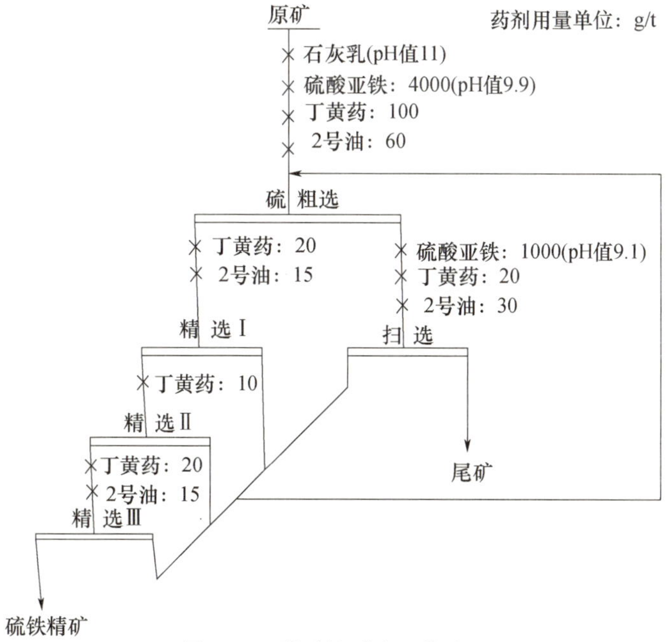

图3-17 弱碱性浮选工艺流程

表 3-9　弱碱性浮选生产平均指标　　%

名称	产率	品位		回收率	
		S	Fe	S	Fe
精矿	52.91	46.50	44.30	70.50	60.26
尾矿	47.09	21.86	32.83	29.50	39.74
原矿	100.00	34.90	38.90	100.00	100.00

3. 铜尾矿中回收钨

永平铜矿属含铜、硫为主，并伴生有钨、银及其他元素的多金属矿床。永平铜矿选厂日处理量达万 t，尾矿日排出量约 7000t，对尾矿中 WO_3及 S 含量分析，月平均品位为 0.064% 及 2.8%，WO_3含量波动范围为 0.041% ~0.093%，每年约有 2000t 以上 WO_3 损失于尾矿。

永平铜矿选铜尾矿中的钨主要呈白钨产出，其次为含钨褐铁矿，钨华甚微，白钨矿相含钨占总量的 82.05%，褐铁矿物含钨在 0.14% ~0.18% 之间。白钨矿主要与石榴石、透辉石、褐（赤）铁矿、石英连生，粒径 0.076 ~0.25mm，石榴石中有小于 6μm 的白钨，褐铁矿含钨是高度分散相钨。主要脉石矿物是石榴石和石英，矿物量分别占 32% 和 36%，此外还含有重晶石和磷灰石，这两种矿物的可浮性与白钨矿相似，增加了浮选中分离的难度。白钨矿粒度细，单体分离较晚，呈粗细不均匀分布。0.076 ~0.04mm 粒级解离率仅 69%，连生体中 80% 以上是贫连生体。尾矿的多元素分析及粒径分析分别见表 3-10 和表 3-11。

表 3-10　尾矿化学多元素分析结果

WO_3 /%	Cu /%	Mo /%	TFe /%	S /%	Ca /%	Al_2O_3 /%	SiO_2 /%	K_2O /%	Au /（$g \cdot t^{-1}$）	Ag /（$g \cdot t^{-1}$）
0.061	0.2	0.003	7.7	1.1	7.0	8.6	56.9	2.0	<1	8

表 3-11　尾矿粒度分布

粒度/mm	质量分数 /%	WO_3 /%	占有率 /%	白钨矿单体分离检查				
				白钨矿单体	连生体①	连生体体积（D）分布		
						D≥3/4	3/4>D>1/4	D≤1/4
+0.076	41.07	0.034	21.67	29.09	70.91	6.91	2.55	61.45
-0.076 ~ +0.04	20.86	0.065	21.04	69.33	30.67	3.30	2.02	25.34
-0.04	38.07	0.097	57.30	—	—	—	—	—

① 主要与石榴石、透辉石、褐铁矿、石英连生。

为综合回收尾矿中的白钨，采用重选-磁选-重选-浮选-重选的工艺流程（图 3-18）进行尾矿的再选，即首先采用高效的螺旋溜槽作为粗选段主要抛尾设备，抛弃 91.25% 的尾矿，进一步采用高效磁选设备脱除磁性矿物和石榴子石，使入选摇床尾矿量降至 4% ~5%，最大限度节省摇床台数。通过摇床只剩 1% 左右尾矿进入精选脱硫作业，最终获得 WO_3 含量 66.83%、回收率 18.01% 的钨精矿，含硫 42%、回收率 15% 的硫精矿以及石榴子石、重晶石等产品。按日处理 7000t、年 330d 计，年产白钨精矿 339.3t、硫精矿 1584t。

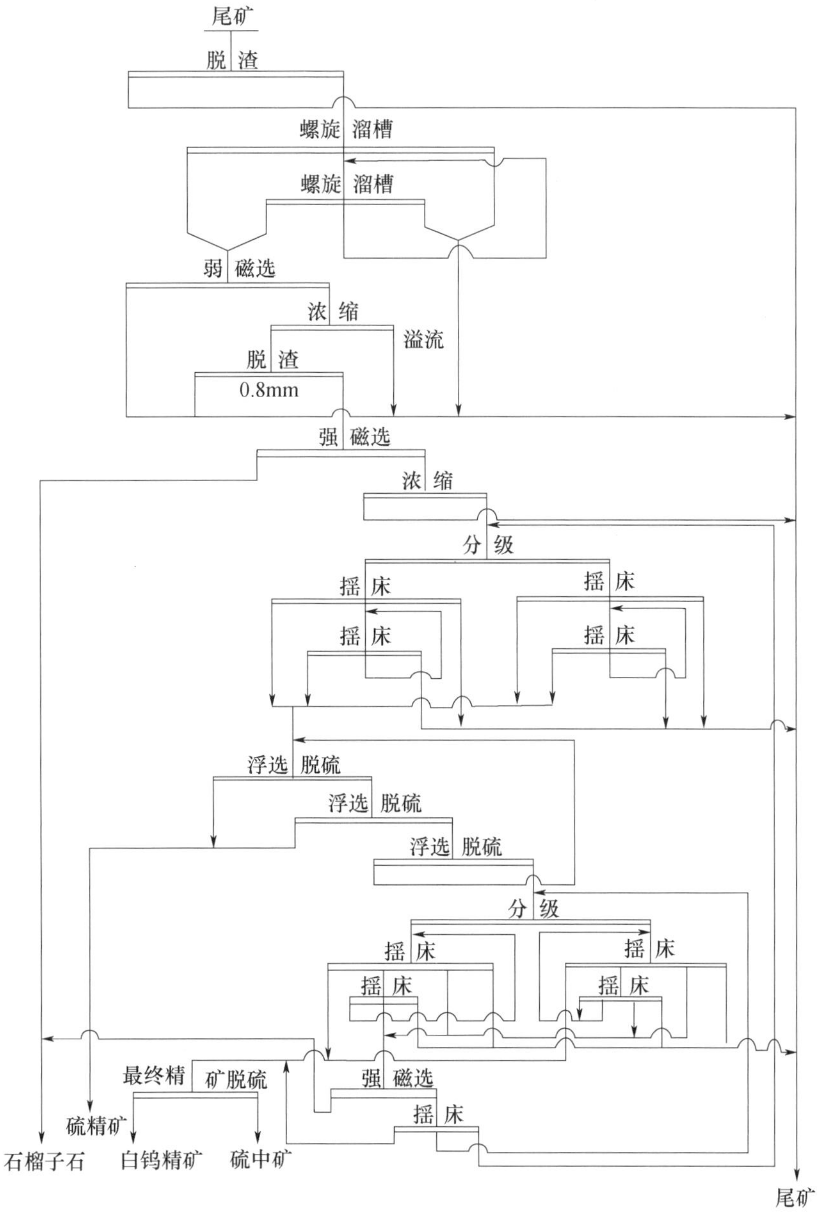

图 3-18　重选-磁选-重选-浮选-重选工艺流程

4. 铜尾矿中回收绢云母

江西铜业公司下属的银山铅锌矿每年可产尾矿 50 万 t 左右，尾矿中绢云母含量仅次于石英，它在铅锌尾矿、铜硫尾矿、尾矿库尾矿中的含量分别为 33%、34% 和 29%，绢云母储量达 360 万 t。选厂采用浮选法从铅锌尾矿和铜硫尾矿中回收绢云母，选别结果为铜硫尾矿的绢云母回收率为 63.79%，铅锌尾矿中的绢云母回收率为 58.12%。

5. 铜尾矿中回收重晶石

江苏溧水县观山铜矿自投产以来，历年尾矿的产率为 90% ~95%，尾矿的主要矿物分别为菱铁矿 54.61%、重晶石 9.32%、黄铁矿 3.26%、赤铁矿 1.04%、石英 30.99%，考虑到菱铁矿和重晶石两者可浮性相近的特点，采用强磁选回收菱铁矿和浮选回收重晶石，最终获得 $BaSO_4$ 95.3%、回收率 77.48% 的优质重晶石精矿。

3.2.3 铅锌尾矿再选实例

我国铅锌矿的特点是贫矿多、富矿少，伴生有铜、银、金、铁、硫及萤石等，结构构造和矿物组成复杂，属于难选矿物类型，给选矿带来了困难。铅锌尾矿中含有多种矿物质，可视为一种复合硅酸盐、碳酸盐等矿物材料，其主要成分有 SiO_2、Al_2O_3、Fe_2O_3、CaO、MgO、Na_2O、K_2O、SO_3等，矿物相主要为石英、云母、绿泥石、铁白云石及黄铁矿。铅锌矿中的伴生金和银的选矿回收率为 58% ~75%，而其他金属和非金属资源的综合利用率很低，或者根本没有回收利用。因此，从铅锌尾矿中综合回收多种有价金属和有用矿物，是提高铅锌多金属矿综合回收水平的重要举措，铅锌多金属矿石的综合回收工作，意义特别重大。

1. 铅锌尾矿再选回收铅锌

甘肃某铅锌矿选矿厂排出的尾矿量 2000t/d，细度为 -0.074mm 占 60%，浓度 25%，尾矿中含铅 0.2% ~0.3%，含锌 1.1% ~2.0%，含硫 3% ~5%。铅矿物主要为白铅矿、方铅矿，锌矿物有菱锌矿、闪锌矿。尾矿在选厂采用混合-优选浮选流程回收尾矿中的铅、锌、硫，浮选设备为高效射流浮选机。投产后，生产出品位 31.5%、回收率 46% 的低品位锌精矿，但硫精矿品位只有 25.22%，硫单体解离度 88.8%，解离度不够，生产工艺中未设磨矿设备，造成选别效率低。针对生产工艺存在的问题，依据推荐流程及试验指标对工艺进行了改造：混合粗选采用重选（螺旋溜槽）+浮选（高效射流浮选机）联合工艺回收铅锌硫，混合精矿进入球磨机与水力旋流器闭路磨矿，~0.074mm 占 90% 的旋流器溢流经脱泥斗脱泥，浓度 25% 的底流进混合浮选精选一次，精选尾矿返回混合粗选，精矿分离浮选工艺为浮铅一粗二精一扫、铅尾一粗一精一扫浮锌，尾矿为硫精矿。浮选设备全部采用高效射流浮选机。选矿药剂采用“硫化钠-黄药法”浮选铅和锌。投产后经过短期调试，得到品位 40%、回收率 43% 的铅精矿，品位 45%、回收率 62.5% 的锌精矿，品位 35.3%、回收率 60% 的硫精矿，均达到了当地销售要求的品位，获得了较好的技术指标和经济效益。

2. 铅锌尾矿再选回收锰

辽宁某铅锌矿浮选尾矿中伴生大量的锰矿物，锰品位在 7%~12%，每天排放的尾矿量达 1200t 左右。中钢集团马鞍山矿山研究院有限公司采用脉动高梯度强磁选（一粗一精）-精矿弱磁选的除铁工艺，获得产率 20.8%，含锰 24.46%，Mn：TFe = 2.95，P：Mn = 0.002，回收率 58.78% 的锰精矿，产品质量除铁偏高外其他指标均达到碳酸锰精矿质量的要求；同时还可以获得产率 6.63%、铁品位 45.52% 的精铁矿产品，达到了综合回收的目的，减少尾矿的排放量，经济效益和环境效益明显。

3. 铅锌尾矿再选回收银

辽宁葫芦岛八家子铅锌矿选矿尾矿堆存量 300 万 t 以上，其中银含量较高，达 69.94g/t，将其再磨至 -0.053mm 占 91.6% 解离银，用碳酸钠作调整剂（3000g/t），丁铵黑药（53g/t）和丁黄药（63g/t）作捕收剂，2 号油（8g/t）作起泡剂，栲胶（100g/t）作抑制剂，浮选出含银精矿，品位达 1193.85g/t，回收率 63.74%。按尾矿处理量 800t/d、年生产天数 250d 计，每年可回收银 8.92t。

4. 铅锌尾矿再选回收萤石

湖南邵东铅锌矿矿床属中-低温热液裂隙萤石-石英脉型铅锌多金属矿床。选厂采用铅锌优先浮选的选矿工艺回收铅锌两种金属，年排尾矿量（6~6.3）$\times 10^4$t；尾矿矿物组成主要为石英、板岩屑、萤石，少量的方解石、长石、重晶石、白云母等，其中主要矿物石英、板岩屑、萤石含量达 90% 左右。长沙有色金属研究所对铅锌选别后的尾矿进行利用研究，根据原料性质，采用分支浮选流程回收萤石，试验结果表明，得到的萤石精矿品位为 CaF_2 98.78%、$CaCO_3$ 0.46%、SiO_2 0.64%，达到了化工用萤石要求；按年产尾矿量 6.0×10^4t 计，可年回收萤石 4500 余 t，利润 60 余万元。

5. 铅锌尾矿再选回收重晶石

湖南邵东高桥铅锌矿采选铅锌原矿石的能力为 200t，属中温热液充填硫化矿床，现以回收铅、锌两种金属为主，年产尾砂 6×10^4t 左右。尾矿中重晶石的含量为 7.4%，且已基本单体解离。选厂采用重、浮流程对尾矿进行再选，回收重晶石，同时铅锌在重晶石精矿中也有明显富集。通过再选，高桥铅锌矿每年可从尾矿砂中获得重晶石精矿约 3000t，年利润约 30 万元，回收的重晶石精矿含 $BaSO_4$ 为 97.8%，符合橡胶填料Ⅱ级产品要求。目前重晶石主要用于石油钻井的泥浆加重剂，也可作为橡胶、涂料中的锌钡白原料以及生产金属钡和各种钡盐的原料，产销前景乐观。

6. 铅锌尾矿再选回收钨

湖南宝山铅锌银矿为一综合矿床，选矿厂处理的矿石分别来自原生矿体和风化矿体。矿石中的主要有用矿物为黄铜矿、辉钼矿、方铅矿、闪锌矿、辉铋矿、黄铁矿、白钨矿、黑钨矿等；主要脉石矿物为钙铝榴石、钙铁榴石、石英、方解石、辉石、角闪石、高岭土等。选厂硫化矿浮选尾矿中含有低品位钨矿物，主要是白钨矿。原生矿浮选铅锌后的尾矿中含 0.127% 的 WO_3，其中白钨矿约占 81%，黑钨矿占 16%，钨华占 3%。白钨矿的粒度 80% 集中在 -0.074 ~ +0.037mm 之间；黑钨矿的粒度 65% 集中在 -0.037 ~ +0.019mm 之间。风化矿石浮选尾矿的性质与原生矿类似，WO_3 含量为 0.134%，但黑钨矿的含量比原生矿的稍高，约占 25%。白钨矿的粒度较细，大部分集中在 -0.074 ~ +0.019mm 之间。脉石矿物以钙铁辉石为主并有较多的长石和铁矿物。选用旋流器、螺旋溜槽及摇床富集浮选尾矿中的钨矿物，可减少白钨浮选药剂消耗和及早回收黑钨矿。即尾矿先用短锥水力旋流器分级后用螺旋溜槽选出粗精矿，粗精矿用摇床选出黑钨矿，然后浮选白钨矿，可获得 WO_3 含量为 47.29% ~50.56%、回收率为 18.62% ~20.18% 的精矿，同时选出产率为 26.95% ~34.03% 的需再进行白钨浮选的粗精矿。与单一浮选相比，浮选白钨的矿量减少了 73.05% ~65.97%，从而可大量节省药剂用量，降低选矿成本。

3.2.4 钼尾矿再选案例

平均入选品位 0.2% 的钼矿矿山，每生产 1t 45% 的钼精矿，会产生 250t 以上的尾矿，几乎与所处理的矿石相当。一个日处理矿石 1500t 的中小型选矿厂，年排放尾矿 30 万 ~50 万 t，治理尾矿需建库、维护费用按照 10 万元/万 t 计算，需数百万元。因此，钼尾矿资源的再利用尤为重要。

1. 钼尾矿再选回收铁

金堆城钼业公司日处理原矿 2.1 万 t，采用优先浮钼、再浮硫后丢尾，钼精矿集中再磨、多次精选，钼精选尾矿再选铜后丢尾的原则流程，共有钼精矿、硫精矿、铜精矿三种产品，其中钼硫尾矿占原矿总量的 95%，矿浆浓度 28% ~32%，-0.074mm 占 50% ~60%。含铁品位 5.7% ~8.3%，MFe 平均为 0.8%，硫品位 0.4% ~0.6%，铁矿物物相分析结果见表 3-12，粒度分析结果见表 3-13。

表 3-12 铁矿物物相分析结果 %

项目	磁铁矿	赤铁矿	硅酸铁
质量分数	0.77	0.84	3.78
分布率	9.75	10.63	47.85

表 3-13 选铁原矿粒度分析结果

粒级/mm	产率/%	MFe/%	铁分布率/%
+0.28	17.40	0.453	10.97
-0.28 ~ +0.154	16.50	0.560	12.72
-0.154 ~ +0.098	8.05	1.013	12.22
-0.098 ~ +0.076	5.60	1.693	13.05
-0.076	52.45	0.707	51.04

为综合回收磁铁矿，金堆城钼业公司与鞍钢矿山研究所合作，采用磁选-再磨-细筛选矿工艺，成功地回收了钼硫尾矿中的磁铁矿，铁精矿品位累计平均为 63.7%，回收率为 50% ~55%。采取的再选技术措施为：

（1）利用生产厂房场地空隙，将一段磁选机配置在选硫浮选机和尾矿溜槽之间，利用高差使钼硫尾矿自流给入磁选机选别，磁选尾矿再自流到尾矿溜槽，而将产率不到 2% 的磁选粗精矿用砂泵扬送到另一厂房再磨再选，可节省磁选原矿、尾矿流量约 3000m^3/h 的扬送费用。

（2）借用闲置的 $\phi 2.1m \times 4.5m$ 球磨机及厂房作为磁铁矿的再磨再选厂房，可节省投资70万元，缩短工期6个月，工程总投资仅花费230万元。

（3）为了减少中间产品砂泵扬送，将细筛改为选别的最后一道工序，安装在较高的位置，实现筛上、筛下产品自流，确保最终精矿品位。

2. 钼尾矿再选回收钨

三道庄矿区矿石以矽卡岩型为主，属钼钨共生矿床，钼易选，钨品位低、难选。该矿区仅回收钼，没有综合回收白钨，每年约有5000t WO_3 经采矿、破磨后又被送入尾矿库堆存，使极具经济效益的钨资源得不到回收，造成钨矿资源浪费。选矿厂试验过单一重选、重浮联合、加温浮选等工艺流程，但白钨回收指标较差，单一重选回收率仅30%，重浮联合工艺52%，加温浮选可达66%～82%，但因能耗过高、成本太大而不能应用于工业。直到2000年，低品位白钨富集选矿技术取得了重大进展。2003年，洛钼集团与厦门钨业合资建成了第一座4500t/d白钨回收厂，处理的原料来自选矿厂浮钼尾矿，选矿生产流程为先脱硫后选钨。脱硫为一粗二扫二精，白钨粗选为一粗三扫三预精，所得粗精矿经浓密加温脱药后经一粗五精三扫得浮选白钨精矿。2008年洛钼集团又新建成6000t/d和8000t/d白钨回收选厂，使得三道庄矿区钨资源得到全面有效的综合回收。选矿工艺流程为先脱硫后选钨：浮钼尾矿自流到白钨选矿厂分级再磨后先脱硫再进行白钨粗选。脱硫浮选为一粗，脱硫浮选后的矿浆（脱硫扫选浮选柱尾矿）进入白钨粗选作业，经浮选柱一粗一扫一预精选后获得的白钨粗精矿泵扬至白钨粗精矿浓密机，浓密机底流入加温脱药搅拌槽进行脱药，脱药后的白钨粗精矿返回白钨精选车间用浮选机进行精选，经一粗三扫五精后得浮选白钨精矿，浮选白钨精矿进入白钨酸洗脱磷作业，脱磷后的合格白钨精矿用泵送至压滤机压滤，滤饼用空心浆液蒸汽螺旋干燥机干燥，干燥后的白钨精矿用包装袋外运。

3.2.5 钨尾矿再选实例

我国钨矿产地主要分布在湖南（白钨矿为主）和江西（黑钨矿为主）。钨矿品位一般较低，为0.1%～0.7%，导致选矿过程中产生大量尾矿，约占原矿的90%以上。钨尾矿中主要含有萤石、石英、石榴子石、长石、云母、方解石等矿物，有些含有钼、铋等少量的多金属矿物，主要化学成分为 SiO_2、Al_2O_3、CaO、CaF_2、MgO、Fe_2O_3 等。

1. 钨尾矿再选回收钨、铋、钼

棉土窝钨矿是以钨为主的含钨、铜、铋、钼的多金属矿床，在棉土窝钨矿每年选钨后所产生的磁选尾矿（选厂摇床得到的钨毛砂，经抬浮脱硫、磁选选钨后的尾矿）中，含 Bi 20%、$WO_3$10% ~20%、Mo 1.45%、SiO_2 30% ~40%，铋矿物以自然铋、氧化铋、辉铋矿及少量的硫铋铜矿、杂硫铋铜矿存在，其中氧化铋占 70%；而钨矿物主要是黑钨矿和白钨矿，其他还有黄铜矿、黄铁矿、辉钼矿、褐铁矿以及石英、黄玉等。镜下鉴定表明，钨铋矿物互为连生较多，钨矿物还与黄铜矿、褐铁矿及脉石连生，也见有辉铋矿被包裹在黑钨矿粒中，极难实现单体解离。尾矿取样测定的粒度组成和单体解离度分别见表 3-14、表 3-15。从表 3-14 和表 3-15 中可以看出，试样中 +0.074mm 的产率仍占 75.55%，且 3 种主要矿物也主要分布在 +0.074mm 的粒级中。

表 3-14 尾矿粒度筛析结果

粒级/mm	产率/%		品位/%			占有率/%		
	个别	累计	Bi	WO_3	Mo	Bi	WO_3	Mo
-0.63 ~ +0.32	18.63	18.63	23.54	20.84	1.27	19.10	18.47	17.76
-0.31 ~ +0.16	34.25	56.88	22.58	19.61	1.39	33.67	31.95	35.73
-0.16 ~ +0.074	24.67	77.55	22.03	21.00	1.37	23.66	24.65	25.37
-0.074 ~ +0.04	9.46	87.01	23.95	23.03	1.33	9.87	10.37	9.44
-0.04	12.99	100.00	24.22	23.56	1.20	13.70	14.56	11.70

表 3-15 尾矿单体解离度测定

解离度	-0.63 ~ +0.32	-0.32 ~ +0.16	-0.16 ~ +0.074	-0.074 ~ +0.04	-0.04
黑钨矿	59.9	62.8	82.2	91.5	98.5
铋矿物	69.4	71.5	82.0	89.8	96.4

选厂根据小型试验结果在生产实践中采用重选-浮选-水冶联合流程处理磁选尾矿，综合回收钨、铋、钼。考虑到磁选尾矿中含硅高达 30% ~40%，远远超过了铋精矿的含硅标准（<8%），故在选铋作业前先用摇床重选脱硅，重选精矿经磨矿分级后，进入浮选作业，先浮易浮的钼和硫化铋，后浮难浮的氧化铋；为进一步回收浮选尾矿中的微粒铋矿物及铋的连生矿物，在常温下对得到的浮选尾矿（钨粗精矿）进行浸出，再通过置换而得到合格的铋产品和剩下的钨粗精矿产品。生产实践表明，通过该工艺可得到含铋分别为 36% 和 71% 的硫化铋精矿和氯氧

铋，铋的总回收率高达95%，还得到了含钨36%、回收率90%的钨粗精矿，使选钨厂的总回收率提高了2%。

2. 钨尾矿再选回收萤石及石榴子石

湖南有色金属研究院进行了从黄沙坪钨浮选尾矿中回收萤石及石榴子石的试验研究。萤石的回收采用浮选流程，采用一粗二扫浮选回收、萤石粗精矿再磨、精选中矿再选、其余中矿顺序返回精选、精矿强磁选的工艺流程，得到最终萤石精矿，其中 CaF_2品位为97.36%，回收率为57.23%。采用单一磁选和重选联合流程回收石榴子石，均可获得石榴子石精矿产品，其中磁选方法获得的精矿回收率高，可得品位76%的石榴子石精矿，回收率为87.78%。

柿竹园多金属矿床属世界级超大型钨、铋、钼、萤石、石榴石等多种有价值组分共生的复合矿床。其中伴生的萤石储量占全国伴生萤石储量的74%，占全国萤石储量的5%，浮钨尾矿的萤石含量一般为18%～22%，萤石量约14万t；而石榴石是该矿床的主要矿物之一，储量达5441万t以上，约占该矿床矿石量的27%，资源十分丰富。柿竹园有色金属有限责任公司针对柿竹园白钨浮选尾矿，采用733为捕收剂、硫酸为活化剂、水玻璃为抑制剂，进行综合回收萤石的试验研究，最后采用一次粗选、两次清扫和五次精选工艺流程，获得了 CaF_2品位94.31%的萤石精矿，回收率70.06%。湖南科技大学针对柿竹园多金属矿石榴子石资源特点，分别采用浮-磁浮主干流程和螺旋溜槽预选-预选中矿强磁和摇床从尾矿中回收石榴子石，可得到品位达89%的石榴子石精矿，回收率达到40%以上。

3.2.6 锡尾矿再选实例

1. 锡尾矿再选回收砷

平桂冶炼厂精选车间是一个集重选、磁选、浮选于一体，选矿设备较为齐全，选矿工艺灵活多变的精选厂。随着平桂矿区锡矿资源的枯竭，精选厂大部分时间处于停产状态，企业的生产和经济效益受到严重影响。为了充分利用矿产资源，综合回收多种有用金属，充分利用现有的闲置设备，增加企业的经济效益，精选厂对锡石-硫化矿精选尾矿进行了多金属综合回收的生产。

该尾矿是锡石-硫化矿粗精矿采用反浮选工艺，在酸性矿浆中用黄药浮选的硫化物产物，长期堆积，氧化结块比较严重。其中金属矿物主要有锡石、毒砂（砷黄铁矿）、磁黄铁矿、黄铁矿，其次有闪锌矿、黄铜矿及少量的脆硫锑铅矿，脉石为石英及硫酸盐类。锡石主要以连生体的形式存在，与脉石矿物关系密切，并多呈粒状集合体，硫化物中锡石主要与毒砂、闪锌矿结合较为密切，个别与黄铁矿连生。粒度越细，锡品位越高，含砷、含硫高。

平桂冶炼厂精选车间采用重选-浮选-重选原则流程对尾矿进行综合回收，即先破碎、磨矿，再用螺旋溜槽和摇床将锡和砷进行富集，得混合精矿，丢掉大量的尾矿，然后用硫酸、丁基黄药和松醇油进行浮选，选出砷精矿，浮选尾矿再用摇床选别得出锡精矿和锡富中矿。通过生产，获得了锡品位为 34.5%、回收率为 35.20% 的锡精矿和含锡为 2.6%、回收率为 15.60% 的锡富中矿及砷品位为 28%、回收率为 65.0% 的砷精矿的好指标，达到了综合利用矿产资源、增加锡冶炼原料的目的，取得了良好的经济效益和社会效益。

2. 锡尾矿再选回收锡

栗木锡矿采用重选-浮选流程从老尾矿中回收锡。该矿积存 650 多万 t，尾矿中主要含锡、钨、铌、钽及硅质和长石等矿物。再选流程包括重选、硫化矿浮选和锡石浮选。经重选后得到的精矿含 SnO_2 26.84%、WO_3 9.6%、Ta_2O_5 2.7%、Nb_2O_5 2.04%，重选回收率 SnO_2 32.99%、WO_3 24.05%、Ta_2O_5 42.47%、Nb_2O_5 24.77%。硫化矿物浮选流程为一次粗选、二次扫选，精矿品位 Cu 10.8%、SnS_2 6.58%，回收率 Cu 78%、硫化物 52.66%。硫化矿物经抑制砷浮铜产出含 Cu > 20%、Sn > 18%、As < 1.5% 的铜-锡精矿锡石，浮选产出的精矿含 SnO_2 6.107%，锡石回收率 63.11%。

3.3 金矿尾矿的再选

由于金的特殊作用，从选金尾矿中再选金受到较多重视。实践证明，由于过去的采金及选冶技术落后，致使相当一部分金、银等有价元素丢失在尾矿中。据有关资料报道，我国每生产 1t 黄金大约要消耗 2t 的金储量，回收率只有 50% 左右，也就是说大约还有 50% 的金储量留在尾矿、矿渣中。

在我国 20 世纪 70 年代前建成的黄金生产矿山，选矿厂大多采用浮选、重选、混汞、混汞-浮选或重选-浮选等传统工艺，技术装备水平低，生产指标差，金的回收率低。尾矿中金的品位多数在 1g/t 以上，有些矿山甚至达到2~3g/t；少数矿石物质组分较复杂的矿山或高品位矿山，尾矿中的金品位达3g/t以上。随着近年来选冶技术水平的提高，特别是在国内引进并推广了全泥氰化炭浆提金生产工艺后，这部分老尾矿再次成为黄金矿山的重要资源。选矿成本如按照全泥氰化炭浆生产工艺计算，在尾矿输送距离小于1km的条件下，一般盈亏平衡点品位为0.8g/t。因此，尾矿金品位大于0.8g/t者，均可再次回收。

我国黄金矿产资源大多数为共（伴）生矿，许多黄金矿山尾矿中含有可综合回收的多种伴生元素组分，特别是矿山初建阶段，大量伴生有价组分都随尾矿流失。由于在浮选过程中一些伴生矿物也会得到一定程度的富集，尾矿一般都有较高的品位。据调查，有些采用浮选-金精矿氰化工艺的选矿厂，浸渣中有价元素含量普遍高于最低工业品位，有的甚至是最低工业品位的两倍以上。因此，金尾矿中的伴生组分，如铅、锌、铜、硫等的回收也应得到重视。

3.3.1 金尾矿再选技术

1. 湿式强弱磁选铁及含金尾渣综合利用技术

（1）原理

采用“多层感应磁极技术”和“双向冲洗压力气水联合技术”，对各种弱磁性矿物含金尾渣进行选铁；选铁后含金尾渣综合利用技术就是采用对尾渣进行超细磨、高温除有害物质烘干工艺，生产出适用于普通硅酸盐水泥的优质掺合料。

（2）工艺流程

湿式强弱磁选（除）铁工艺，是目前国内较先进的提金尾渣磁选工艺。首先对提金尾渣进行分级（按比例调浆、搅拌、高频振动筛分），然后进入组合磁选设备，经0.1T弱磁分选、1.3T强磁精选和1.6T强磁扫选工艺，提取品位为57.99%的铁精矿；提铁后的尾渣采用超细磨、高温除有害物质烘干工艺，生产出适用于普通硅酸盐水泥的优质掺合料。

（3）关键技术

“弱磁相选、强磁精选和扫选工艺及设备”和“尾渣综合利用制水泥掺合料”。

（4）技术特点

该技术具有工艺流程短、环保效益高、生产管理成本低的特点，能增加铁精粉产量，提高提金尾渣综合利用效率，实现资源综合利用。该技术在生产过程中不添加任何选铁用剂，污染小、环保可靠。

2. 堆浸尾渣综合利用技术

（1）原理

堆浸尾渣中含金品位较低，入选平均品位仅为0.55g/t，且经过堆浸后废弃多年，致使尾渣中的残留金难以选别。采用尾渣破碎-磨矿-全泥氰化-炭浆提金工艺，尽可能地降低生产成本、减少投资，提高金回收率，获得了较好的经济效益。

（2）工艺流程

堆浸尾渣经破碎、筛分、两段闭路磨矿分级、除屑除杂后，矿浆经浓缩后送至氰化系统（IL边浸边吸流程），获得的载金炭再进行解吸电解，解吸电解系统采用目前先进的高温高压无氰解吸技术。电解后的金泥经水洗、酸洗处理后再进行冶炼铸锭，产品为合质金。

（3）关键技术

① 在磨矿前加入氰化钠，通过提前磨浸能够缩短矿石的浸出时间，节省了浸出设备，降低设备投资和生产成本，节能效果显著。

② 采用先进、高效、可靠性强的大型碎矿设备。该系列设备维修方便，便于操作，具有层压破碎、产品粒度细的特点，可实现“多碎少磨”。

③ 磨矿设备采用中信重工生产的ϕ3.6m×6.0m和中ϕ3.2m×5.4m球磨机，设备采用高低压润滑站、气动离合器、慢速传动装置、喷雾润滑等先进技术，保证了磨机的运转率，实现生产自动化，运行效果良好。

④ 浸吸设备采用硬齿面齿轮减速机传动的ϕ8500mm×9000m大型浸吸槽。

（4）技术特点

该技术经生产检验，稳妥可靠，易于操作，实现了高效、节能生产。目前我国仍有许多黄金矿山存在着堆浸废渣，由于受当时客观条件、技术条件等诸多因素限制，堆浸废渣中存有相当可观的黄金资源。该技术适用于黄金尾渣综合利用，投资少，效益好，可有效回收贵重资源，消除尾渣发生泥石流的危害，极具推广价值。

3.3.2 金尾矿再选实例

1. 金尾矿再选回收铁

陕南月河横贯安康、汉阴两市县，沿河有五里、安康、恒口、汉阴

4 座砂金矿山、9 条采金船、3 个岸上选厂。月河砂金矿经采金船和岸上选厂处理后所得尾矿中共有 21 种矿物，矿物以强磁性矿物为主、弱磁性矿物为辅，夹杂有微量的非磁性矿物，目前可利用的只有磁铁矿（42%）、赤铁矿（18%）、钛铁矿（8%）、石榴石（17%）4 种，其中石榴石以铁铝石榴石为主。以磁铁矿为主的铁精矿作为强磁性矿物，在砂金尾矿中含量最多，一般为 60%，小于 1mm 粒级中含量达 90% 以上。

安康金矿根据选厂尾矿特性，通过实践，采用 ϕ600mm × 600mm（214. 97kA/m）永磁单辊干选机和 CGR-54 型（1592. 36kA/m）水磁对辊强磁干选机顺次从尾矿中分选磁铁矿、赤铁矿（合称铁精矿）及钛铁矿与石榴石连生体的两段干式磁选工艺，在流程末还增加了 2 台 XZY2100 × 1050 型摇床，用来分选泥砂废石中的金。利用该工艺，安康金矿每年可从选厂尾矿中获得铁精矿 1700t，回收砂金 2. 187kg。

陕南恒口金矿采用单一的 ϕ600mm × 600mm（87. 58kA/m）永磁单辊干选机从选厂尾矿中分选铁精矿，精矿产率达 31. 2%，选得铁精矿品位为 65% ~68%，从尾矿中可产铁精矿 1100t/a，借助摇床从中可选砂金 1. 5309kg，共创产值近 30 万元。

2. 金尾矿再选回收金银

银洞坡金矿于 1981 年建成投产了 100t/d 的选矿厂，1985 年以后选矿工艺为炭浆工艺，生产能力提高到 250t/d。在 1992 年新尾矿库建成之前，老尾矿库堆存了达 9.0×10^5 t 左右含金较高的可回收尾矿资源，含金量约 1665kg，含银 25t。

选矿厂于 1996 年开始利用原有的 250t/d 的炭浆厂进行处理尾矿的工业实践，采用全泥氰化炭浆提金工艺回收老尾矿中的金、银。生产工艺流程为：尾矿的开采利用一艘生产能力为 250t/d 的简易链斗式采砂船，尾矿在船上调浆后由砂泵输送到 250t/d 炭浆厂，给入由 ϕ1500mm × 3000mm 球磨机和螺旋分级机组成的一段闭路磨矿。溢流给入 ϕ250mm 旋流器，该旋流器与 2 号（ϕ1500mm × 3000mm）球磨机形成二段闭路磨矿，其分级溢流给入 ϕ18m 浓缩池，经浓缩后浸出吸附，在浸出吸附过程中，为了扩大处理能力，进一步提高指标，用负氧机代替真空泵供氧，采用边浸边吸工艺，产出的载金炭，送解吸电解后产成品金。

经过工业生产实践，生产能力为 250t/d 以上，尾矿浓度为 20% 左右，细度为 ~0. 074mm 占 55% 左右，双螺旋分级机溢流为 ~0. 074mm 占 75%，旋流器分级溢流为 ~0. 074mm 占 93%，浸出浓度为 38% ~ 40%，浸出时间为 32h 以上，氧化钙用量 3000g/t，氰化钠用量 1000g/t，五段吸附平均底炭密度为10g/L。各主要指标如下：①浸原品位，金2.83g/t、银39g/t；②金浸出率为86.5%，银浸出率为48%；③金选冶总回收率为80.4%，银选冶总回收率为38.2%。

据老尾矿库尾矿资源的初步勘察，含金品位大于2.5g/t的尾矿约3.8×10^5t，可供炭浆厂生产4~5年，按工业生产实践推测，则可从尾矿中回收金760kg、银5t，创产值7000多万元。同时应指出的是，由于处理尾矿的直接成本较低，因而处理大于1g/t的尾砂也稍有盈利，不仅增加黄金产量，也可降低企业的生产费用。

3. 金尾矿再选回收硫

山东省七宝山金矿矿石类型为金铜硫共生矿，金属硫化物以黄铁矿为主，另有少量黄铜矿、斑铜矿，含金矿物主要有自然金、少量银金矿；金属氧化物以镜铁矿、菱铁矿为主，脉石矿物主要有石英、绢云母等。选别工艺流程采用一段磨矿、优先浮选流程，一次获得金铜精矿产品。1995年以来，从选金尾矿中回收硫精矿，最初采用硫酸活化法回收硫，但由于成本太高，于1996年下半年采用了旋流器预处理工艺，使选硫作业成本降低了45%，取得了很好的效果。

对优先浮选的尾矿进行分析发现，矿浆不仅pH值高，而且含有许多细小的石灰颗粒，同时由于矿石中黄铁矿的散布粒度粗，密度比脉石矿物大，因而采用旋流器对选金尾矿矿浆进行浓缩脱泥，丢掉细泥部分，沉砂加水搅拌擦洗可以恢复黄铁矿的可浮性，通过下一步的浮选作业，获得硫精矿。ϕ350mm旋流器安装在搅拌槽上方，沉砂进入搅拌槽，同时补加清水，选硫浮选中采用一次粗选、一次扫选流程，加黄药60g/t、松醇油40g/t。

该工艺不使用硫酸，使选硫精矿成本降低，获得的硫精矿品位达37.6%，回收率82.46%，且精矿含泥少，易沉淀脱水，年增加效益约120万元。

4 尾矿充填技术

21 世纪是现代工业高速发展的时期，对矿产资源的需求和开发利用规模都是历史上前所未有的。随着金属矿产资源开采深度的不断加大，开采对象由露天与浅部逐渐转向高应力环境下深部矿体、复杂条件下的难采矿体。

充填是指用适当的材料，如废石、碎石、河砂、炉渣或尾矿等，对地下采矿形成的采空区进行回填的作业过程。充填采矿法具有许多优点：①可以防止由采矿引起的岩层大幅度移动、地表沉陷；②可以充分回收矿产资源，促进矿产资源的可持续发展；③废石可以充填空区，减少提升费用；④可以将大部分的尾砂回填到井下，减少因尾矿库发生的各种费用和潜在危害；⑤可很大程度上解决深井矿山中高温、高应力所带来的一系列问题，保证井下有安全的生产环境；⑥对于大水矿山可以通过减少岩移来降低涌水量和排水费用等。充填技术的快速发展为矿山实现安全、高效、绿色开采提供了强有力的技术支持。

4.1 充填材料分类

4.1.1 充填材料的分类

国内矿山广泛使用的充填材料，可按不同的标准进行分类。

1. 按充填材料粒级分类

根据充填材料颗粒的大小，可将充填材料分为块石（废石）、碎石（粗骨料）、磨砂（戈壁集料）、天然砂（河砂及海砂）、脱泥尾矿和全尾砂等几类。

（1）块石（废石）充填料。块石（废石）充填料主要用于处理空场法或留矿法开采所遗留下来的采空区，如赣南各钨矿等；有时也用于中小型矿山和地方黄金矿山的水平分层充填采矿法，如东坪金矿、红花沟金矿等。对于削壁充填采矿法如撰山子金矿，其充填料也是块石。块石充填料的粒级组成因矿山和岩性而异，难以进行统计分析。充填料是借助重力或用矿车和皮带输送机卸入采场的，在这过程中，由于碰撞、滚磨等原因，块石的颗粒级配将明显变小。

（2）碎石（粗骨料）充填料。碎石（粗骨料）充填料主要用于机械化水平分层充填法，以及分段充填采矿法，应水力输送，也可加入胶结剂制备成类似混凝土的充填料。例如，锡矿山矿利用厂手选废石（硅化灰岩）破碎成碎石，再加入 20% 的矿渣混合成充填料，其最大粒径 $d_{max}=45mm$，平均粒径 $d_{av}=14.94mm$，密度 $\rho=2.52\times10^3kg/m^3$，堆积密度 $\rho_{堆}=1.41\times10^3kg/m^3$，孔隙率 $P=44\%$，渗透系数 $k=960cm/h$。会泽铅锌矿麒麟厂矿区利用地表剥离废石和井下掘进废石（白云岩和白云化灰岩）经破碎后用作碎石充填料，平均粒径 $d_{av}=7.37mm$。

（3）磨砂（戈壁集料）充填料。当分级尾砂数量不足时，可采用部分磨砂（戈壁集料）补充。凡口铅锌矿的磨砂是井下掘进废石经破碎和棒磨而成。这类充填料与脱泥尾砂相同，用水力输送，主要用于分层或进路充填法采场。

（4）天然砂（河砂和海砂）充填料。这类充填材料与磨砂一样，也是用于补充脱泥尾矿的数量不足或选厂尾砂不适合用作充填料，其输送方式及适应的充填采矿法均与磨砂相同。

（5）脱泥尾砂充填料。这是使用最广泛的一种充填材料，来源方便，成本低廉，只需将选矿厂排出的尾砂用旋流器脱泥。脱泥尾砂基本介于沙粒范围。这种充填料全部用水力输送，既适合于各种分层或进路充填法，也适用于处理采空区。

（6）全尾砂充填料。选矿厂出来的尾砂不经分级脱泥，只经浓缩脱水制成高浓度或膏体充填料。全尾砂介于细沙粒和粉粒范围之间。目前高浓度或膏体全尾砂充填料在添加水泥等胶结剂后，主要用于分层或进路充填采矿法中，采用泵压输送或自溜输送方法。

2. 按力学性质分类

根据充填体是否具有真实的内聚力，可将充填材料分为非胶结和胶结两类。

（1）非胶结充填材料。各种充填材料均可作为非胶结充填料，但对全尾砂来说，由于含细微颗粒多，脱水比较困难，在爆破等动荷载作用下存在被重新液化的危险性，在目前的工程技术水平条件下，全尾砂充填料一般需加入水泥等胶结剂制成胶结充填料。除了干式充填的块石以及风力输送的砂、石充填料外，对于非胶结的水砂（尾矿）充填材料来说，其脱水性能即渗透系数是最重要的质量指标。在充填采矿设计中，一般推荐渗透系数不小于 100mm/h。

（2）胶结充填材料。一般情况下，块石、碎石、天然砂、脱泥尾矿和全尾砂均可制备成胶结充填材料或胶结充填体。对于不适宜用水力输送的块石或大块的碎石来说，可借助重力或风力先将其充入采空区，然后在其中注入胶结水砂（尾砂）充填料，以形成所谓的胶结块石充填体。固体质量浓度为60%～70%的胶结脱泥尾矿充填料，由于加入了水泥，其渗透系数大为降低。因此，对胶结充填材料来说，渗透系数已无太大的实际意义，而充填体抗压强度才是最重要的质量指标。

4.1.2　典型的充填材料

1. 高水速凝全尾砂胶结充填材料

传统的尾砂胶结充填存在一些难以解决的问题，最突出的是灰砂离析严重，充填体强度难以达到采矿工艺的要求，造成大量资源损失。孙恒虎教授研究发明的高水速凝充填新材料能将自身9倍多的水在30min内凝结固化成固体人工石，含水率达87%～90%，水固比为（2.5～3）：1。该材料是选用铝矾土、石灰和石膏为主要原料，配以多种无机原料和外加剂等，经磨细、均化等工艺，而配制成的甲、乙两种固体粉料。

高水速凝材料具有可泵性。甲乙两种固体粉料与水搅拌成甲乙两种浆液，输送或单独放置24h以上不凝固、不结底。甲乙两种浆液混合后高水材料5～30min即可凝结成固体，1h强度可达0.5～1.0MPa，2h强度达1.5～2.0MPa，6h强度达2.5～3.0MPa，24h强度达3.0～4.0MPa，3d强度达4.0～5.0MPa，最终强度可达5.0～8.0MPa。该材料无毒、无害、无腐蚀性。甲料，pH=9～10，为弱碱性；乙料，pH=10～12，为碱性。它们的有效保存期为6个月。

对于尾砂胶结充填来说，使用高水速凝材料作固化剂时，可将高比例的水凝固为固态结晶体，从而使充填料浆在宽范围条件下不脱水而变为固体。基于高水速凝材料，孙恒虎发明了“全尾砂速凝固化胶结充填新工艺”。该工艺具有如下优点：

① 使用全尾砂作为充填骨料，避免了使用分级尾矿所需建筑的细粒级尾砂坝，既节省了投资，又有利于地表环境保护。

② 可根据现场需要，任意调节全尾砂砂浆的浓度（0%～65%）和加入固化剂的比率（4%～28%）。固化剂分甲乙两种，使用时，分别按一定比率加入甲乙两种材料制成的两种料浆中，分别输送到采场附近，将其混合后冲入采场，料浆便快速凝结为固体，这一新工艺不存在灰砂

离析问题。

③ 充填体凝固速度快，强度也高，6 ~ 12h 即可在此作业，满足了采矿的要求，缩短了采矿生产周期。

④ 充填采场内不需平场、脱水和排水，减少井下作业环节，改善了作业环境。同时由于充填料浆凝固前流动性好，可达到良好接顶效果。

招远金矿 1989 年率先采用高水充填技术进行高水速凝全尾砂充填试验。该矿在高水充填中加入全尾砂，其工艺流程为：在选矿厂到尾砂库的输砂管上引出一根内径为 30mm 的尾砂分流管，将浓度为 30% 左右的尾砂浆输送到井下充填站的贮砂池中。充填时由 2PNL 渣浆泵将贮砂池中砂浆供给 ϕ1400mm × 1400mm 单层叶轮式制浆桶，分别加入甲、乙两种高水固化材料搅拌制浆，由双活塞泵等量压送到采场充填。根据 1992 年玲珑金矿的充填试验，当全尾砂浓度为 25%、固化剂掺量为 125kg/m^3，充填料浆浓度为 39% 时，2h 后充填体强度达 0. 35MPa，8h 后的强度达 1. 7MPa。充填成本为 20. 76 元/t。高水充填料浆浓度低、输送方便，采场不脱水，不污染井下作业环境。

2. 高炉矿渣胶凝材料胶结充填材料

1994 年，济南钢铁公司张马屯铁矿为降低充填成本，进行了高炉矿渣取代水泥作胶凝材料的胶结充填试验研究。结果表明，采用尾砂：（水泥 + 矿渣）为 7：1 的配比，用磨细的高炉矿渣替代胶结充填料中的部分水泥，充填体强度不仅不会降低，反而随着炉渣替代水泥量的增加，充填体强度提高。张马屯铁矿已建立了高炉矿渣充填系统，铜陵公司安庆铜矿和南京铅锌银矿推广应用了该技术。安庆铜矿采用以矿渣胶结剂全面取代水泥的胶结充填技术。矿渣胶结剂由磨细的矿渣和石灰组成。矿渣研磨粒度大于 0. 074mm 所占比率不超过 12%，矿渣胶结剂中的石灰作为激发剂，矿渣与石灰的最佳配比为 0. 825：0. 175。安庆铜矿室内试验表明，矿渣胶结剂与尾砂结合能力强，在相同条件下，矿渣胶结剂与分级尾矿试块强度是水泥的 1. 5 ~ 2. 5 倍。表 4-1 是用矿渣胶结剂与用水泥形成的充填体试块的强度对比。安庆铜矿高炉渣细磨采用工艺简单的湿磨方案。其充填工艺：先用矿渣、尾砂、石灰 3 种组分各自造浆（造浆比率分别为矿渣 72%、尾砂 68%、石灰 25%），然后按设计配比（料浆流量分别为矿渣 5. 83m^3/h、尾砂 58. 8m^3/h、石灰 5. 37m^3/h）连续向搅拌桶给料浆，3 种料浆在搅拌桶内搅拌均匀后，浓度达 66% ~ 70%，流量 70m^3/h，然后通过充填钻孔及井下管道输向采场充填。

表 4-1　矿渣胶结剂与水泥充填体试块强度对比

充填材料	灰砂比	质量分数/%	单轴抗压强度/MPa	
			R_{28}	R_{60}
矿渣胶结剂 + 分级尾矿	1∶4	72	7.02	9.00
	1∶8		3.80	4.07
水泥 + 分级尾矿	1∶4		2.68	4.50
	1∶8		1.08	1.54

3. 超高水充填材料

超高水充填材料由甲、乙两种材料组成，以质量 1∶1 使用，水体积可达 97%，初凝时间为 90min，终凝强度达 1.0 ~ 1.5MPa，且生成的固结体适于在井下低温、潮湿的采空区使用，是一种很好的充填材料。

与其他充填技术相比，超高水速凝材料充填技术具有以下几大优点：

① 超高水材料制浆系统可置于井下，也可置于地面，该系统能生产出连续浆液。

② 超高水材料充填成本低，劳动强度低，充填工艺简单，初期投资低，机械化程度高，操作方便，充填与开采互不影响，适应性较强。

③ 充填料浆还可充填采空区冒落带上方岩层较小的间隙，减缓围岩下沉。超高水材料充填方法包括开放式充填法、袋式充填法和混合式充填法。超高水材料开放式充填工艺为：在地面两个浆液制备站分别制出甲、乙两种浆液，配料系统实行自动化。用柱塞将两种液体经管路输送进入工作面采空区。工作面布置为仰斜开采方式，由于料浆流动性很好，可自动流入采空区。

4.2　尾矿充填技术

4.2.1　充填料浆的基本性能要求

对于不同的充填工艺，用于充填的尾矿、胶凝材料以及其相互之间的配合有不同的性能要求，对用于充填的尾矿浆需满足输送性、均匀性的要求；同时其形成的充填体需具备一定的力学强度。

1. 充填料浆的输送性

对于充填料浆输送性的要求，主要考虑两个方面：一方面是自流输送对充填物料的输送性要求；另一方面为机械泵送对物料输送性的要求。前者需要结合充填倍线，选择合适的充填浓度和物料配比，使充填料浆的流动特性满足自流输送的要求；后者主要考虑输送物料的配合关系、动力成本以及充填物料的结构。

充填料浆的输送性主要通过流变测试获得输送参数，一般采用宾汉模型解析充填料浆的流动特性，考察充填料浆的黏度系数与剪切应力来分析可输送性，不同的料浆、不同的输送条件和输送方式其值差异较大，一般自流输送的料浆黏度值不大于0.3Pa·s，如安庆铜矿分级尾砂自流输送黏度值介于0.1～0.2Pa·s之间，极限剪切应力小于200Pa。但不同的尾砂浆，该值随着充填浓度变化较大，对于膏体充填，充填料浆黏度和剪切应力都要大得多。

添加减水剂是改变充填料浆流变特性的一种有效手段，从扩散度试验结果来看，添加减水剂后扩散直径能提高10%～30%，从流变参数测试结果来看，高浓度充填料浆在添加减水剂后流动过程中的黏聚力大幅降低，降低10～30Pa，借助减水剂改善料浆输送特性是地下矿山实现高浓度充填的有效途径。

2. 充填料浆的均匀性要求

充填料浆在形成充填体乃至在输送过程中往往存在不均匀现象。充填体不均匀性包含3个方面，即充填体中不同粒径颗粒沉积的不均匀性、充填体中水泥含量分布的不均匀性以及充填体强度分布的不均匀性；前两个不均匀特征往往导致强度不均匀，但引起强度不均匀的因素还有很多，如压力、温度、时间等。

（1）骨料颗粒分布不均

对于非膏体充填，骨料颗粒分布不均包括两个方面：一方面在水平方向上骨料颗粒分布不均；另一方面在垂直方向上骨料颗粒分布不均。

料浆沉积颗粒粒径总体变化趋势是沿流动方向由粗逐渐变细，充填浓度越低，特征越明显。有研究表明，颗粒粒径最大值（均值）在下料口附近，料浆经下料管进入充填采场后，骨料颗粒随着料浆在采场内流动，粗颗粒沿流动方向流动一段距离，然后沉积下来，细颗粒流动较远的距离沉积下来，在同一充填层内，沿水平方向导致充填物料颗粒分布不均；但是充填骨料水平方向粗细颗粒分布不均匀也受采场边界、下料点流动冲击等情况影响而有所差异。

料浆颗粒粒级在垂直方向上颗粒特征有分层现象，研究和调查发现，很多矿山的充填采场并不是连续一次充填完成，每持续充填时间

（例如1个班）内形成一个分层的充填体，其骨料颗粒从下至上逐渐减小，充填浓度越低，特征越明显。对于胶结充填的情况，因胶结材料，一般为水泥，其粒径小，往往凝结于分层上部，因而强度高，而分层下部，颗粒粗、水泥少，因而强度低，导致该分层内强度分布不均，每持续充填时间一般都能形成这样的分层，交替出现，从而在整个充填采场深度方向上导致了不均匀性。

目前，充填采矿为了避免发生充填体不均匀性，往往采用较高浓度甚至膏体充填，以保障稳定、可靠的充填体质量。

（2）水泥分布不均

对于胶结充填，其胶凝材料一般为水泥，水泥含量是影响充填体强度的最主要因素，充填体中若水泥含量不均匀将直接影响充填体强度。充填料浆由于离析作用，使水泥在充填体中分布不均匀，在充填体中，沿料浆流动方向间隔一定距离进行取样，通过对样品进行检测分析，应用元素守恒法计算出充填体中不同部位的水泥含量。结果表明：沿着料浆流动方向，水泥含量整体是增加的，表明在充填料浆下料充填过程中，距离下料口近的地方水泥含量整体较低；距离下料口远的地方，充填体中水泥含量整体偏高。

（3）充填体强度不均匀

引起充填体强度不均匀的因素很多，主要有充填体水泥分布不均匀、水化程度不均匀；充填骨料颗粒分布不均，充填体孔隙率有大有小。但是，根据黏结充填的特征，有研究表明，充填采场内以下料口为基点，强度变化基本包括两个分区，即强度损失区和强度增加区。

1）强度损失区。该区域处于充填体下料口近端，充填料浆流程前1/3段。在该区域，充填体强度低于标准试块强度，强度平均损失15%～20%。该段充填体强度比较低的原因是水泥颗粒由于离析作用流向远端，导致砂灰比降低。

2）强度增加区。该区域处于充填料浆流程后2/3段。在该区域，充填体强度高于标准试块强度，强度变化按抛物线规律变化，在充填料浆流程约3/5处达到峰值后又出现回落，强度平均增加20%。

4.2.2 尾矿充填工艺流程

尾矿充填是以选厂尾矿作为充填骨料，以水泥等作为胶凝材料的充填工艺。其具体工艺流程为：选厂排放的低浓度尾砂浆泵送至充填站，通过浓缩脱水制备成高浓度尾砂浆并存储在充填站存储设施中，散装水泥运输至充填站并采用高压气输送至水泥仓中存储；充填时，高浓度尾砂浆与水泥分别输送至搅拌设施中，搅拌均匀制备成合格充填料浆后输送至采场进行充填。

充填系统一般由尾矿浓缩与存储系统、胶凝材料给料与计量系统、充填料浆搅拌系统、充填料浆管道输送系统及充填自动化控制系统组成。各子系统采用不同的设备，工艺可配置成不同的充填系统方案。

4.2.3 尾矿浓缩与存储系统

1. 立式砂仓

立式砂仓是20世纪80年代出现的一种用于水砂充填的主要构筑物，通常由直径8～10m、高18～20m的圆柱体及底部半球体或带一定锥角的锥体组成。与卧式砂仓相比，立式砂仓的高度增加、直径变小，这种变化对于尾砂的固液分离既有利也有弊。首先，立式砂仓高度增加，使其底部尾砂压缩区增大，尾砂沉降后压缩时间延长，仓底尾砂浓度增加，便于提高仓底放砂浓度；但同时，立式砂仓直径减小，仓顶尾砂的固液分离难度增加。选厂尾砂由仓顶中心进入立式砂仓后，由于立式砂仓仓顶沉淀面积大大减小，仓顶周边溢流中常含有大量细颗粒。特别是当沉降面逐渐上升到一定高度后，料浆过渡速度增大，尾砂颗粒的沉降时间缩短，溢流浓度将越来越高。

为了解决上述问题，矿山实际生产中不得不建设多套设施，进行间歇沉降、轮换充填。该方法是一种权宜之计，虽取得了一定的效果，但存在如下缺点。

① 建设备用充填系统，大幅度提高了投资规模。

② 立式砂仓的充填能力低，为确保仓顶不溢流，不得不降低给料流量，再加上尾砂通常需要3～4h自然沉淀澄清，故严重影响立式砂仓仓底的放砂能力。据统计，对于一座1000m^3容积的立式砂仓，其充填能力仅为250～400m^3/d，难以满足规模较大的矿山充填要求。

③ 需要造浆工序，高压水造浆仍然居于主导地位，由此导致底流放砂浓度波动较大，可监测手段少。

④ 浓密后的浆体浓度高、黏度大，容易在砂仓的中、下部结拱，形成倒漏斗状淤积，从而导致浓浆不能顺利流出。

当采用间歇式充填时，砂仓中的尾砂浆体可以有足够的时间进行沉降、沉淀和固液分离；而对于连续充填作业，则要求形成快速的固液分离，确保尾砂进入砂仓后尾砂颗粒快速沉降至仓底，而水从仓顶周边澄清溢出。因此，要想使尾砂固液分离有效，其必须具备足够的沉降时间，确保固液能够完全分离。实际运用中通常采用3种方案：a. 提供足够的沉降面积，如沉降池等；b. 采用凝聚与絮凝技术，加入絮凝剂以加快固体颗粒的终端沉降速度；c. 采用离心沉降，当尾砂颗粒粒级组成更小或黏度较高，仅靠絮凝技术仍难以达到固液分离要求时，则需要人为引入离心力以增强固体沉降的推动力。

目前，立式砂仓尾砂脱水技术主要采用前两种方案，第三种方案由于需要增加装置或添加其他条件，消耗能量，对于大批量尾砂的固液分离而言尚未进入实用阶段。近年来，絮凝沉降及流态化造浆技术被逐渐应用于立式砂仓，并取得了一定的应用效果，从而使立式砂仓的应用由分级尾砂浓密延伸至尾砂浓密。安徽某铜矿充填系统在传统立式砂仓的基础上，增设了仓顶溢流澄清脱水系统、仓底喷嘴活化系统及自动控制系统。

2. 深锥浓密机

为了进一步追求更高的底流浓度，在高效浓密机的基础上，人们研制了深锥浓密机。深锥浓密机提高了浓密机高度，设备的高径比扩大了，从而为增大深锥浓密机底部浓密脱水压力提供了条件。为了提高絮凝效果，对深锥浓密机进行自稀释技术研究，开发了不同原理的自稀释系统。另外，为了控制底流浓度过高的问题，增设了深锥浓密机体外循环系统，该系统兼具使充填料浆剪切变稀的功能。

深锥浓密机主要由浓密机壳体、给料稀释装置、絮凝剂给药装置、中心给料井、搅拌耙架装置、自循环装置和自动控制系统等组成。浓密机工作过程如下：砂浆首先进入消气桶以消除砂浆中的空气，然后进入给料筒；在给料筒内与絮凝剂混合絮凝后，砂浆进入浓相沉积层；通过浓相沉积层的再絮凝、过滤、压缩作用，澄清的溢流水从上部溢流堰排出，下部锥底排出高浓度底流。当出现底流浓度流动性差的情况时，耙式系统的搅拌作用能够改善其流动性。

（1）浓密机壳体。浓密机壳体是一个锥形筒。与普通耙式浓密机相比，深锥浓密机不仅具有较大的垂直高度，且具有较大的高径比（高径比一般介于1～2）。这种特殊的结构是提高脱水效果、获得高浓度底流的基础。

（2）给料稀释装置。给料稀释装置是将尾砂稀释到一定的浓度范围内以增强絮凝效果。根据稀释方法的不同，可以将进料稀释系统分为动力稀释和非动力稀释：动力稀释的主要代表是丹麦某公司生产的虹吸式稀释系统，该系统基于虹吸原理，利用浆体与清水的速度差，将上部澄清层中的水分吸入稀释管中，从而降低给料浓度；非动力稀释的原理是砂浆密度高于澄清水密度，因而砂浆液面低于澄清水液面，澄清水自高处自动流入砂浆中，从而降低给料浓度。动力稀释需要砂浆具有较高的流速，动力消耗较大；而非动力稀释对于稀释井结构尺寸的要求较为严格。

(3) 絮凝剂给药装置。其使用方法是向承体中投加高电荷离子或高分子物质，利用电性中和、吸附架桥、网捕等原理使胶体粒子脱稳，凝聚沉淀。絮凝剂给药装置是以计量泵为主要投加设备，将溶药箱、搅拌器、液位计、安全阀、止回阀、压力表等按工艺流程组装在一个公共平台上，形成一个模块，即所谓的撬装式组合式单元加药装置，采用的是机电一体化结构形式。

(4) 中心给料井。中心给料井是使絮凝剂与砂浆充分混合，促进絮团的形成，其关键参数包括给料井的直径、给料井的深度等。中心给料井的给料一般是从切线方向进入，在给料井的井壁上有阻尼板，为砂浆、水和絮凝剂的混合创造了有利条件。进料管连接混合管，切向伸入给料井中。中心给料井的作用主要有：a. 往砂浆中加水，将进入浓密机的砂浆稀释到最佳浓度，使之具有较好的絮凝效果；b. 使砂浆、水和絮凝剂充分混合，以便获得较好的絮凝效果，加快絮团颗粒沉降速度，增大浓密机处理能力。

(5) 搅拌耙架装置。深锥浓密机一般都设计有搅拌耙架装置，其作用主要有3点。

① 将浓密底流向排放点搬运。

② 导水杆为锥体下部砂浆的溢流水提供导水通道。

③ 耙架的搅拌作用，增加底流的流动性能。

为了减小耙架阻力，减少搅拌作用对已经沉降颗粒的影响，耙架转速应尽量低，一般情况下，耙架转速在0.1～0.5r/min。

鉴于传统旋转式搅拌刮泥耙的优缺点，浓密机的高度，又与旋转导水杆形成交错布置形式，避免了浓密机内物料的整体运动，大大增加了浓密机耙架设计的灵活性。导水杆在旋转过程中能够对浓相层物料形成剪切作用，从而使底流中封闭的水分连通，形成导水通道。在重力和剪切力的作用下将下部的水分排出，提高底流浓度。导水杆的长度、密度和旋转速度对于浓密机脱水性能的影响较大。为了提高导水速度和搅拌效果，应尽量多地增设导水杆，且导水杆长度应从底部延伸至床层顶部。这里面存在两个矛盾。首先，导水杆密度应该适中，过多会导致压耙和整体运动，过少则搅拌脱水的效果差。这是由于高浓度床层具有较大的阻力，若旋转导水杆的数量过多，则导水杆不仅无法达到较好的搅拌效果，反而会造成部分床层局部运动，从而大大增加驱动头的阻力，使得浓密机压耙停机。其次，受材料强度限制，导水杆长度一般不能贯穿整个高度。有的浓密机为了将导水杆贯穿整个浓密机高度，在导水杆之间增加了较多的连杆，以提高其强度，达到了设计要求。但是，这种设计方案增加了搅拌阻力。

（6）自循环装置。在深锥浓密机底部，当颗粒浓度达到一定值之后，浆体的流变性能呈非牛顿流体特征，其屈服应力较大，难以实现顺利排料。为此，需要设置自循环装置。自循环是指在浓密机底部将部分物料抽出，再泵入压缩床层的高位，利用高低浓度物料之间的流动混合等作用，将浓密机底部物料进行搅拌。自循环作用的目的在于增加浓密机内部物料的流动性，降低物料的耙动阻力和放料难度。自循环的方式有多种，其中最普遍的方式有两种，即高低位循环方式和外部剪切方式。高低位循环方式是指将浓密机底部的高浓度料浆经底流泵泵送至压缩床层较高或较低部位，从而使压缩层底部的料浆呈流动状态，可有效地避免压耙事故的发生。外部剪切方式是指借助浓密机外部的搅拌，使底部浓度较大的料浆保持流动状态以达到避免压耙的目的。

此外，絮凝剂制备及添加装置和自动控制系统也是深锥浓密机的重要结构，在深锥浓密的应用过程中发挥着重要的作用。

（7）自动控制系统。其实时测量流量的变化情况，送出标准电流信号，经 CPU（微处理器）精确处理后去执行各项任务，在人机界面上显示流量的实际情况，操作人员根据显示值实时进行各种调整操作，确保符合生产工艺流程的要求；提高生产效率。

（8）过滤机。过滤机因其脱水效果好、适应性强、过滤脱水后的尾砂处理方式灵活，近年来在矿山尾砂处理中得到应用。过滤机在冶金和有色金属矿山尾砂脱水中应用较少，这主要是由于过滤机的能耗和处理成本高于常规重力沉降浓密。另外，单机处理能力较低，难以在大规模生产尾砂的浓密脱水中推广。但当尾砂重力脱水困难而要求尾砂浓度较高时，过滤技术将是一种可行的选择。

过滤设备主要分为真空过滤设备、加压过滤设备以及离心式过滤设备。真空过滤设备是以真空负压为推动力实现固液分离的设备。加压过滤设备是将过滤机置于密封的加压仓中，加压仓内充有一定压力的压缩空气，待过滤的悬浮液由入料泵给入过滤机的槽体中，在滤盘上通过分配阀与通大气的汽水分离器形成压差，滤液通过浸入悬浮液中的过滤介质排出，而固体颗料被收集到过滤盘上形成滤饼，随着滤盘的旋转，滤饼经过干燥降水后到卸料区卸料。离心式过滤设备在矿业方面应用较少。

4.2.4 充填料浆搅拌系统

目前国内矿山所用的搅拌设备主要有强力搅拌机（桶）、间歇搅拌机、连续搅拌机、活化搅拌机等几种。

1. 强力搅拌机（桶）

强力搅拌机（桶）是目前矿山料浆制备系统中制备充填料的标准设备，在分级尾砂、全尾砂、河砂等水砂充填和胶结充填工艺系统中采用最多。强力搅拌桶可实现连续进料、连续搅拌和连续排料，搅拌时间可根据进料和出料能力及充盈率进行调整，运行可靠，能力稳定。在矿山充填工业生产应用中，强力搅拌机需经过工业负荷联动试验并结合料浆搅拌要求进行调整后方可设计定型生产。但搅拌桶的容积不宜过大，否则将使料浆滞留在桶内的时间过长，导致物料的过度粉碎。

2. 间歇搅拌机

目前，间歇搅拌机在矿山充填系统中的应用一般是为了制备膏体料浆，其应用具有一定的局限性，但间歇搅拌物料计量准确、可靠，搅拌质量也好。因此，国外有的矿山在膏体料浆制备过程中采用建筑工程中通用的卧式间歇搅拌机。在系统中，干物料分别储存、分别计量，水、水泥等按配比精确计量后加入搅拌机，台卧式搅拌机同时进行生产，搅拌好的膏体不间断地给入膏体输送泵的受料斗以保证连续供料。

3. 连续搅拌机

膏体或高浓度充填料浆管输充填系统中，目前已发展并采用连续搅拌设备制备料浆。连续搅拌作业要求各种物料按设计要求定量、同时、连续地加入搅拌机，料浆在搅拌过程中向受料口方向移动，搅拌完成后同时到达受料口，然后泵压输送或自流到井下。连续搅拌机具有搅拌与推动料浆的双重作用，物料所做的基本运动就是混合，这主要是通过搅拌叶片连续扰动使物料产生运动来实现。连续搅拌机的搅拌作用主要表现为对流、扩散及剪切 3 种基本运动的混合。

4. 活化搅拌机

活化搅拌机是双轴搅拌机与强力活化搅拌机的一个结合体，通过双轴搅拌机对物料进行初步的混合和简单的搅拌，然后在活化搅拌机内进行强力活化搅拌。双轴搅拌机通过改变搅拌叶片的送料流程，使充填料浆进行强制迂回搅拌，使极细颗粒大大增多，为下一步活化搅拌制备出流动性和均匀性好的高浓度料浆创造有利条件。经由双轴搅拌机初步混合的料浆在重力作用下自流到高速旋转的转子杆上，由于各半径上以不同的线速度转动，故与转子杆相互作用的充填料颗粒的运动速度和方向差别很大。在高速旋转转子的离心力作用下，搅拌料浆中的聚团颗粒被分离，水与固体颗粒的相互作用减弱，不仅大大减小了颗粒之间的聚合力，而且使水泥颗粒破裂，加强了水泥的弥散作用，从而提高了料浆的流动性和充填体的强度特性，最终达到均匀搅拌的目的。

4.2.5 充填料浆管道输送系统

国内采用的尾砂充填料浆管道输送系统主要有重力自流输送、泵压管道输送和井下增压输送 3 种输送方式。

1. 重力自流输送

自流充填是指充填料浆借助自重压头克服料浆管输阻力，自流充入采空区。低浓度细砂管道自流输送充填系统是用水泥作胶凝材料，分级尾砂作惰性材料在地面搅拌站配置成胶结料浆，其真实质量浓度一般控制在 60% ~70% 。制备好的充填料浆通过钻孔及井下管网分配到各采空区。低浓度尾砂胶结自流充填工艺存在很多缺点，如料浆输送浓度低，当料浆浓度过高时，沿程阻力损失大而发生沉降堵管，充填成本高。由于料浆浓度低，为满足充填体强度要求，需要加大水泥用量，增加矿山充填成本高。料浆离析分层严重，强度低且不均匀。尾砂利用率低，只有 50% ~60% ；充填管道磨损严重，生产能力低等。

高浓度全尾砂自流输送的充填倍线在 3 左右，受矿山开采条件的限制，只能在相适应的矿山使用。膏体充填由于料浆浓度高，管输阻力大，一般采用泵压输送。国外某些采用膏体自流充填的矿山，其开采深度高达 1000 ~1200m，充填倍线小，料浆重力压头大，可以采用自流输送，减少了泵送设备的投资和维护管理。目前，国外膏体自流充填系统只能在充填倍线为 1. 1 ~1. 2 之间的少数矿山使用。

2. 泵压管道输送

膏体泵送工艺流程主要包括物料准备、定量搅拌制备膏体、泵压管道输送、采场充填作业等几部分。充填骨料一般选用全尾砂、棒磨砂和水淬渣等，添加胶结剂水泥、粉煤灰等按一定的配合比在地表搅拌槽经过充分混合搅拌，制成一定浓度的充填料浆。全尾砂膏体料浆的质量浓度一般为75% ~85%，添加粗骨料的膏体充填料浆质量浓度可达81% ~88%，因其屈服切应力和塑性黏度很大，需要采用泵压输送。膏体在管道中的流动呈柱塞状，其核心呈恒速流动，近柱塞体管壁处的速度梯度与摩擦阻力和表面润滑层的黏度有关。制备好的膏体经过充填钻孔和充填管道输送到采矿工区，再通过塑胶软管连接到充填进路，进行充填。

膏体泵压输送可以满足长距离输送的要求，料浆浓度和充填体质量高，井下脱水少或基本无须脱水，改善了井下作业环境，因此近年来膏体泵送充填备受重视，为充填采矿未来发展方向之一。

3. 井下增压输送

井下增压输送是指在自流充填系统的井下输送管线上安装增压装置后提高输送倍线的工艺。正排量输送装置是根据矿山充填的高差特点，充分利用充填系统中料浆的自然压头，在井下充填管线的适当位置对充填料浆进行增压。该装置主要由三通管、输送缸和活塞等部分组成。输送料浆时，活塞在输送缸内做往复运动。当活塞回程时，输送缸内将产生一定的空腔，入口管道内的料浆在垂直管道内料浆自重的作用下，加速向三通方向移动，以填充到输送缸内，当活塞冲程时，活塞将输送缸内的料浆推入三通。该方法利用入口管道内充填料自重、浆体的屈服应力和惯性力，代替了正排量泵的分配阀，使料浆流向出口管道，实现充填料的输送。这种增压装置可以在自流输送系统的基础上，将质量浓度为76%左右的尾砂充填料的充填倍线提高到6左右。

4.2.6 典型尾矿充填实例

1. 哈图金矿全尾砂胶结充填案例

哈图金矿位于新疆维吾尔自治区西北部，原来采用的回采方法为浅孔留矿采矿法，矿房、矿柱二步回采，先采矿房，后采矿柱。矿房采用分段凿岩阶段矿房法（浅孔留矿法），留矿采矿法回采矿房时，是自下而上分层回采的，每次崩落的矿石依靠自重放出1/3左右，保证采下矿石与未采矿石之间有1.8 ~2.5m的作业空间。矿房上采至顶柱后，再进行大量放矿。随着开采深度的增加，形成大量采空区，地压显现明显，该矿距离选矿厂生产及生活区较近，不允许地表陷落。2011年10月哈图金矿建成全尾砂胶结充填生产线，并投入使用。该系统全部采用国内先进设备，输出管路总长900m，垂直高差近400m，充填能力为$60m^3/h$。

全尾砂胶结充填系统制备线可分为4条线：全尾砂输送线、水泥输送线、供水线、砂浆制备及输送线，工艺流程如图4-1所示。

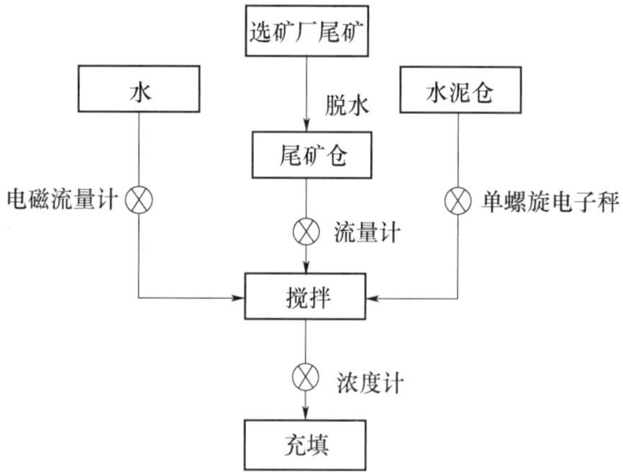

图4-1　全尾砂胶结充填工艺流程

（1）全尾砂输送线。从选矿厂输送来的全尾砂浓度约25%，经渣浆泵加压后通过尾砂输送管道输送至充填制备站尾砂仓（$840m^3$），通过放砂阀进入尾砂料斗，分别进入双轴叶片式搅拌机和高速活化搅拌机，电子皮带秤计量。

（2）水泥输送线。散装水泥由散装水泥罐车运至充填站，经吹灰管吹卸入容量$160m^3$的水泥仓中。水泥仓底部设有双管螺旋输送机、单管螺旋输送机（螺旋电子秤）。全尾砂浆及水泥经各自的供料线供料及计量后进入两段搅拌机中进行搅拌。为了对充填料浆制备浓度进行调节，设置有调浓水供水线。供水线上设置有电磁流量计、电动调节阀及手动调节阀。

（3）供水线。用水泵将水送入水管道，水经流量计输送到双轴搅拌机。

（4）砂浆制备及输送线。全尾砂、水泥、水在双轴搅拌机中搅拌后自流到高速搅拌机进行强力搅拌，然后通过ϕ110mm钢制复合管道自流到采空区。

根据矿山条件，充填材料选择选矿厂尾砂、散装水泥，全尾砂胶结料浆浓度60%，灰砂比1∶4左右，水泥单耗$200kg/m^3$。充填下料点设计原则是靠近采空区顶部中央位置，当长宽比较大时应采用多点同时下料，根据现场情况灵活布置，选择在间柱上下料，尾砂料浆经充填输送管道输送至采空区。采空区口设封堵墙，靠封堵墙泄水管道和矿岩裂隙脱水。

2. 武山铜矿全尾砂高水固结充填

武山铜矿矿区内包括南北两大矿带，设计生产能力 3000t/d，南北带各为 1500t/d。北矿带矿体距地表较浅，矿石品位高，矿岩均较破碎、松软、不稳固，北矿采用了全尾砂高水固化材料向下充填采矿方法。充填时采用两类全尾砂高水固化材料充填：假底充填采用料浆浓度 65% ~ 70%，水灰比 2.1：1 ~ 2.5：1，充填高度 1m，充填体强度可达到 4 ~ 5MPa；上部采用料浆质量分数 65% ~70%，水灰比 4：1 ~ 6：1，充填高度 2m，强度可达到 1 ~ 2MPa。

（1）充填材料。由全尾砂、水和高水固结材料（甲、乙两种材料）组成。尾砂直接来自选厂未分级脱泥的尾矿，充填用水为武山铜矿工业用水，取自长江或矿区地表南阳河水，pH =7，为中性水。固结材料甲料为凝结硬化成分，主要由硫铝酸盐水泥基缓凝剂等外加剂组成；乙料为速凝剂组分，主要由石膏、石灰、速凝剂、解凝剂、平衡剂、悬浮剂等外加剂组成。

（2）充填系统。高水固结充填材料是一种新型的胶凝材料，包括甲、乙两种组分，两种料浆单独输运时反应缓慢，不沉淀，不结底，一旦混合后即迅速反应。因此，全尾高水固化充填系统必须包括两套独立的制浆系统，邻近充填区域时，利用三通管将两套管道的甲、乙料浆混合进行充填。全尾砂高水固化材料水灰比及料浆浓度对充填强度影响很大，且甲、乙料配比值对充填体强度也有较大影响。当甲、乙料配比相同时，充填体强度最大。为了控制计量准确，甲、乙料浆制备系统尽量采用同型号的仪表和设备。

（3）充填效果。根据采矿试验研究和现场实践，甲、乙料配比相同时，充填强度最大；甲、乙料配比不等时，充填强度均有所下降，配比不等值相差越大，充填强度降低越多。在水灰比一定的条件下，随着料浆浓度的提高，充填体强度明显增强，所以现场充填时在管道输送条件许可下，应尽量提高充填料浆浓度。

4.3 废石充填技术

4.3.1 废石充填技术分类

废石充填技术分为废石非胶结充填与废石胶结充填。

1. 废石非胶结充填

废石非胶结充填也称废石干式充填，主要用于对充填体没有强度要求的采场或者空区充填，其工艺相对简单。

2. 废石胶结充填

废石胶结充填是以矿山的掘进废石或破碎废石作为充填集料，以水泥浆或砂浆作为胶结介质，经自淋混合后充入采空区的工艺与技术。废石胶结充填包括废石水泥浆胶结充填技术和废石砂浆胶结充填技术。其特点是在矿山内部充分利用矿山固体废料，通过废石集料与胶结剂浆料分流输送和自淋混合工艺，以充填体力学性能为目标实现最佳用水量充填，最大限度地降低能耗和胶结剂消耗，按矿山工业生态系统的要求进行充填。

（1）废石水泥胶结充填方式。废石水泥胶结充填方式一般采用自然级配的废石料作为充填集料，废石与水泥浆分别输送到井下，通过水泥浆自淋混合，采用无轨设备或矿车运输充填料，也可借助充填料的自重经溜槽直接充入采空区。该充填方式既继承了粗骨料胶结充填体具有较高力学强度、无须采场脱水的优点，同时也克服了普通混凝土胶结充填方式的物料配合要求高、需经机械混合和输送难度大等缺点，因而其具有较广泛的适用范围，无论是大采场还是小采场、大规模充填或小规模充填均可应用，特别是在井下掘进废石和露天矿剥离废石可供利用时，其应用效益尤为显著。

（2）废石砂浆胶结充填方式。其基本特点是以砂浆包裹废石形成胶结充填体，废石尾砂协同充填技术就属于废石砂浆胶结充填方式，在4.4节进行单独论述。

4.3.2 废石基本性能要求

废石集料是胶结充填料的主要组分。为了获得最好的力学性能指标，要求废石集料的不同粒级能相互充填，即小粒径的集料刚好能充填较大粒径集料的孔隙。但因充填体集料消耗量大，受成本因素的制约，一般不宜按建筑混凝土力学的原理进行集料级配，而是就地取材，充分利用矿山的廉价材料，如井下掘进废石、露天矿剥离废石和天然集料。这些自然级配的集料虽然不能获得最理想的力学效果，却能满足矿山采矿工艺对充填体的强度要求，并且制造成本低廉、工艺简单。

4.3.3 废石水泥浆自淋胶结充填

废石水泥浆自淋胶结充填是指矿山自然级配废石与水泥浆自淋混合后充入采场的胶结充填工艺。矿山废石集料主要包括掘进废石、露天矿剥离废石和天然集料。其中掘进废石与天然集料一般可不经破碎直接使用，露天矿剥离废石一般需要破碎。

废石水泥浆自淋胶结充填工艺流程主要为：采集或制备废石集料、制备水泥浆，废石集料与水泥浆分别输送至井下充填料混合点，水泥浆在井下混合点通过自淋方式与废石集料初步混合制备成废石胶结充填料后，通过机械输送或自重输送将充填料输送至采空区充填。其主要工艺环节包括充填集料供料、集料混合及充填料输送。

1. 充填集料供料

充填集料供料包括废石集料供料与水泥浆集料供料。废石集料供料指将井下掘进废石通过机械转运至充填料混合点，在废石来源点与充填料混合点之间可能会设置废石集料缓存设施，不同矿山，方案不同。在地表建设水泥浆制备站，散装水泥在地表制备成一定浓度的水泥浆后采用泵送或自流方式输送至井下混合点。

2. 集料混合方式

集料混合方式是废石水泥浆自淋胶结充填的关键。集料混合方式主要有直接喷淋混合与溜槽自淋混合两种方式，均在井下进入采场前混合。

（1）直接喷淋混合。该方式是指废石集料通过机械运至混合点后，水泥浆直接喷淋在输送设备内的废石集料上，水泥浆通过渗透初步与废石集料混合后直接运至采场并卸入空区，废石集料与水泥浆在卸入空区的过程中进行进一步混合。

（2）溜槽自淋混合。该方式是指废石与水泥浆同时卸入采场的溜槽内，废石在滚动过程中与水泥浆产生混合。

3. 充填料输送

经初步混合后的充填料的输送方式包括自重输送、运料车输送、无轨铲运机输送和电耙输送，其中运料车包括无轨翻斗车、抛掷充填车和机车。

4.3.4 典型废石充填实例

基德克里克矿业公司（Kidd Creek Mines）所属矿山位于蒂明斯以北约27km。矿山年产铜、铅、锌、银矿石约3.7×10^6t。年充填量约为2.4×10^6t，平时废石胶结充填量约为10000t/d。所有废石胶结充填料由不同级配的分级集料和不同配比的胶结剂混制而成。

1号矿体和2号矿体都用深孔分段空场法采矿。1号矿标准采场的宽度为18m，视矿石接触带条件的不同，采场长度为35～60m，采场的高度介于75～105m之间，视矿体下盘或上盘边界和采场附近岩层条件的不同而异。2号矿体采用不留矿柱的深孔空场法采矿，标准采场的尺寸为宽15m、长30m和高达60m。

该矿采用露天开采阶段堆存大约5.5×10^7t的流纹岩和安山岩作为胶结充填的废石料，胶结剂采用质量分数为45%～55%的水泥浆。骨料与水泥浆按2∶1的比例混合。水泥的用量为每立方米充填体100kg，水量应控制在3.9%左右，以保证充填体的质量。废石和水泥浆经充填井口上的混合漏斗，同时坠入采场中。充填体的强度最高可达7MPa，暴露的充填体最大高度可达140m、宽50m。充填体对矿石的贫化率为3%～10%，若控制得好可达到3%。

此外，加拿大吉科矿采用先充废石（块度－300mm）后注浆的废石胶结充填方式。该方式容易产生分层和离析现象，充填体质量难以控制。但该技术的成本较低，值得进一步发展和研究；如果能提高废石块度，该技术的优越性更强。

4.4 废石尾砂协同充填技术

4.4.1 废石尾砂充填材料性能影响因素

废石尾砂充填材料性能与配合比息息相关，废石胶结充填配合比是依据影响胶结体强度因素而设计，其主要影响因素有：水灰比、灰砂比或砂灰比、废石尾砂比或废石含量、水泥含量、料浆浓度等。其中水灰比是指水和水泥的质量比；灰砂比是指充填料中水泥和尾砂干质量比，砂灰比为灰砂比的倒数；废石尾砂比是充填集料中废石质量与尾砂质量比，废石含量是指集料中废石质量占充填集料（废石和尾砂）质量的百分比；水泥含量是指水泥占充填材料（废石、尾砂和水泥）百分比（干质量）；料浆浓度是指水泥、尾砂和水混合而成的胶结料浆浓度。

1. 废石性质对废石尾砂胶结充填体性能的影响

废石性质包含废石类型、废石含泥量、废石细颗粒。废石尾矿胶结充填材料的固定参数为：水泥含量（即水泥量占充填材料干质量百分比）为6%，料浆浓度为72%，养护龄期为28d。

（1）不同类型废石对胶结充填体抗压强度的影响

废石（大理岩和闪长岩）与尾砂制备的胶结充填体强度见表4-2。由表4-2可以看出，在保证充填材料工作性能的前提下，水灰比随废石尾砂比的减小而逐渐增大，水灰比变化范围为1.30～6.48，胶结充填体密度随着废石含量的减小也逐步减小，且胶结大理岩充填体密度在同样条件下略大于闪长岩胶结充填体的密度。在相同废石尾砂比条件下，大理岩胶结充填体抗压强度均高于闪长岩胶结体强度，且两者强度相差值随着废石含量的增加逐渐增大。

表4-2 废石与尾砂胶结充填材料的物理力学性能

废石：尾砂	水灰比	大理岩		闪长岩	
		密度/（kg·m^{-3}）	抗压强度/MPa	密度/（kg·m^{-3}）	抗压强度/MPa
8.5：1.5	1.30	2552	2.502	2474	2.235
8：2	1.61	2505	2.017	2443	1.460
7：3	2.22	2485	1.174	2399	0.934
6：4	2.83	2400	1.058	2352	0.827
5：5	3.44	2344	0.744	2314	0.708
3：7	4.65	2240	0.463	2233	0.441
0：10	6.48	2132	0.255	2143	0.255

（2）废石含泥量对胶结充填体抗压强度的影响

不同含泥量废石制备的胶结充填体抗压强度见表4-3。由表4-3可以看出，在除去废石中泥块及细泥颗粒后，其相同条件下废石胶结充填体的抗压强度有所增加；表明废石中的泥块及细泥颗粒对废石胶结充填体强度的增长起一定的抑制作用，这是因为废石表面附着一些细泥时，水泥水化产物将胶结附着表面细泥的废石，料浆不能完全与废石表面形成很好质量的胶结，部分阻碍水化产物对废石的胶结效果，故其含有细泥及细碎颗粒表面的废石胶结充填体强度比清洗后的废石胶结体强度低。

表 4-3　不同含泥量废石制备的胶结充填体抗压强度

废石类型	废石：尾砂	抗压强度/MPa	
		自然含泥废石	未含泥废石
大理岩	7：3	1.17	1.21
	5：5	0.74	0.79
闪长岩	7：3	0.93	1.08
	5：5	0.71	0.73

（3）废石细颗粒含量对胶结充填体抗压强度的影响

不同细颗粒含量废石制备的胶结充填体抗压强度见表 4-4。由表 4-4 可以看出，当废石中粒径小于 10mm 颗粒达到 20% 时，其强度值达到最大为 1.15MPa；当细颗粒废石超过 20% 时，胶结充填体抗压强度随废石细颗粒含量的增加而减小。这表明自然级配的废石在细颗粒含量为 20% 时达到最佳废石级配，使得密实度提高，其胶结体密度也为最大；当细颗粒含量超过 20% 时，细颗粒的增加将影响料浆胶结废石的效果，使其胶结体抗压强度降低。

表 4-4　不同细颗粒含量废石制备的胶结充填体抗压强度

<10mm 颗粒含量	水灰比	废石尾砂比	密度/（$kg \cdot m^{-3}$）	抗压强度/MPa
10%	1.91	7.5：2.5	2445	0.94
20%			2458	1.15
30%			2457	0.98
50%			2434	0.76
80%			2395	0.46

2. 废石与尾砂比例对胶结充填体性能的影响

不同废石与尾矿比例对胶结充填体性能的影响见表 4-5。由表 4-5 可以看出，废石与尾矿的比例会显著影响胶结充填体各龄期抗压强度、塑性黏度和屈服应力，但是在不同料浆浓度，最佳的废石与尾矿的比例并不固定，也表明胶结充填材料废石与尾矿的具体比例一方面需要从骨料紧密堆积理论出发进行紧密堆积试验，另一方面还需要根据不同配合比试验结果来进行决定。

3. 料浆浓度对胶结充填体性能的影响

料浆浓度对胶结充填体性能的影响见表 4-5。由表 4-5 中可以看出，废石与尾矿相同时，胶结充填体各龄期抗压强度、塑性黏度和屈服应力均随着料浆浓度的增大而提高，这主要还是由于胶结充填材料用水量降低而固体组分增加，进而导致充填材料水胶比降低所致。

表 4-5 废石与尾矿比例和浓度对胶结充填体性能的影响

浓度	废石：尾矿	抗压强度/MPa			塑性黏度/Pa·s	屈服应力/Pa
		3d	7d	28d		
0.77	5：5	1.47	2.13	4.58	21.4567	27.48
	6：4	1.88	2.46	5.30	16.6762	45.44
	6.5：3.5	1.49	2.28	5.17	26.6266	30.42
0.78	5：5	1.51	2.37	4.63	40.8796	34.12
	6：4	1.83	2.78	5.13	79.4982	27.49
	6.5：3.5	1.54	2.55	5.12	28.9882	33.50
0.79	5：5	2.52	3.53	6.55	73.3478	37.28
	6：4	1.93	3.05	5.26	83.3242	31.51
	6.5：3.5	2.06	2.82	5.48	39.2341	28.16
0.80	5：5	2.98	4.05	6.97	97.7812	49.56
	6：4	2.11	3.20	5.67	86.5337	41.51
	6.5：3.5	2.02	2.97	5.80	116.6332	59.15

4. 混合浇注方式对胶结充填体抗压强度的影响

废石胶结充填过程中，矿山常用的混合方式主要有水泥浆直浇自淋混合、水泥浆溜槽自淋混合和废石砂浆同时下料等混合方式。试验过程分别采用三种混合方式：废石与料浆在搅拌槽中充分搅拌混合（均匀搅拌）、先向试模中倒料浆然后充填废石（废石投入料浆）、先向试模中倒废石然后用料浆浇注废石（料浆直浇废石）。充填类型主要包括废石胶结充填、尾砂胶结包裹废石柱芯充填、尾砂胶结充填。尾矿胶结包裹废石柱芯充填试模外层为胶结尾砂层，废石柱体被胶结层包裹形成尾砂胶结废石柱芯，柱芯直径为 85mm，尾砂胶结层为厚 33.5mm 圆柱层包裹废石柱芯。

不同混合方式和充填类型对胶结充填体抗压强度的影响见表 4-6 和表 4-7。由表 4-6 可以看出，均匀搅拌方式能使胶结剂料浆充分与废石混合，达到较好的胶结状态，故其强度值最高。废石投入料浆混合是将废石倾倒入料浆中，不能搅拌，胶结废石是自然浸入沉降过程中形成料浆胶结废石，其强度值低于均匀搅拌混合，这说明其混合过程料浆胶结废石并不是最佳胶结状态。料浆直接浇注废石混合方式是料浆通过自然堆积的废石表面渗透到其里面，其胶结剂渗透程度和胶结效果与废石堆的自然堆积状态和级配有关。由表 4-7 可以看出，废石胶结充填和废石柱芯充填方式均优于尾砂胶结充填。废石柱芯胶结体的抗压强度比均匀搅拌混合的废石胶结体抗压强度略低。废石柱芯充填是胶结料浆包裹松散废石芯，料浆横向渗进松散废石柱中，自然形成外面水泥尾砂胶结层包裹废石柱芯的胶结体。由于料浆横向渗透能力较小，故其胶结废石柱的程度较差。胶结体强度主要取决于外面包裹废石的水泥尾砂胶结层与废石柱芯形成的共同体的组合作用的效果。

表 4-6　不同混合方式对胶结充填体抗压强度的影响

混合方式	水泥含量/%	砂灰比	废石：尾矿	密度/（kg·m^{-3}）	抗压强度/MPa
均匀搅拌	6.0	4	7.5：2.5	2446	1.25
废石投入料浆				2447	1.14
直浇废石				2447	0.98

表 4-7　不同充填类型对胶结充填体抗压强度的影响

充填方式	砂灰比	废石含量/%	水泥含量/%	抗压强度/MPa
胶结废石	6.0	30	8	0.69
胶结尾矿		0	14	1.37
废石柱芯		30	8	0.62
胶结废石	4.3	30	14	1.60
胶结尾矿	12.0	0	8	0.48

5. 孔隙率与胶结充填体抗压强度的关系

胶结充填体孔隙率反映胶结体试块内部胶结密实性，其孔隙的产生是由于胶结料浆与废石混合搅拌过程中，料浆中的空气泡没有排出，细碎废石之间挤压较紧，料浆未完全渗透而留有孔隙。一般情况下，胶结充填体浓度较高，其孔隙率比尾砂胶结充填体低。

表 4-8 为胶结充填体孔隙率与抗压强度关系。从表 4-8 可以看出，胶结充填体平均孔隙率变化范围为 4.18% ~8.77%，其相应孔隙比变化为 0.045 ~0.096。胶结充填体孔隙率及孔隙比随着废石含量的减小而减小。

表 4-8 胶结充填体孔隙率与抗压强度关系

废石：尾矿	水泥含量/%	密度/（kg·m^{-3}）	抗压强度/MPa	孔隙比	孔隙率/%
8：2	8.0	2422	2.20	0.096	8.77
7：3		2404	1.47	0.086	7.95
6：4		2366	1.17	0.080	7.41
5：5		2311	0.97	0.060	5.64
2：8		2201	0.60	0.045	4.18

4.4.2 典型废石尾砂协同充填实例

金川集团有限公司是我国最大的镍钴铂族金属生产企业，拥有世界著名的超大型多金属共生硫化镍铜矿床。金川矿山先后进行过 VCR 法、上向分层进路式胶结充填法和下向分层胶结充填法试验，经过几十年探索最终定型为下向水平分层进路式胶结充填采矿法，发明和成功应用了下向六角形进路式充填法。目前，金川三大矿山龙首矿、二矿区、三矿区已形成 1000 万 t/年的生产规模，是全球应用下向水平分层充填法规模最大、机械化程度最高的矿山之一。

金川镍矿二矿区主要采用下向进路式胶结充填采矿法，设计之初主要采用棒磨砂集料与尾砂作为主要的充填骨料。随着矿山开采年限与产能的增加，棒磨砂的产能出现了严重的不足，据资料显示，2008 年产能缺口达 6×10^5t 以上。为此，经研究，矿山已逐渐开始转向废石胶结充填工艺的应用。

金川二矿区井下废石主要来自矿山的生产掘进、脉石及上下盘围岩、充填接顶时产生的溢流砂浆以及其他工业废弃物等几个方面。井下废石组成随生产情况的不同会有所不同，其中以开拓和生产中产生的废石为主。据统计，二矿区在 2004—2010 年间废石平均产量约为 4×10^5t/a，综合利用废石充填采矿法是有效处理该部分废石，同时满足矿山充填需要的有效方法。

二矿区的废石胶结充填工艺初步设计为利用废石磨碎到 20mm 以下，与地表的颗粒物料、水泥和井下的废水等进行混合制成可管道输送的充填料浆，泵送到采空区进行充填，构成下向进路充填法所需的人工假顶。经过一定的科研和现场工业试验，目前二矿区已基本确定了废石：尾砂为 1：1 的配比参数。废石胶结充填工艺研究技术路线如图 4-2 所示。

经矿山实践，采用废石充填工艺的成本约为 86.48 元/m^3，是矿山之前采用棒磨砂充填成本的66.25%，是膏体充填成本的88%，具有较好的应用前景。

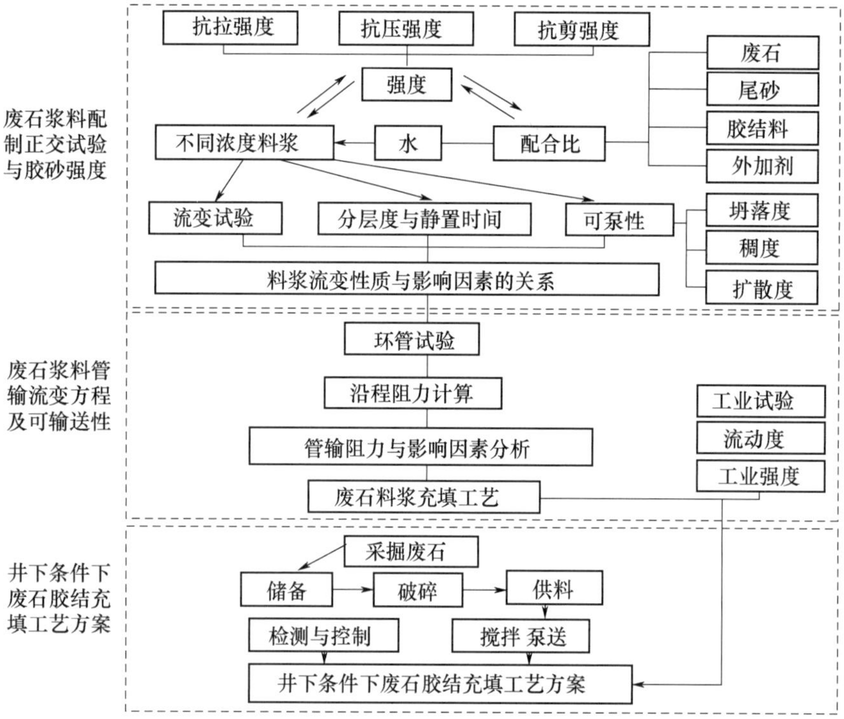

图4-2　废石胶结充填工艺研究技术路线

5 尾矿制备建筑材料技术

建筑材料是建筑工程的物质基础，各种散体建筑材料经过缜密的设计和复杂的施工最终构建成建筑。建筑材料的物质性体现在其使用的巨量性上，一幢单体建筑重达数万 t 甚至几十万 t。建筑材料工业对天然资源和能源资源的消耗，是对大气污染最为严重的行业之一，是对不可再生资源依存度非常高的行业。大部分建筑材料的原料来自不可再生的天然矿物原料。中国特色社会主义进入新时代，习近平总书记的“绿水青山就是金山银山”的理念深入人心。在新发展理念驱动下，建筑材料行业不仅致力于自身生产过程的节能减排水平不断提升，而且迈向净化生态环境治理，绿色低碳发展正在成为建材行业共同的目标和前进的方向。

尾矿/废石的物质组成虽然千差万别，但其基本的组分及开发利用途径是有规律可循的。矿物成分、化学组成及其工艺性能这三大要素构成了尾矿利用可行性的基础。尾矿是一种“复合”的矿物原料，主要由石英、长石、角闪石、石榴石、辉石以及由其蚀变而成的黏土、云母类铝硅酸盐矿物和方解石、白云石等钙镁碳酸盐矿物组成，化学成分有硅、铝、钙、镁的氧化物和少量钾、钠、铁、硫的氧化物，其中硅、铝含量较高，这是尾矿在建筑材料领域广泛应用的前提条件。尾矿在资源特征上与传统的建筑材料原料基本相近，实际上是已加工成细粒的不完备混合料，加以调配即可用于生产，可以考虑进行整体利用。我国对于建筑材料的需求量有增无减，因此尾矿建材化、资源化利用将会扮演越来越重要的角色。

5.1 尾矿安全性评价

随着社会的发展和人民生活水平的提高，居住环境面临诸多危机的同时，追求健康的居住环境已成为人们生活中的既定目标。发展绿色建材其实质就是大力推进建材生产和建材产品的绿色化，它将推动建筑行业的发展，从而减少环境污染，提高人民的居住水平，维护人民的身体健康。绿色建材应具备以下特点：①节约能源与资源，大量使用工业或城市废弃物生产无毒害、无污染的材料。②生产过程中不形成新的污染源。③具有更高的使用效率和优异的材料性能，从而能降低建筑材料的消耗。④具有改善居室生态环境和保健功能的建筑材料。尾矿制备建筑材料的首要条件其实不在于其性能而在于其安全性，安全性评价主要包括放射性、重金属含量及浸出毒性。笔者所在课题组针对河北省承德地区尾矿资源进行调研，并对安全性进行了大量研究。

5.1.1 尾矿的化学组成

河北省承德地区各类尾矿的化学组成见表5-1。由表5-1可以看出，尾矿中硅含量较高，平均含量为50%～70%，其次为铝，平均含量在5%～20%。

表5-1 尾矿的化学组成 %

化学组成	1	2	3	4	5	6	7	8	9	10	11
SiO_2	68.69	74.55	42.07	59.83	58.70	42.96	41.07	41.60	36.70	36.47	72.23
Al_2O_3	8.71	6.48	10.79	7.84	8.50	12.67	11.87	11.95	11.48	10.03	6.02
Fe_2O_3	2.27	0.58	10.72	6.06	6.88	9.82	9.22	10.63	13.95	9.92	7.01
CaO	6.57	0.41	12.63	5.36	5.473	8.52	8.95	8.34	15.79	16.52	4.18
MgO	0.17	0.17	7.65	4.21	3.87	4.61	4.25	4.41	7.85	7.93	3.31
TiO_2	0.33	0.10	2.30	0.81	0.98	3.82	3.77	4.04	2.39	2.10	0.29
Na_2O	1.13	1.58	1.67	1.31	1.75	2.96	3.09	2.72	1.42	1.14	1.31
P_2O_5	0.06	0.02	1.80	0.58	0.79	2.24	2.81	2.34	1.68	1.98	0.50
K_2O	3.66	2.12	0.81	1.05	1.39	1.06	1.10	1.18	0.90	0.73	0.76
SO_3	0.15	0.07	0.48	1.33	1.48	0.56	0.55	0.65	2.04	1.26	0.38
MnO	0.11	—	0.20	0.17	0.21	0.26	0.26	0.29	0.21	0.22	0.10
BaO	0.24	0.21	—	0.20	0.23	0.29	—	0.28	0.18	0.18	—
Cl	0.13	0.12	—	0.13	0.12	0.11	0.12	0.12	0.11	0.12	0.15
烧失量	5.16	13.18	5.87	5.99	5.50	2.96	5.72	5.29	2.12	5.22	3.67

5.1.2 尾矿的放射性

河北省承德地区尾矿的放射性见表5-2。由表5-2可以看出，尽管尾矿的放射性 I_{Ra} 和 I_r 均满足《建筑材料放射性核素限量》（GB 6566—2010）中 I_{Ra} 和 I_r 不大于1.0的要求，但是不同的尾矿放射性差异较大。

表5-2 尾矿的放射性

编号	质量（g）	Ra	Th	K	$I_{内}$	$I_{外}$
1	200.06	21.66	22.47	991.78	0.108	0.381
2	274.99	12.86	9.74	795.83	0.064	0.262

续表

编号	质量（g）	Ra	Th	K	$I_{内}$	$I_{外}$
3	282.43	8.32	6.78	713.59	0.042	0.218
4	276.79	3.77	6.25	317.19	0.019	0.110
5	256.25	4.30	0	286.87	0.022	0.080
6	280.96	3.75	3.57	254.96	0.019	0.085
7	229.09	5.68	10.38	297.27	0.028	0.126
8	277.27	3.27	2.13	228.85	0.016	0.072
9	318.04	1.67	1.60	227.05	0.008	0.065
10	238.55	39.07	91.08	1620.94	0.195	0.842
11	279.35	23.25	55.83	1502.69	0.116	0.635

5.1.3　尾矿的重金属含量

河北省承德地区尾矿的重金属含量见表5-3。由表5-3可以看出，尾矿中重金属的含量变幅较大，重金属含量最高的为锰，其次为铜、锌，最高时能够达到八种重金属的88.73%、15.97%、19.65%。在雨水的冲刷下尾矿中的有害重金属可能浸出并进入表层水、土壤、动物、植物及人体内的生态链中，给环境和人体带来长期而久远的危害。人类长时间过量摄入重金属会造成腹泻、恶心、呕吐和胃肠道痉挛等症状，会刺激和损伤神经系统。因此，需要对尾矿及其制备的建材产品进行重金属的浸出分析及固化研究，从数据看，重点应该集中于对锰、铜、锌、镍的浸出及固化。

表5-3　尾矿的重金属含量　mg/kg

编号	As 75	Cd 111	Cr 52	Cu 63	Mn 55	Ni 60	Pb 208	Zn 66
1	0.715	0.068	3.089	1.707	146.238	14.106	3.234	11.600
2	0.706	0.380	25.300	135.420	2764.502	62.965	7.464	52.242
3	5.528	0.161	6.312	28.608	2511.448	12.183	6.638	195.591
4	0.622	0.218	12.343	41.457	641.142	109.247	9.128	30.340
5	3.893	0.313	13.472	6.356	98.132	20.428	21.976	29.280
6	3.143	0.518	13.645	7.588	96.443	21.018	20.659	30.699
7	8.455	0.306	13.545	1200.296	532.586	19.787	7.495	76.001
8	238.17	6.76	20.60	21.11	402.72	4.43	288.26	216.75

5.1.4 尾矿的重金属毒性浸出

现在我国主要的浸出实验方法有《固体废物 浸出毒性浸出方法 硫酸硝酸法》（HJ/T 299—2007）（SPLP）和《固体废物 浸出毒性浸出方法 醋酸缓冲溶液法》（HJ/T 300—2007）（TCLP）两种。目前，我国基本将 HJ/T 299—2007 作为危险废物浸出毒性鉴别的指定标准方法，而 HJ/T 300—2007 常被用于特定危险废物和一般工业废物进入生活垃圾填埋场的入场检验。

目前，国际上用于重金属化学提取的方法主要是欧共体标准物质局（BCR）法，于 1987 年提出并建立，经过世界各国众多学者的修改和引用，现在已成为界内最认可和使用频率最高的方法。相比于 TCLP 和 SPLP，BCR 的特点是连续浸提的方法，可以给出不同形态重金属对生物产生的有效性差异，通过调整采用不同的化学试剂或者一些混合试剂将样品进行分离，从而会分析出属于不同形态的重金属，依据检测出不同形态的重金属毒性，来确定重金属的生物有效性。

重金属的迁移性主要取决于它们在土壤中的化学形态，重金属元素的总含量作为重金属潜在污染评价指标，但是不能对其生态效应进行良好的预测，重金属的生物有效性、长期存在性及有害性等与其在土壤中存在的化学形态有着密切的联系。土壤（尾矿）重金属生物有效性越弱，表明该重金属对环境的污染较弱；生物有效性越强，说明重金属越容易被生物利用，更容易进入生物圈，对环境的危害越大。土壤（尾矿）重金属生物有效性的强弱受两种因素影响，分别是重金属元素的形态和迁移活性。重金属元素与土壤（尾矿）结合成的化学形态，与这两个因素关系密切，同时土壤（尾矿）理化性质（酸碱度、硬度、氧化还原电位、有机质含量等）也与生物有效性有很大的关系。因此，在评价重金属对土壤（尾矿）的污染风险时，需要综合考虑各方面土壤（尾矿）的环境，而 BCR 就很好地模拟了土壤（尾矿）主要的理化性质，以至于得到主要的重金属与土壤（尾矿）结合成的化学形态。BCR 连续浸提法一般将土壤（尾矿）中重金属的形态分为酸可交换态、Fe-Mn 氧化态、有机态和残渣态。酸可交换态是指吸附在土壤（尾矿）、腐殖质、在碳酸盐矿物上形成的共沉淀结合态及其他成分上的金属，对环境变化敏感，特别是碳酸盐结合部分对 pH 值变化反应敏感，易被迁移转化，能被植物吸收，反映人类近期排污的影响。Fe-Mn 氧化态以矿物的外囊物和细分散颗粒存在，活性的铁锰氧化物比表面积大，pH 值和氧化还原电位发生变化时，其形成会受到影响，反映了人文活动对环境的污染。有机态是土壤中各种有机物与土壤中的重金属螯合而成，反映水生物活动及人类排放富含有机物的污水对环境的污染。残渣态一般存在于硅酸盐、原生和次生矿等土壤的晶格中，是自然环境下地质逐步风化的结果；在自然条件下不易被释放到外界中，能够长期较为稳定地存在于沉积物中，不易被植物吸收，主要受矿物成分及岩石风化和土壤侵蚀影响。

用同种尾矿进行了BCR（三步法连续浸提）、TCLP（模拟填埋场）、SPLP（模拟酸雨）三种浸出试验并对结果进行了分析，其结果见表5-4和表5-5。

表5-4 BCR法测试尾矿的重金属浸出 mg/kg

重金属	酸可交换态	Fe-Mn氧化态	有机态	残渣态	合计	全消解总量
As	0.017	0.594	—	0.054	0.6434	0.5951
Cd	—	0.003	—	0.085	0.0781	0.1446
Cr	0.083	0.405	—	5.208	—	1.2763
Cu	1.330	4.483	—	15.574	20.6068	25.1204
Mn	82.254	64.589	—	889.598	1025.4625	1180.6642
Ni	1.183	1.356	—	5.766	7.9291	7.8822
Pb	0.033	0.786	—	3.012	3.6583	4.8249
Zn	5.745	5.966	1.501	79.088	92.3003	101.0519

表5-5 SPLP法和TCLP法测试尾矿的重金属浸出

重金属	SPLP		TCLP		安全限值（mg/L）
	析出液（mg/L）	析出量（mg/kg）	析出液（mg/L）	析出量（mg/kg）	
As	0.000158	0.0158	0.000042	0.0084	0.1
Cd	0.000001	0.0001	0.000013	0.0025	0.0
Cr	0.000737	0.0737	0.000276	0.0551	0.2
Cu	0.010277	1.0277	0.005511	1.1022	1.0
Mn	0.813425	81.3425	0.401116	80.2232	1.0
Ni	0.011163	1.1163	0.005555	1.1110	0.2
Pb	0.000290	0.0290	0.000133	0.0266	0.3
Zn	0.050849	5.0849	0.026856	5.3711	1.0

由表5-4可以看出，砷能在第二步（可还原态）较多析出，锌在第三步（有机态）较多析出，其他元素均在第四步（残渣态）能够较多析出。说明原矿中各元素形成了稳定的晶格结构，在土壤中迁移能力较弱。在第一步（酸可交换态）含量较低，表明原矿中的各元素随雨淋失

的可能性较小。各元素的可还原态的含量高于可氧化态含量，说明在还原条件下，各元素易释放出来，具有较大的潜在危害。由表 5-5 可以看出，所有元素均在安全限值之内。表 5-4 和表 5-5 表明：BCR 浸出结果具有明显优势，故选定 BCR（三步法连续浸提）作为浸出毒性的实施方法。TCLP（模拟填埋场）、SPLP（模拟酸雨）实验结果数据值较小，说服性弱。BCR（三步法连续浸提）能观察到不同环境时样品的浸出量，并能分析出环境对不同重金属的影响，重复性强，数据稳定。

采用 BCR 测试承德尾矿重金属浸出，其结果见表 5-6。由表 5-6 可以看出不同类型的尾矿中重金属的浸出结果差别较大。重金属毒性析出含量相对较大，说明可迁移性较强，从数据结果来看，大多数样品重金属都在残渣态析出。残渣态添加了 HCl、HNO_3、HF，模拟了在强酸环境下重金属析出的情况。这也表明，在正常环境下，重金属的毒性析出相对较小，而在强酸环境下，重金属的毒性析出相对较大。

表 5-6　尾矿的重金属浸出　　mg/kg

编号	化学形态	As 75	Cd 111	Cr 52	Cu 63	Mn 55	Ni 60	Pb 208	Zn 66
1	酸可交换态	0. 185	0. 049	1. 299	1. 129	106. 435	16. 242	0. 514	8. 892
	Fe-Mn 氧化态	0. 124	0. 003	0. 270	0. 223	19. 319	0. 537	0. 727	0. 645
	有机态	0. 115	0. 005	0. 279	0. 138	3. 503	0. 761	0. 059	0. 179
	残渣态	0. 152	0. 002	0. 546	0. 247	11. 035	0. 210	1. 031	1. 525
	合计	0. 576	0. 058	2. 395	1. 737	140. 293	17. 750	2. 332	11. 241
2	酸可交换态	0. 168	0. 348	8. 021	49. 182	2467. 174	49. 589	4. 140	29. 979
	Fe-Mn 氧化态	0. 425	0. 018	6. 780	8. 863	174. 556	4. 891	2. 721	12. 698
	有机态	—	0. 008	1. 357	78. 113	45. 354	5. 898	—	6. 931
	残渣态	0. 087	—	5. 029	1. 333	43. 903	2. 156	0. 336	4. 250
	合计	0. 680	0. 375	21. 186	137. 491	2730. 987	62. 534	7. 197	53. 858
3	酸可交换态	0. 026	0. 017	0. 421	1. 715	108. 894	2. 725	0. 112	6. 224
	Fe-Mn 氧化态	2. 206	0. 030	0. 722	4. 698	97. 969	3. 525	0. 794	24. 677
	有机态	0. 355	0. 004	0. 044	3. 762	9. 392	3. 030	0. 028	4. 413
	残渣态	2. 526	0. 189	4. 519	16. 470	2213. 649	7. 990	6. 536	154. 612
	合计	5. 115	0. 240	5. 706	26. 644	2429. 903	17. 271	7. 469	189. 926
4	酸可交换态	0. 102	0. 140	6. 129	24. 225	490. 491	102. 070	4. 982	18. 184
	Fe-Mn 氧化态	0. 470	0. 009	3. 096	3. 051	91. 711	4. 219	3. 534	6. 045
	有机态	—	0. 029	1. 183	13. 190	19. 459	3. 908	—	2. 263
	残渣态	—	—	1. 587	0. 492	41. 480	1. 068	0. 272	2. 513
	合计	0. 572	0. 178	11. 994	40. 958	643. 142	111. 265	8. 787	29. 006

续表

编号	化学形态	As 75	Cd 111	Cr 52	Cu 63	Mn 55	Ni 60	Pb 208	Zn 66
5	酸可交换态	0.512	0.021	2.587	0.763	44.304	4.043	4.456	0.869
	Fe-Mn 氧化态	1.147	0.114	2.411	0.769	54.027	4.220	4.249	9.044
	有机态	0.753	—	2.674	3.282	9.335	4.791	4.169	2.963
	残渣态	1.360	0.186	5.254	1.672	489.247	7.918	9.152	15.461
	合计	3.772	0.322	12.926	6.485	596.913	20.972	22.026	28.337
6	酸可交换态	0.115	0.106	0.627	0.218	38.412	1.572	2.860	0.435
	Fe-Mn 氧化态	0.611	0.134	1.322	0.294	43.586	2.692	2.346	2.357
	有机态	1.025	—	0.533	5.914	6.553	3.739	2.132	1.142
	残渣态	1.412	0.259	10.728	0.992	497.913	12.858	12.430	26.291
	合计	3.163	0.499	13.210	7.418	586.463	20.861	19.768	30.225
7	酸可交换态	1.299	0.309	5.585	54.191	80.938	3.585	2.629	32.063
	Fe-Mn 氧化态	2.819	0.019	5.292	20.475	101.936	6.431	3.870	14.591
	有机态	2.049	0.006	0.022	45.233	129.948	7.791	0.345	11.609
	残渣态	2.088	—	2.859	1071.412	212.851	2.324	0.528	14.880
	合计	8.255	0.335	13.758	1191.310	525.673	20.132	7.372	73.143

5.2 尾矿/废石制备混凝土

混凝土是人类社会最大宗的人造材料。混凝土行业对环境有着负面的和正面的双重影响。一般建筑用的混凝土，按质量计，其平均组成12%为硅酸盐水泥，8%为拌合水，80%为砂石骨料。2010年全球混凝土年产量约330亿t，消耗了近37亿t的硅酸盐熟料和270亿t的骨料，还有27亿t的拌合水以及少量的化学外加剂。为制备混凝土和生产硅酸盐水泥熟料，有大量的原材料、石灰石、黏土和化石燃料要开采、加工和运输，需要消耗大量的能源，对未开发的生态产生了不利影响。

随着我国经济社会的发展，混凝土的需求量仍然巨大。我国是全球砂石需求量最大的国家，约占世界砂石骨料用量的45%。据统计，我国每年砂石骨料消费量约180亿t。尾矿/废石经过合理加工、合理组合替代天然砂石骨料是废石/尾矿制备混凝土的关键技术，也是废石/尾矿建材化大宗利用的核心。

5.2.1 尾矿砂基本性能

分别选取北京和承德的尾矿砂、机制砂以及天然河砂按照《建设用砂》（GB/T 14684—2011）和《建筑材料放射性核素限量》（GB 6566—2010）测试其性能，测试结果见表5-7。由表5-7可以看出，尾矿砂的各项性能与机制砂和天然河砂并没有明显的差异，这也表明尾矿砂具有替代天然河砂性能的基础。

表5-7 尾矿砂、机制砂与天然河砂的性能

检验项目		Ⅱ类要求	尾矿砂-1	尾矿砂-2	机制砂	天然河砂
含泥量/%		≤3.0	—	—	—	1.8
石粉含量/%		≤10	7.0	2.0	5.2	—
MB值或亚甲蓝快速试验		≤1或合格	0.8	0.5	合格	—
泥块含量/%		≤1.0	0.1	0.2	0.2	0.2
轻物质/%		≤1.0	0.1	0.3	0.4	
有机物		合格	合格	合格	合格	合格
硫化物、硫酸盐/%		≤0.5	0.2	0.01	0.2	—
氯化物/%		≤0.02	0.01	0.01	0.008	—
表观密度/（$kg \cdot m^{-3}$）		≥2500	2790	2800	2850	2700
松散堆积密度/（$kg \cdot m^{-3}$）		≥1400	1610	1620	1700	1540
空隙率/%		≤44	42	42	40	43
碱-集料反应膨胀率（14d）/%		—	0.05	0.05	—	—
放射性	内照射指数	≤1.0	0.1	0.1	0.1	—
	外照射指数	≤1.0	0.2	0.2	0.2	—

尾矿的基本性能中尾矿的稳定性也是关键指标之一，当采用铁尾矿制备混凝土时，铁尾矿化学组成中Fe_2O_3以二价和三价价态存在，Fe_3O_4是一种复杂的氧化物，其中1/3是Fe^{2+}、2/3是Fe^{3+}，Fe_3O_4可看作是由FeO、Fe_2O_3形成的化合物［实质是Fe（FeO_2）$_2$，偏铁酸亚铁盐］。在常规使用环境下，氧化亚铁（FeO）可能发生氧化反应导致体积膨胀，当采用含有60%以上的SiO_2的高硅铁尾矿，还需要测试其是否发生碱-集料反应，因此需要对其稳定性进行试验。FeO和Fe_3O_4氧化反应为：

$$4Fe_3O_4 + O_2 = 6Fe_2O_3$$ （高温条件）体积增大9.1%

$$4FeO + O_2 = 2Fe_2O_3$$ （潮湿氧化）体积增大7.5%

FeO氧化膨胀稳定性试验分为砂浆和混凝土两个稳定性试验。砂浆稳定性试验参照《普通混凝土用砂、石质量及检验方法标准》（JGJ 52—2017）中6.20条款“砂的碱活性试验”的方法，将铁尾矿砂制作成25mm×25mm×280mm的水泥砂浆试块，两端装不锈钢测头，24h标养后脱模，测试水泥砂浆块基准长度。然后分别置于温度（20±2）℃的氧化钙饱和溶液中（标养条件）和（60±2）℃、5%浓度双氧水的氧化溶液中（氧化条件），测定其不同龄期长度，观察试件变形、裂缝、渗出物情况等。砂浆配合比见表5-8，测试结果见图5-1。由图5-1可以看出，砂浆试件的长度变化在28d前膨胀较明显，标养条件下河砂有0.029%、尾矿砂有0.027%；(60±5)℃的氧化条件下河砂是0.032%、尾矿砂是0.034%。标养和氧化条件下砂浆试块28d~24月的长度变化仅为0.002%~0.003%，变化率甚小。由于砂浆试件的长宽比为280/25=11.2，可以认定在28d~24月的养护过程中试件体积是稳定的。另外，试件表面无变形、裂缝和渗出物。

表5-8　砂浆配合比

类别	水泥/g	砂/g	水/g
Ⅱ区河砂	440	900	207
Ⅱ区尾矿砂	440	900	207

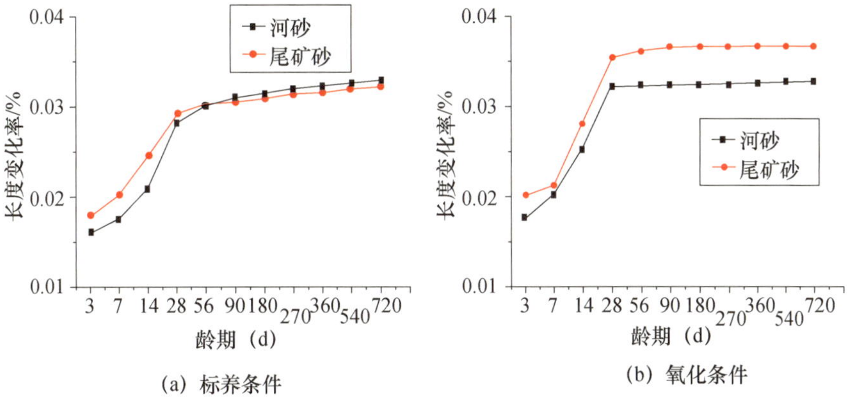

图5-1　砂浆长度变化

混凝土稳定性试验，混凝土试块的尺寸为100mm×100mm×515mm，分别在两种环境下养护：第一种在温度(20±2)℃、湿度95%条件下养护（标养条件）；第二种在温度(60±5)℃、5%浓度双氧水溶液的密封容器中养护（氧化条件）。测定两种养护方法在不同龄期试块长度变化，并观察试件变形、裂缝、渗出物等。试验用混凝土配合比见表5-9，测试结果见图5-2。由图5-2可以看出，混凝土试件的长度变化与砂浆的试验结果有相似的变化趋势，河砂和尾矿砂制备的混凝土在标养和氧化条件下28d~24月时段的长度变化率也很微小，可以认定在28d~24月的养护过程中试件体积是稳定的。同时混凝土试件无变形、裂缝和渗出物。

由图5-1和图5-2可以得出如下结论：尾矿砂与河砂制作的砂浆及混凝土试件，在标养和氧化条件下，其试件的长度变化规律相同。28d

龄期至2年，河砂和尾矿砂的砂浆及混凝土试件的长度变化率甚小，说明尾矿砂浆和混凝土的长期体积稳定性与河砂相当，有可靠的安全性。为便于生产和工程应用，可以使用砂浆试件放置温度（60±2)℃、5%浓度双氧水的溶液中，养护28d龄期测量长度变化率的方法来评价尾矿混凝土的长期体积稳定性，且以砂浆试件28d龄期长度变化率≤0.05%作为尾矿体积稳定性合格的评价指标。

表5-9　混凝土试验的配合比　　kg/m³

类别	胶材	水泥	粉煤灰	矿粉	水	河砂	尾矿砂	碎石	外加剂
1	378	208	94	76	170	834	—	1019	8.3
2	378	208	94	76	170	—	834	1019	8.3

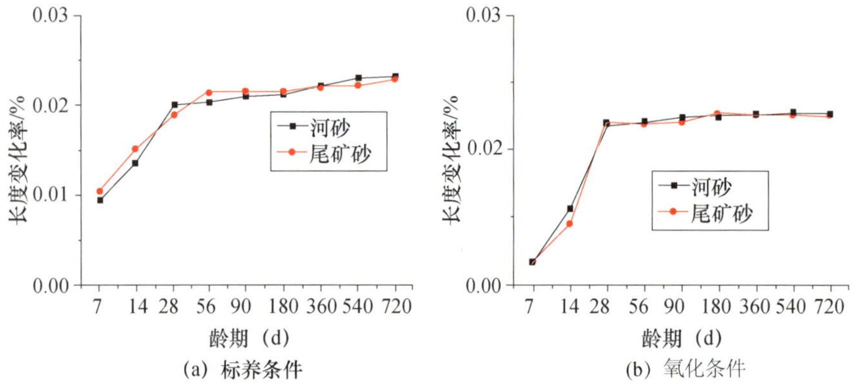

图5-2　混凝土长度变化

5.2.2　尾矿砂级配优化研究

级配是粒状材料在各级粒径范围的颗粒分布。颗粒级配会影响混凝土的工作性和成本。例如，太粗的砂子制备的混凝土拌合物干硬且工作性很差，而特细砂则会提高用水量（在一定水胶比下，水泥用量会提高），因而是不经济的。只有任何一个粒径都不太多也不缺乏的骨料，才能制备出工作性最佳且最经济的混凝土拌合物。因此尾矿砂级配是尾矿制备混凝土的关键指标。

图5-3和图5-4分别为尾矿砂和河砂分计筛余和累计筛余，从图5-3可以看出，三种尾矿砂W1、W2和W3的细度模数分别为2.8、3.0和2.4；河砂的细度模数为2.6，均为中砂，但分计筛余百分比存在很大差别。其中W1试样含石量较多，达26%，而W3试样偏细，0.3～1.18mm粒级占比偏少，0.15mm以下细粒级占20%，0.075mm以下细粉占7.2%，W2试样+2.36mm和−0.15mm粒级略微偏少，河砂则

0.3～0.15mm粒级略多。图5-4中，曲线Bup、Bdown分别为二区中砂上限和下限，尾矿W2与河砂均在二区中砂。由图5-3和图5-4可以看出，仅从细度模数和累计筛余曲线难以判断砂的级配。

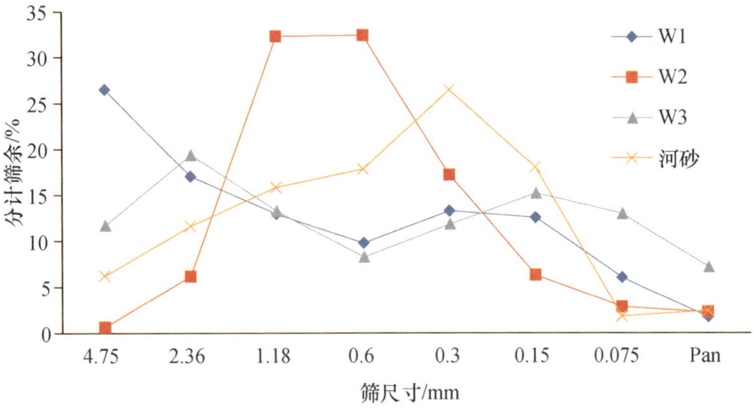

图5-3　尾矿砂分计筛余

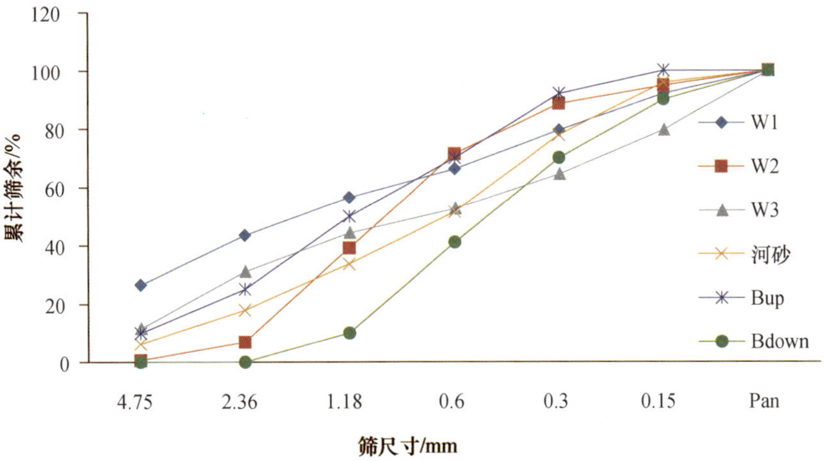

图5-4　尾矿砂累计筛余

在实际工程应用中，多采用2种或以上粒级砂进行复合，以优化细骨料的颗粒级配。图5-5和图5-6分别为尾矿W2和尾矿W3不同比例复合后的分计筛余和累计筛余。由图5-5和图5-6可以看出，通过复配后，尾矿机制砂的分计筛余和累计筛余都不同程度地得到优化，分计筛余图趋近正态分布，累计筛余基本在二区中砂范围内。

5.2.3　尾矿砂对混凝土性能的影响

分别选用尾矿砂、河砂和混合尾矿砂（W2：W3＝7：3）制备混凝土，混凝土的配合比见表5-10，表5-11为混凝土的工作性能和力学性能的影响。由表5-10和表5-11可以看出，混凝土配合比相同时，尾矿砂制备的混凝土的工作性能和力学性能均比河砂制备的混凝土的工作性能和力学性能差，这主要是由于尾矿砂颗粒形貌不规则，棱角也比较多，表面更为粗糙，使得颗粒之间的摩擦阻力也比较大，W2 号尾矿砂粒径分布集中在 0.6 ~ 1.18mm 之间，颗粒级配不太合理。但是将尾矿砂进行多级配组合后，混合尾矿砂制备的混凝土工作性能和力学性能均得到了提高。因此，采用尾矿砂制备混凝土时，可采用多种尾矿砂复合，优化级配。

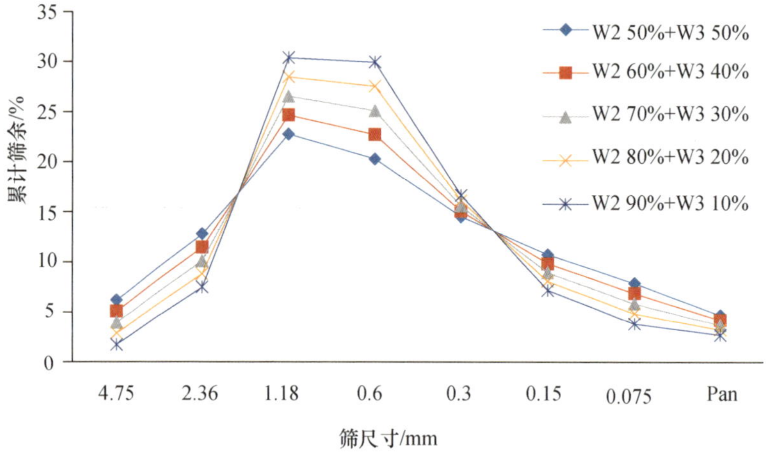

图 5-5　复合尾矿砂分计筛余

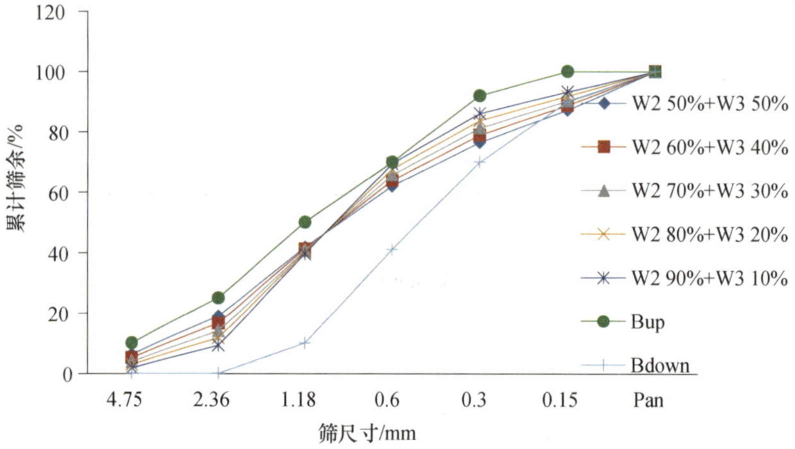

图 5-6　复合尾矿砂累计筛余

表 5-10　混凝土配合比　　kg/m³

编号	水	水泥	粉煤灰	矿粉	尾矿砂	河砂	混合尾矿砂	石	外加剂
WC					775	—	—		
NC	170	227	76	76	—	775	—	1027	7.6
MC					—	—	775		

表 5-11 混凝土工作性能及力学性能

编号	坍落度/mm	黏聚性	保水性	流动性	28d 抗压强度/MPa
WC	190	很差	差	较好	44.8
NC	220	好	好	好	45.6
MC	225	好	好	好	45.0

5.2.4 废石基本性能

选取首云、威克的围岩废石制备的建筑用碎石和河北涞水地区的天然白云岩碎石按照《建设用卵石、碎石》(GB/T 14685—2011)、《建筑材料放射性核素限量》(GB 6566—2010) 分别进行测试，测试结果如表 5-12所示。从表 5-12 可以看出，除首云碎石的空隙率为Ⅲ级标准外，其他检测项目均在Ⅱ级以上，多数达到Ⅰ级标准要求，空隙率大也反映了尾矿的级配不合理。采用废石制备的建筑用碎石的表观密度要大于普通石灰石和白云石。

表 5-12 废石集料与碎石的性能

检验项目		Ⅱ类要求	5～25 威克废石	5～25 首云废石	5～25 京涞碎石
含泥量/%		≤1.0	0.4	0.4	0.2
泥块含量/%		≤0.5	0.0	0.1	0.1
针片状含量/%		≤15	1.0	4.0	3.0
有机物		—	合格	合格	合格
硫化物、硫酸盐/%		≤1.0	0.1	0.2	0.2
氯离子/%		—	0.005	0.008	—
质量损失/%		≤8	2	4	4
压碎指标/%		≤20	8.5	6	6
表观密度/（$kg \cdot m^{-3}$）		≥2600	2780	2820	2700
空隙率/%		≤45	45	47	—
吸水率/%		≤2.0	0.4	0.4	0.6
松散堆积密度/（$kg \cdot m^{-3}$）		—	1540	1500	1500
放射性	内照射指数	≤1.0	0.1	0.1	0.1
	外照射指数	≤1.0	0.2	0.2	0.2

5.2.5 废石尾矿协同制备建设砂石的生产工艺

目前，使用铁矿废石和尾矿生产建筑砂石骨料较为经济，工艺较为成熟，骨料制备协同采选铁精粉，其生产工艺流程见图5-7。

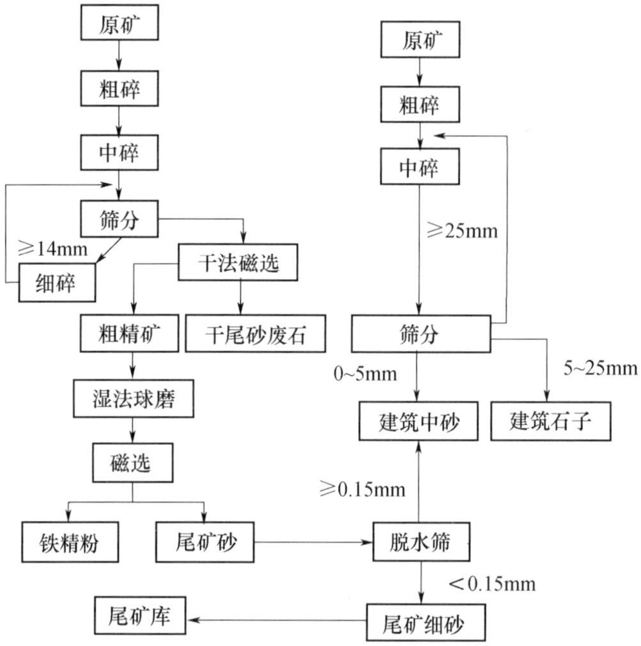

图5-7 选铁协同制备建设砂石工艺流程

进行大型骨料生产线工艺设计时，应立足于制备最优级配骨料，最大限度节约胶凝材料用量，以保证成品质量可靠、综合成本低的混凝土为目标，在此基础上，确定相应的骨料加工系统工艺流程，以保证成品骨料质量、产量。

在破碎设备方面，按照工作原理主要分两类。第一：冲击类破碎机，如立轴冲击式破碎机、反击式破碎机及锤式破碎机。其特点是物料破碎比大；结构形式简单，设备维护检修方便；产品粒型好，物料抗压强度损失小。第二：层压类破碎设备，如颚式破碎机、圆锥破碎机等，适合破碎磨蚀指数比较高的原料，产品中石粉含量低，但一般破碎出来的物料针片状颗粒多，泵送性能差。在初破时宜选用颚式破碎机，在二破时应选择锤式破碎机、立轴冲击式破碎机或反击式破碎机，以期获得较好的砂石粒型。

尾矿制砂生产技术含量高、难度大。目前常用的制砂工艺设备主要有棒磨机和破碎机两种。棒磨机是传统的制砂设备，国内应用较多；破碎机制砂的理念是以破代磨。单独采用棒磨机制砂的工艺，其各项技术指标在目前各种制砂设备中为最优，但成本高；若单独采用立轴冲击式破碎机制砂则成本低，但砂粒都偏粗。整形制砂车间设备可以选用立轴冲击式破碎机。立轴冲击式破碎机所产砂粒型好，虽然偏粗，但可以和细度模数较细的原状尾矿砂搭配起来形成粒型较好、级配合理的尾矿砂。

5.2.6 典型废石尾矿协同制备混凝土实例

北京金隅混凝土有限公司采用高性能混凝土配合比设计方法，采用首云矿业级配较好的Ⅱ区尾矿砂和 $\phi5 \sim \phi25$mm 连续级配的废石粗骨料制备混凝土。

1. 配合比及工作性能测试

北京金隅混凝土公司 C40 ~ C60 高性能混凝土设计配合比如表 5-13 所示，混凝土的工作性能见表 5-14 和图 5-8，其中 C40-W、C50-W、C60-W 为尾矿砂配制的混凝土，C40-R、C50-R、C60-R 为河砂配制的混凝土。由表 5-14 可以看出，尾矿砂制备的混凝土工作性能与河砂制备的混凝土工作性能并无差异。

表 5-13 C40 ~ C60 高性能混凝土设计配合比 kg/m^3

强度等级	水胶比	砂率	水	水泥	粉煤灰	矿粉	砂	石	外加剂
C40	0.40	41%	170	293	68	64	737	1060	8.5
C50	0.33	40%	165	335	85	80	690	1035	10.6
C60	0.29	38%	160	375	94	83	653	1065	12.1

表 5-14 C40 ~ C60 高性能混凝土工作性能

强度等级	0h/mm		2h/mm		凝结时间	
	坍落度	扩展度	坍落度	扩展度	初凝	终凝
C40-W	245	625	225	560	8h15min	11h30min
C40-R	250	630	225	580	8h25min	11h40min
C50-W	255	680	230	610	9h10min	12h10min
C50-R	250	680	235	650	9h15min	12h30min
C60-W	260	705	240	650	10h50min	14h10min
C60-R	265	700	245	660	10h40min	14h50min

图 5-8　废石尾矿制备的高性能混凝土工作性能

2. 混凝土的力学性能及耐久性能

废石尾矿制备的混凝土 3d、7d、28d、56d 抗压强度见表 5-15。由表 5-15 可以看出，C40、C50 强度等级混凝土采用河砂制备的混凝土试块抗压强度略高，C60 强度等级混凝土采用尾矿砂制备混凝土试块抗压强度略高。总体来说，无论是废石尾矿还是河砂制备的混凝土力学性能均能够满足设计要求。

表 5-15　C40 ~ C60 高性能混凝土力学性能

强度等级	抗压强度/MPa				达到设计强度百分比/%			
	3d	7d	28d	56d	3d	7d	28d	56d
C40-W	27.6	42.9	52.5	53.6	69.0	107.3	131.3	134.0
C40-R	29.1	43.0	54.6	57.3	72.8	107.5	136.5	143.3
C50-W	35.4	48.4	59.8	61.7	70.8	96.8	119.6	123.4
C50-R	37.2	50.1	61.0	63.1	74.4	100.2	122.0	126.2
C60-W	34.5	56.5	69.7	71.1	57.5	94.2	116.2	118.5
C60-R	33.8	55.3	66.0	68.1	56.3	92.2	110.0	113.5

5.2.7　耐久性能测试结果

分别对 C40-W、C40-R、C50-W、C50-R、C60-W、C60-R 进行了抗冻性（快冻法，F150）、抗渗性（逐级加压法）、抗氯离子渗透性（电通量法，95mm 试件）和抗碳化性能测试，测试结果如表 5-16 所示。从表 5-16 中测试结果可以看出，在未掺入引气剂的情况下，150 次冻融循环条件下，动弹性模量降低较多，但仍符合标准要求，且随着强度等级提高，动弹性模量降低相对较少，使用尾矿砂配制的各强度等级混凝土动弹性模量均略高于使用河砂配制的混凝土；抗渗性均大于 P12 等级要求；抗氯离子渗透性能较好，使用河砂配比的混凝土略优；C40 强度等级的混凝土，使用尾矿砂配合比 28d 碳化深度高于使用河砂的配合比，C50 强度等级的混凝土，使用尾矿砂配合比 28d 碳化深度低于使用河砂的配合比，C60 强度等级的混凝土碳化深度均为 0mm。

表 5-16　C40 ~ C60 高性能混凝土耐久性能

强度等级	150 次抗冻性/%		抗渗性	抗氯离子渗透/C	碳化深度/mm			
	相对动弹性模量	质量损失率			3d	7d	14d	28d
C40-W	68.1	2.6	>P12	696	2.4	3.3	4.4	5.4
C40-R	67.1	2.7	>P12	648	2.5	3.5	3.9	4.4
C50-W	78.3	2.4	>P12	600	0.4	0.5	0.6	0.6
C50-R	76.0	2.4	>P12	560	0.3	0.6	0.7	0.9
C60-W	82.1	2.0	>P12	525	0	0	0	0
C60-R	81.5	2.0	>P12	495	0	0	0	0

5.3 尾矿微粉制备混凝土

矿物掺合料通常是细分散的硅质材料，在混凝土中的掺量较大，一般占总胶凝材料用量的 20% ~70%。矿物掺合料的种类很多，其中粉煤灰、矿渣和硅灰是目前最常用的活性矿物掺合料，石灰石粉、钢渣、偏高岭土等的使用量也在逐渐增大。矿物掺合料的使用既可以降低水泥的用量，又能大量消耗工业废渣，具有良好的经济性和环保效益。

对于现代混凝土来讲，单一水泥组分的胶凝体系已不再满足混凝土要求，混凝土内部的微细孔隙需要用比当前水泥颗粒更细的微细掺合料去填充，水泥和某些矿物掺合料因其高活性，过度磨细会引起早期水化反应加快，进而导致混凝土温度收缩开裂等问题的产生，故现代混凝土需要大量的超细低活性掺合料。尾矿微粉作为矿物细粉掺合料应用于混凝土中，在资源短缺地区用于替代粉煤灰和矿粉，还可降低混凝土的成本。

5.3.1 尾矿微粉基本性能

选用不同地区的五种铁尾矿，制成不同细度的铁尾矿微粉，其物理性能及化学组成见表 5-17 和表 5-18。由表 5-17 可以看出，尾矿微粉需水量比小，在制备混凝土时可以减少减水剂的用量。

表 5-17　铁尾矿微粉物理性能

编号	45μm 筛余/%	密度 /（$g\cdot cm^{-3}$）	比表面积 /（$m^2\cdot kg^{-1}$）	需水量比/%	MB
WK1	4.2	3.1	570	92	0.5
WK2	10.5	3.2	440	96	0.5
WK3	11.5	2.8	410	95	0.5
WK4	7.6	2.8	510	92	0.5
WK5	3.6	2.8	630	91	0.5

表 5-18　铁尾矿微粉化学组成　　%

化学成分	WK1	WK2	WK3	WK4	WK5
SiO_2	42.76	43.19	64.62	65.92	66.10
Al_2O_3	4.87	5.46	9.60	9.27	9.86
CaO	20.77	22.59	5.34	5.12	4.23
Fe_2O_3	15.14	13.03	10.59	10.26	10.09
MgO	4.87	2.38	4.43	4.07	4.19
SO_3	6.09	5.20	0.29	0.29	0.29
K_2O	0.67	0.81	2.63	2.65	2.76
P_2O_5	0.11	0.16	0.19	0.15	0.17
TiO_2	0.25	0.49	0.33	0.27	0.30
MnO	5.78	5.94	0.03	0.27	0.19
Cl	0.01	0.01	0.00	0.02	0.02
Na_2O	0.00	0.00	1.58	1.58	1.72

铁尾矿微粉与外加剂适应性试验，铁尾矿微粉及Ⅱ级粉煤灰以10%为梯度取代水泥。试验中用水量为87g，胶凝材料总量为300g，掺加2.0%的萘系高效减水剂。铁尾矿微粉和Ⅱ级粉煤灰不同掺量替代水泥与外加剂适应性结果见图5-9。由图5-9可以看出，铁尾矿微粉和粉煤灰的净浆初始流动度，相比于纯水泥，都有增大，且随着掺加量的提高，流动度都呈增长趋势。其中铁尾矿微粉WK1和WK4，在各掺加比例中都要高于Ⅱ级粉煤灰的流动度，铁尾矿微粉WK1的流动度最大，其主要原因是铁尾矿微粉比表面积较大，能够很好地弥补水泥细颗粒的缺失，充分填充水泥颗粒的空隙，形成良好的粉体级配，进而解放出部分填充水，同时铁尾矿微粉经过表面处理后，表面能较低，需水量比较低，颗粒表层不会大量吸附减水剂，从而增加净浆的流动度。从30min

净浆流动来看，铁尾矿微粉和粉煤灰的 30min 的净浆流动度，相比于纯水泥的流动度损失明显降低，在掺量小于 30% 时，各铁尾矿微粉净浆流动度，随着掺量的增加而增大，但在达到 40% 时，出现了一定的下降，与此同时，掺粉煤灰的流动度一直保持增长趋势；与初始流动度相比较，各掺合料试验组 30min 时的净浆流动度损失不大，依旧保持较高的流动度。通过初始和 30min 流动度变化可知，掺入铁尾矿微粉后，流动度相较空白组均有明显增大。这表明铁尾矿微粉能够改善水泥浆体的流动性，且有良好的保坍性，具有作为矿物掺合料的特征，总体上看需水行为优于Ⅱ级粉煤灰。

总体而言，铁尾矿微粉有较好的流动性保持能力，流动度经时损失很小，具有良好的工程适用性。与粉煤灰相比，铁尾矿微粉基本属于惰性粉体，基本不参与反应，只发挥填充作用，同时在一定程度上发挥减水作用，减少了水泥用量，从而使其在 30min 后，依旧保持较高流动度；铁尾矿微粉颗粒形貌并非像粉煤灰那样呈圆球形，而是带有棱角的不规则颗粒，当掺量达到一定程度后，可能发生机械咬合作用，增大内阻力，而且需要水润湿、包裹的表面会增大，从而降低了净浆流动度。

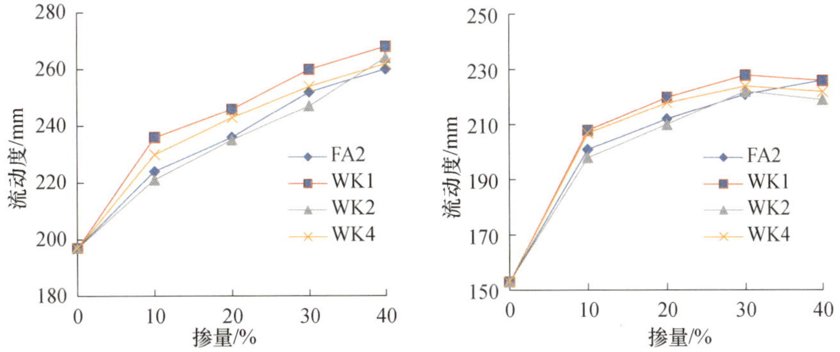

(a) 初始流动度　　(b) 30min流动度

图 5-9　铁尾矿微粉和Ⅱ级粉煤灰部分替代水泥后与外加剂适应性

铁尾矿微粉及Ⅱ级粉煤灰以 10% 为梯度取代水泥，其 28d 抗折、抗压强度如图 5-10 所示，由图 5-10 可知，铁尾矿微粉和粉煤灰抗折强度，随掺量增加而呈明显下降趋势；粉煤灰替代水泥制备的胶砂 28d 抗折、抗压强度均高于铁尾矿微粉替代水泥制备的胶砂 28d 抗折、抗压强度。这主要是由于铁尾矿微粉活性偏低，不能起到胶结作用，主要发挥其微集料效应，故其对抗折、抗压强度所起到的贡献有限。铁尾矿微粉因其细度偏细，在一定掺加范围内可以充分发挥微集料填充作用，虽活性偏低，但可替代部分未水化水泥颗粒的填充效应，使试块更密实，进而使抗压强度降低很少。

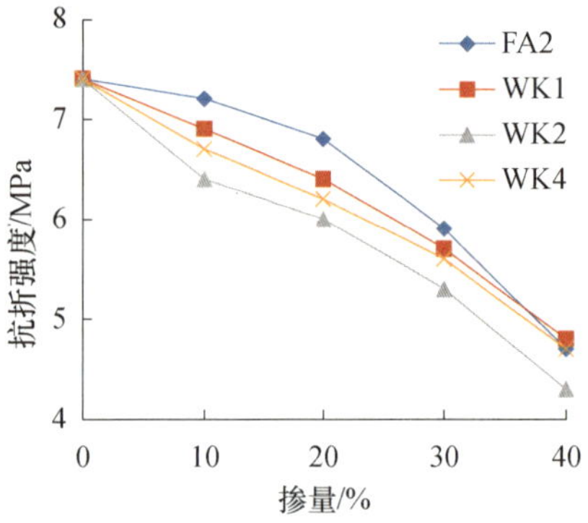

(a) 抗折强度

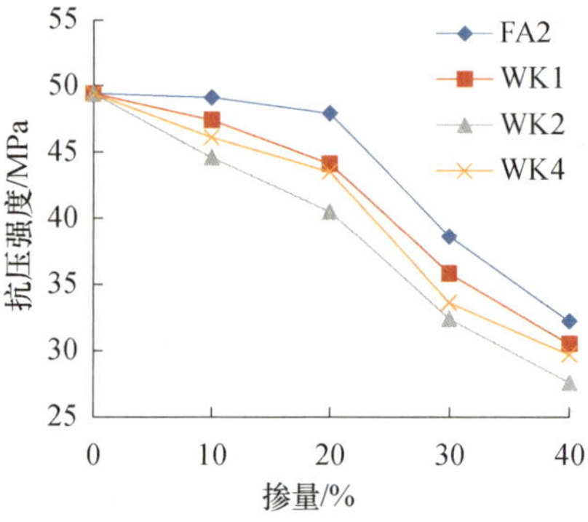

(b) 抗压强度

图 5-10　水泥胶砂 28d 抗折、抗压强度

5.3.2　铁尾矿微粉对混凝土工作性能和力学性能的影响

1. 铁尾矿微粉制备混凝土的配合比

选取五种不同细度的铁尾矿微粉分别与Ⅰ级、Ⅱ级粉煤灰做对比，分析其对不同强度等级混凝土工作性能和力学行为的影响。不同强度等级混凝土的配合比见表 5-19，配合比中铁尾矿微粉包括五种，分别编号为 WK1、WK2、WK3、WK4、WK5；粉某灰包括Ⅰ级、Ⅱ级，分别编号为 FA1、FA2。

表 5-19　不同等级混凝土配合比　　kg/m^3

强度等级	水泥	尾矿/粉煤灰	矿粉	砂	石	外加剂	水
C20	145	110	75	915	991	5.9	175
C25	200	100	40	842	1028	6.8	173
C30	220	90	60	833	1017	7.4	170
C35	230	95	65	784	1039	8.0	165
C40	240	100	70	768	1061	4.9	160
C45	270	100	75	718	1077	5.3	160
C50	280	105	100	673	1098	5.8	155
C55	325	100	100	673	1098	6.8	153
C60	340	100	100	623	1108	7.0	148

2. 铁尾矿微粉对中低强度等级混凝土性能的影响

铁尾矿微粉对中低强度等级混凝土的坍落度及各龄期混凝土的抗压强度的影响分别见图 5-11 和图 5-12。由图 5-11 可知，不同强度等级的混凝土，除个别组坍落度小外，其他的都能满足大流态混凝土要求，坍落度都能在200mm以上，掺加WK1、WK2、WK4、WK5的混凝土的坍落度变化幅度不大，但掺加WK3的混凝土的坍落度较小，这主要是因为WK3细度比较粗。掺加粉煤灰的混凝土的坍落度与掺加铁尾矿微粉的混凝土的坍落度无明显变化。总体来说，从坍落度方面来看，尾矿微粉最为关键的就是其细度指标，当达到一定细度时，铁尾矿微粉可以替代粉煤灰。

中低强度等级混凝土（C20～C35）在工程中应用最普遍，其流动度和黏聚性的协同是关键点。中低强度等级混凝土中的胶凝材料组分，活性组分不宜太高，应当在胶凝材料保持一定量的情况下，适当掺加低活性、高比表面积的掺合料，用于取代水泥组分，这样既可以减少或避免水泥浪费，又能够保证浆体充分包裹骨料，从而保证混凝土具有较好的流动性和黏聚性，减少或避免拌合物离析、泌水现象。

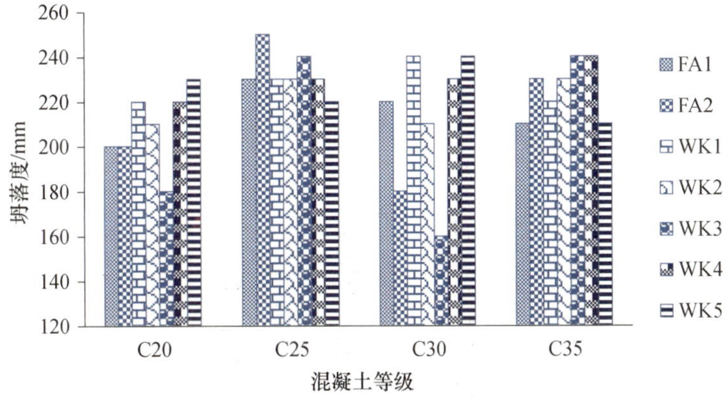

图5-11　混凝土的流动度

从图5-12可以看出，掺加铁尾矿微粉及粉煤灰制备的C20和C30混凝土28d抗压强度均能满足设计强度的要求。掺加Ⅰ级粉煤灰的混凝土后期抗压强度增长比掺加铁尾矿微粉的混凝土后期抗压强度更好，掺加五种铁尾矿微粉的混凝土中掺加WK4的混凝土各龄期抗压强度最好，掺铁尾矿微粉的混凝土与掺加Ⅱ级粉煤灰的混凝土抗压强度无明显差距，且强度变化规律相近。中低强度等级混凝土由于水胶比相对较高，混凝土抗压强度28d以后增长幅度不大。铁尾矿微粉是铁矿石经磨细而得，其自身多数为没有活性的晶体，基本上没有活性，在混凝土后期增长强度方面应该没有粉煤灰的强，尤其是Ⅰ级粉煤灰。铁尾矿微粉细度要比粉煤灰比表面积大，填充效果要比Ⅱ级粉煤灰的更好，适当选择一定细度的铁尾矿微粉，可以弥补其在活性方面的劣势。

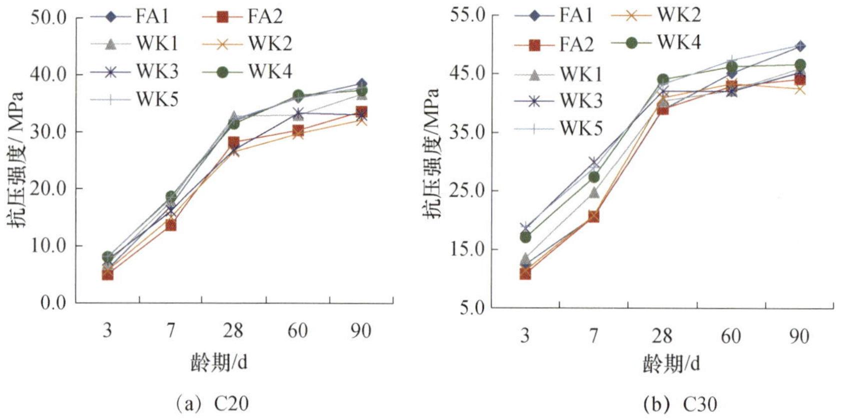

图 5-12　混凝土抗压强度

3. 铁尾矿微粉对中高等级混凝土性能的影响

铁尾矿微粉对中低强度等级混凝土的初始坍落度及各龄期混凝土的抗压强度的影响分别见图 5-13 和图 5-14。

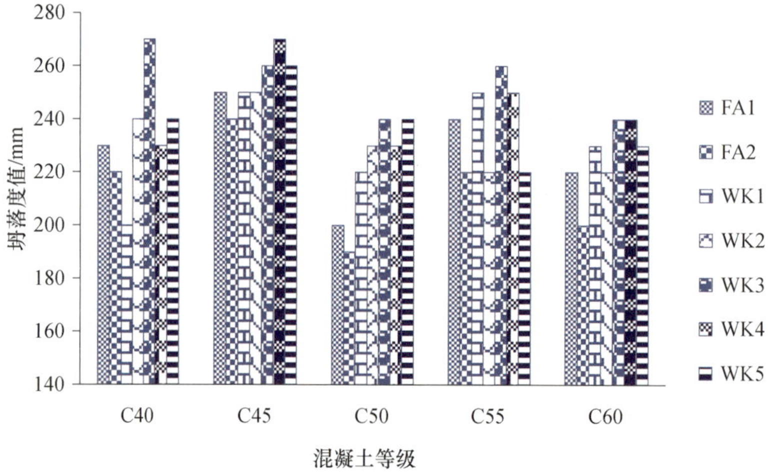

图 5-13　混凝土的流动度

由图 5-13 可以看出，掺加五种铁尾矿微粉及粉煤灰制备的混凝土的坍落度都能满足大流态混凝土要求，总体坍落度都在 200mm 以上，有些能够达到自密实混凝土，五种铁尾矿微粉制备的混凝土坍落度优于掺加粉煤灰制备的混凝土坍落度。这表明通过合理的混凝土配制工艺，掺加铁尾矿微粉的混凝土都可以得到大流态混凝土。由图 5-14 可以看出，C50 和 C60 混凝土中都有掺加铁尾矿微粉混凝土抗压强度高于掺加粉煤灰混凝土的抗压强度，这表明，铁尾矿微粉完全可以应用于高性能混凝土中，效果不比粉煤灰差。总之，铁尾矿微粉作为混凝土的矿物掺合料具有普适性。适当掺加铁尾矿微粉，通过发挥铁尾矿微粉的填充作用，既可以有效地改善混凝土的流动性，还能够使混凝土更密实，从而保证混凝土强度，其效果与粉煤灰相当。

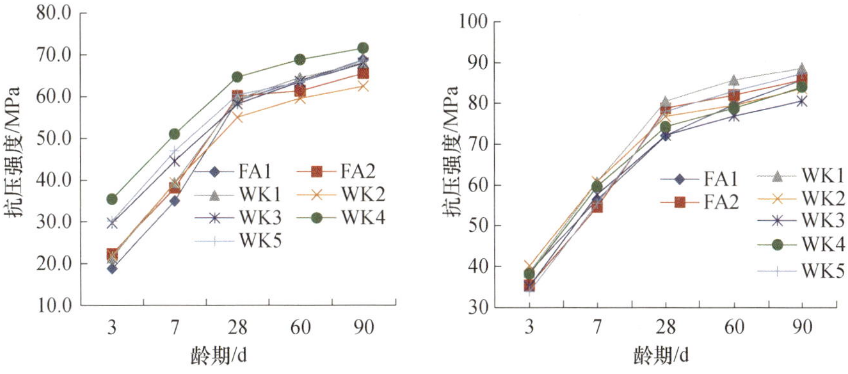

（a）C50　　（b）C60

图 5-14　混凝土抗压强度

4. 铁尾矿微粉复合矿物掺合料对混凝土性能的影响

选取比表面积 500m^2/kg，亚甲蓝值 0.5，需水量比 95% 的铁尾矿微粉，将其与矿粉及粉煤灰矿物掺合料复合制备 C30 和 C50 混凝土。铁尾矿微粉复合矿物掺合料对混凝土力学性能的影响见表 5-20 和表 5-21。由表 5-20 和表 5-21 可以看出，随着粉煤灰和铁尾矿微粉掺量的增加，混凝土的流动性有增大趋势。对于 C30 混凝土，不掺矿粉的混凝土抗压强度最低且不符合强度等级要求，矿粉用量低的混凝土的抗压强度也偏低，粉煤灰和铁尾矿微粉对混凝土 28d 抗压强度的影响基本相当。综合来看，在较高水胶比的 C30 混凝土制备中，铁尾矿微粉宜与矿粉复合，矿粉宜提高 10～15kg/m^3 或者降低水胶比。对于 C50 混凝土，铁尾矿微粉替代粉煤灰与矿粉复掺，强度不降低，并能满足配制强度要求，且可适当降低矿渣粉在掺合料中的比例。

表 5-20　C30 混凝土的性能

编号	配合比/（kg·m^{-3}）				坍落度/扩展度/mm	抗压强度/MPa		
	水泥	粉煤灰	矿粉	铁尾矿微粉		R3	R7	R28
1	210	90	70	0	200/530	12.7	23.1	38.9
2	210	90	0	70	220/560	10.9	17.7	24.9
3	210	0	70	90	210/540	12.6	23.5	35.7
4	210	45	70	45	210/540	12.2	23.3	35.3
5	210	90	30	40	220/550	12.5	20.4	33.6
6	210	40	30	90	220/545	12.8	21.4	34.1

表 5-21 C50 混凝土的性能

编号	配合比/（$kg\cdot m^{-3}$）				坍落度/扩展度/mm	抗压强度/MPa		
	水泥	粉煤灰	矿粉	铁尾矿微粉		R3	R7	R28
1	275	110	100	0	190/500	33.6	42.1	62.3
2	275	110	0	100	220/530	23.8	31.8	50.7
3	275	0	100	110	200/520	33.8	38.8	61.1
4	275	55	100	55	210/510	31.7	43.1	64.3
5	275	110	50	50	220/530	31.7	41.4	59.1
6	275	55	50	105	230/540	31.5	42.9	59.7

5.3.3 铁尾矿微粉对混凝土耐久性能的影响

1. 铁尾矿微粉对混凝土碳化性能的影响

掺加铁尾矿微粉制备的不同强度等级混凝土的 28d 碳化深度见表 5-22。由表 5-22 可以看出，随着混凝土等级的提升，混凝土的碳化深度不断减小，当混凝土高于 C50 等级时，碳化深度很小，对于 C20 和 C30 混凝土其碳化深度较大，但都不超过 10mm，满足混凝土碳化性能要求；掺加铁尾矿微粉的混凝土的碳化深度与掺加粉煤灰的混凝土的碳化深度相差不大。铁尾矿微粉和粉煤灰都属于低活性矿物掺合料，其颗粒粒径小，可发挥微集料效应，填充水泥颗粒之间的空隙，使混凝土更加密实，相比于粉煤灰因铁尾矿微粉的粒径更小，填充效果要优于粉煤灰，进而混凝土更加密实，有利于提高混凝土的抗碳化性能。

表 5-22 混凝土 28d 碳化深度 mm

混凝土等级	FA1	FA2	WK1	WK2	WK3	WK4	WK5
C20	4.4	5.6	5.1	6.2	5.9	5.3	4.9
C30	2.1	3.2	2.4	3.5	3.7	2.8	2.2
C40	1.2	1.6	1.1	1.5	1.6	1.2	1.1
C50	0.5	0.7	0.5	0.6	0.8	0.4	0.6
C60	0.2	0.3	0.1	0.3	0.2	0.1	0.1

2. 铁尾矿微粉对混凝土氯离子渗透性的影响

采用 NEL 扩散系数法测试掺加铁尾矿微粉混凝土的氯离子渗透性，其结果见表 5-23。由表 5-23 可以看出，掺加铁尾矿微粉的不同强度等级混凝土的氯离子扩散系数在（97～249）$\times10^{-8}cm^2/s$之间，抗渗等级为中等，可以满足75年的使用年限。细度小的铁尾矿微粉制备的混凝土的氯离子扩散系数低于掺加Ⅱ级粉煤灰制备的混凝土的氯离子扩散系数，与掺加Ⅰ级粉煤灰制备的混凝土的扩散系数相当。这表明铁尾矿微粉良好的微集料效应能够增加混凝土的密实度，降低混凝土的氯离子扩散系数。

表5-23　混凝土的氯离子扩散系数　　$\times10^{-8}cm^2/s$

混凝土等级	FA1	FA2	WK1	WK2	WK3	WK4	WK5
C20	179	231	213	249	203	229	189
C30	206	219	236	234	216	226	202
C40	189	216	180	193	244	182	213
C50	183	193	165	184	179	177	182
C60	126	137	97	101	156	118	106

3. 铁尾矿微粉对混凝土抗硫酸盐侵蚀的影响

掺加铁尾矿微粉的混凝土经过90个硫酸盐干湿循环，表5-24为在标准养护条件下混凝土的抗压强度，表5-25为混凝土经硫酸盐侵蚀后的抗压强度，表5-26为混凝土的硫酸盐侵蚀系数（硫酸盐侵蚀的抗压强度与标准养护条件的抗压强度的比值）。由表5-24～表5-26可以看出，经90个硫酸盐干湿循环后，混凝土的抗压强度损失很小，甚至要高于标准养护的混凝土，掺加铁尾矿微粉的混凝土的耐腐蚀系数高于掺加粉煤灰的混凝土的耐腐蚀系数。因此，铁尾矿微粉对于混凝土的硫酸盐侵蚀没有不利影响，其抗硫酸盐侵蚀能力要优于粉煤灰的抗硫酸盐侵蚀能力。

表5-24　标准养护混凝土抗压强度　　MPa

混凝土等级	FA1	FA2	WK1	WK2	WK3	WK4	WK5
C40	58.3	51.9	54.6	51.8	50.9	53.1	51.1
C50	62.9	59.7	61.2	60.2	61.4	62.3	62.6
C60	75.0	63.7	69.8	71.6	68.7	71.2	68.7

表5-25　硫酸盐侵蚀后混凝土抗压强度　　MPa

混凝土等级	FA1	FA2	WK1	WK2	WK3	WK4	WK5
C40	56.8	48.2	51.8	47.7	53.9	50.7	50.0
C50	59.1	52.3	59.7	58.9	60.9	62.0	63.2
C60	74.7	66.1	70.3	72.1	69.4	72.8	72.2

表 5-26　混凝土硫酸盐侵蚀系数　%

混凝土等级	FA1	FA2	WK1	WK2	WK3	WK4	WK5
C40	94.4	92.9	94.9	92.1	105.9	95.5	97.8
C50	94.0	87.6	97.5	97.8	99.2	99.5	101.0
C60	99.6	103.8	100.7	100.6	101.0	102.2	105.1

4. 铁尾矿微粉对混凝土抗冻性的影响

混凝土冻融循环后相对弹性模量和质量损失率分别见表 5-27 和表 5-28，由表 5-27 和表 5-28 可以看出，掺加铁尾矿微粉的混凝土都能满足 F300 的混凝土抗冻性能要求，且掺加铁尾矿微粉的混凝土的抗冻性优于掺加粉煤灰的混凝土的抗冻性。这主要是由于掺加铁尾矿微粉的混凝土的密实度好，水分不易渗入，因而遭受的冻融侵害要轻些。这表明铁尾矿微粉的掺加对混凝土的抗冻融性并无不利影响，且优于粉煤灰，铁尾矿微粉可在北方寒冷地区混凝土工程中应用。

表 5-27　混凝土冻融循环相对弹性模量　%

编号	混凝土等级	冻融循环后混凝土的相对动弹性模量					
		50	100	150	200	250	300
FA2	C30	96.7	92.1	86.4	80.2	72.6	64.7
WK4		97.5	94.6	89.2	83.9	76.1	69.4
FA1	C50	98.4	95.5	91.8	86.2	80.4	73.1
WK4		99.3	96.2	92.5	87.9	82.3	76.5

表 5-28　混凝土冻融循环质量损失率　%

编号	混凝土等级	冻融循环后混凝土的质量损失率					
		50	100	150	200	250	300
FA2	C30	-0.12	0.45	1.12	1.87	2.73	3.89
WK4		-0.07	0.38	1.04	1.66	2.65	3.47
FA1	C50	-0.09	0.21	0.56	0.97	1.46	1.95
WK4		-0.08	0.15	0.38	0.75	1.24	1.66

5. 铁尾矿微粉对混凝土收缩的影响

铁尾矿微粉对混凝土收缩的影响见图 5-15。由图 5-15 可以看出，对于不同强度等级混凝土，高强度等级混凝土的收缩要大于低强度等级混凝土的收缩，掺加铁尾矿微粉的混凝土的收缩低于掺加粉煤灰的混凝土的收缩。铁尾矿微粉自身活性低、颗粒粒径小、硬度和强度高，这些特点可以有效降低混凝土的活性组分，进而降低水化热，同时充分发挥微集料效应，因其自身强度高可以承受收缩应力，故其表现要优于粉煤灰，因此铁尾矿微粉能够改善混凝土收缩。

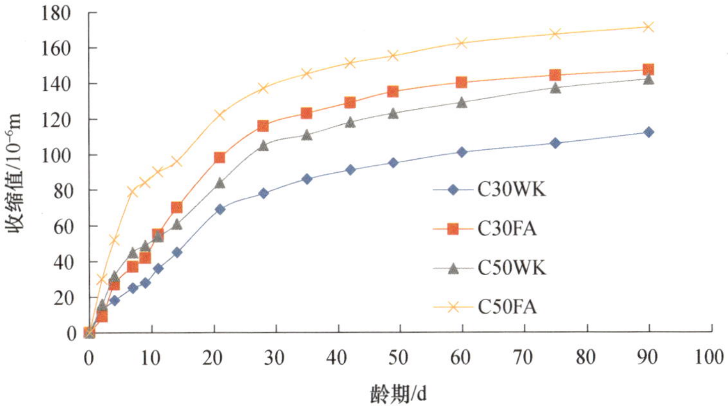

图 5-15 混凝土的收缩

5.3.4 典型尾矿微粉制备混凝土实例

承德恒盛混凝土有限公司使用北京建筑材料科学研究总院有限公司与河北睿索固废工程技术研究院有限公司合作开发的钒钛铁尾矿微粉制备 C30 混凝土，C30 混凝土用于路面，路面厚 20cm，宽 6m，施工面积为 3000m^2。采用钒钛磁铁尾矿制备的 C30 混凝土配合比及成本见表 5-28，表 5-29 为 C30 混凝土的性能。由表 5-29 和表 5-30 可以看出，将钒钛铁尾矿微粉替代粉煤灰，其工作性能和力学性能均较好，完全满足要求，而且经过优化混凝土配合比，每立方混凝土成本可以节约 3.23 元。铁尾矿微粉应用于混凝土中既能降低混凝土的成本，还能够提高资源综合利用率，具有良好的的社会经济效益。

表 5-29 混凝土配合比及成本

组成 /（kg·m^{-3}）	水泥	粉煤灰	尾矿砂	矿粉	砂	石	水	外加剂	成本 /(元·m^{-3})
常规混凝土	233	45	0	86	794	1096	180	4.0	167.28
尾矿微粉混凝土	227	0	47	90	795	1096	180	4.0	164.05

表 5-30 混凝土的性能

坍落度/mm		凝结时间		抗压强度/MPa		
出厂	到场	初凝	终凝	3d	7d	28d
200	190	7h5min	10h50min	21.9	32.2	45.7

5.4 尾矿/废石制备干混砂浆

干混砂浆与传统的施工现场配制砂浆相比，具有质量稳定、功能多元、使用方便、节能环保等优点。预拌砂浆是建筑砂浆原料、设计、生产、质量控制、物流模式、施工技术和应用范围的重大突破，是施工现代化和国家文明程度的重要标志之一，是建筑业和建材工业贯彻节约资源和保护环境基本国策的重要手段，也是落实国务院“从使用环节入手，推广散装水泥”的关键举措。

干砂在干混砂浆中的（质量或体积的）比率是最大的。干砂占普通干混砂浆的比率为70% ~85%、占特种干混砂浆的比率为60% ~70%。干砂的质量直接关系到成品砂浆的质量，也直接关系到干混砂浆的成本。一般干混砂浆中的干砂主要选用天然河砂。然而，大量开采河道积砂与毁田挖砂会产生破坏地下水资源的砂砾石层、破坏防洪堤坝、破坏有限的耕地等社会和环境问题。随着我国建设规模的不断扩大，河砂日益短缺，已无法完全满足建设工程的需求，因此迫切需要可替代天然河砂的细集料，废石/尾矿经破碎筛分等工艺后替代天然砂成为方案之一，一方面解决资源和环境问题，另一方面实现废石/尾矿的资源化综合利用。

5.4.1 废石制备干混砂浆用砂生产工艺及装备

1. 传统砂石料生产线制备干混砂浆用砂

传统砂石料生产线的工艺一般为：颚式破碎机（一破）—振动筛—反击式破碎机（二破）—振动筛—皮带机。传统砂石料生产线生产的主要产品是碎石，砂只是副产品，因此制备的砂性能不好，主要有以下三方面。

（1）石粉含量波动很大。图5-16为某砂浆厂购买的石灰质废石生产的砂的250d石粉含量。由图5-16可以看出，由传统砂石料生产线生产的砂中石粉含量波动很大，有时接近于0，有时高达30%以上。砂浆配合比相同时，石粉含量过高的砂配制的干混砂浆中的粉料总量就会过大，砂浆稠度小，不易施工。

（2）砂的粒形与级配都不太好。传统砂石料生产线生产的砂的粒形一般不好，多为长条状、扁平形。砂的级配也不好，特征为两头多、中间少，即粒径1.18mm以上和粒径0.6mm以下的颗粒偏多，而ϕ0.6 ~ϕ1.18mm之间的颗粒很少。由其制备的砂浆施工性差。

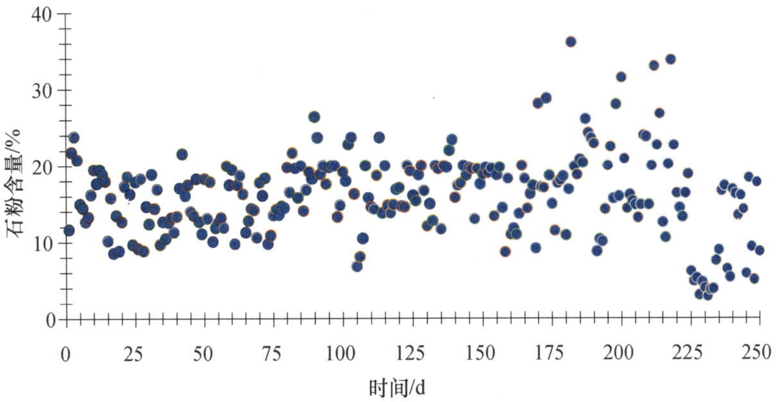

图 5-16 传统砂石料生产线由废石生产的砂的石粉含量

（3）含水率常超标。传统砂石料生产线中常喷水降尘，使得机制砂中的含水率常常超过 1% 甚至 2%。含水率高的砂制备干混砂浆会有以下问题：a）生产过程：上料困难、筛分困难、配料不准、混合困难、除尘也困难；b）物流过程：干混砂浆进散装车困难，因休止角变大，致装料慢且少；c）使用过程：散装罐内的干混砂浆容易起拱致下料不畅，影响砂浆均匀性；d）强度问题：当砂含水率大于 1.6% 时，对普通干混砂浆的强度影响就非常显著；当集料含水率约为 4% 时，所配制干混砂浆贮存 3d 后再加水搅拌、成型、养护 28d 后的抗压强度降低幅度约为 70%。

2. 锤式破碎机制备干混砂浆用砂

选用锤式破碎机建设成专业制砂生产线，生产线制备的干混砂浆用砂颗粒分布见图 5-17。由图 5-17 可以看出，砂中的石粉含量并不高，平均在 13% 左右，而且相对稳定。在粒形方面，虽然棱角依然不少，但形状却接近于方形，比传统砂石料生产线生产的砂的粒形好。同时锤式破碎机的投资相对较低，功率不高，单位产量电耗较低，但锤式破碎机的锤头与篦子的磨损均较大。

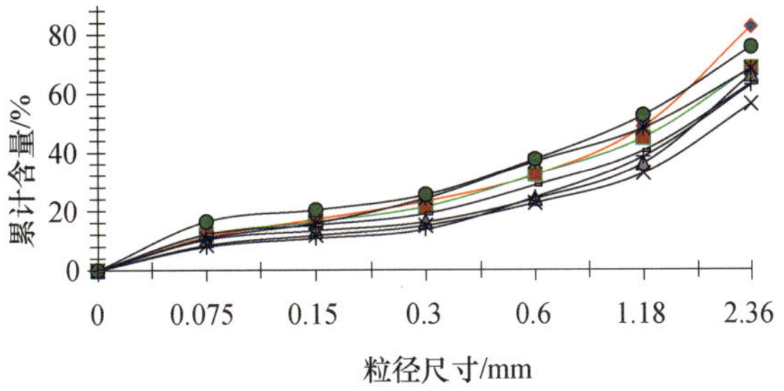

图 5-17 锤式破碎机制砂生产线生产的砂的颗粒分布

3. 立轴冲击式破碎机制备干混砂浆用砂

立轴冲击式破碎机是当前较为先进的破碎机，用其建成专业机制砂生产线，生产线制备的干混砂浆用砂级配更好，特别是粒径0.6～1.18mm之间的颗粒可达20%以上，粒径2.36mm以上颗粒却较少。用立轴冲击式破碎机生产线生产出的机制砂，可在普通砂浆中全部替代天然砂使用。立轴式制砂机的原理虽然较为先进（石打石），但其功率较高、投资较大（一般为塔式布局），伴生的石粉含量偏高。

5.4.2 废石机制砂对干混砂浆性能影响的研究

1. 废石机制砂级配对干混砂浆性能的影响

集料级配主要涉及细度模数和不同粒径颗粒组合。表5-31为废石机制砂细度模数对机械化喷涂抹灰砂浆（简称机喷抹灰砂浆）性能的影响，表5-32为废石机制砂不同粒径颗粒组合对机喷抹灰砂浆性能的影响。由表5-31可以看出，废石机制砂的细度模数对机喷抹灰的需水量、泌水性、含气量等性能无明显影响。废石机制砂的细度模数主要影响机喷抹灰砂浆的操作性、泵送性以及28d抗压强度。随着废石机制砂细度模数的降低，机喷抹灰砂浆的操作性、泵送性均有改善，但抗压强度呈下降趋势。由表5-32可以看出，机喷抹灰砂浆的稠度控制在（90±5）mm时，废石机制砂配制机喷抹灰砂浆性能与河砂配制机喷抹灰砂浆性能相比较，虽然废石机制砂配制的机喷抹灰砂浆加水量有所提高，但操作性和泵送性均较好，同时废石机制砂配制的机喷抹灰砂浆7d抗压强度高于河砂配制的机喷抹灰砂浆7d抗压强度。这也表明废石机制砂经合理的级配组合后可以替代天然砂制备机喷抹灰砂浆。

表5-31 细度模数对机喷抹灰砂浆性能的影响

细度模数	3.0	2.7	2.4	2.0
加水量/%	17.0	17.0	17.5	17.5
稠度/mm	96	95	94	95
操作性	粗颗粒影响操作	粗颗粒影响操作	操作性一般	操作性好
泵送性	指缝处流出水泥浆，泵送性差	指缝处流出水泥浆，泵送性较差	指缝处带走大量砂子，泵送性好	指缝处带走大量砂子，泵送性好
含气量/%	2.35	2.30	2.25	2.28
28d抗压强度/MPa	21.75	20.34	19.83	18.77

表 5-32 级配组合对机喷砂浆性能的影响

机制砂 /（g·kg^{-1}）	1.18～3.0mm	260	—	250	220	160	200
	0.6～1.18mm	60	100	—	—	160	200
	0～0.6mm	430	430	—	480	430	350
天然砂 /（g·kg^{-1}）	8～20 目	—	220	—	—	—	—
	20～40 目	—	—	130	50	—	—
	10～100 目	—	—	370	—	—	—
加水量/%		19.5	19.9	19.0	20.7	20.3	20.0
稠度/mm		92	91	100	91	92	95
操作性		较黏，黏壁					
泵送性		指缝处带走大量砂子，泵送性好					
含气量/%		6.35	7.05	13.90	6.45	8.95	9.40
保水性/%		95.27	95.53	94.17	94.95	95.71	95.39
7d 抗压强度/MPa		7.34	6.90	4.33	5.92	5.23	5.27

2. 废石机制砂石粉对干混砂浆性能的影响

废石机制砂石粉含量对抹灰砂浆性能的影响见表 5-33，废石机制砂中的石粉直接替代抹灰砂浆中的Ⅱ级粉煤灰，因此抹灰砂浆的细度模数并未改变。由表 5-33 可以看出：1）抹灰砂浆稠度为（90±5）mm 时，抹灰砂浆的需水量随石粉含量的增加而增加；2）石粉含量对抹灰砂浆的 2h 稠度损失率、操作性、泌水性和 28d 抗压强度的影响较小；3）抹灰砂浆的黏结强度随着石粉含量的提高而迅速下降。因此，石粉可部分代替Ⅱ级粉煤灰，但石粉含量不能过大。

表 5-33 石粉含量对抹灰砂浆性能的影响

石粉含量	3%	10%	17%
加水量/%	17.7	18.1	18.8
稠度/mm	98	99	94
2h 稠度/mm	77	76	77
2h 稠度损失率/%	21.4	23.2	18.1
操作性	易施工	易施工	易施工
28d 抗压强度/MPa	16.96	16.14	16.96
14d 黏结强度/MPa	0.33	0.27	0.19

5.4.3 废石机制砂的调控技术

1. 废石机制砂级配的调控技术

废石机制砂是通过制砂机、筛分机和其他附属设备制得的人工砂。干混砂浆的种类很多，不同种类的干混砂浆所需砂子的粒径不同。为了满足干混砂浆生产时不断变化的砂的粒级和级配需要，需要对机制砂进行分级。

对于机制砂分级处理，一般机制砂生产线上采用的方法有：①在筛分机后增加分料阀，再利用皮带机等将多余的粗砂回到制砂机中进行二次破碎；②在分级砂仓后增加分料阀，再利用皮带机等将多余的粗砂回到制砂机中进行二次破碎；③利用风选工艺等调配机制砂的级配。

2. 废石机制砂石粉含量的调控技术

对于废石机制砂石粉含量的调控，主要有两种方法：①在制砂机处增加强制吸风管，所吸出的石粉被收尘器收集下来后，单独存放，然后根据需要按比例掺入干混砂浆产品中。②将石粉含量较高的机制砂通过烘干机，石粉被热风带入收尘器收集下来后，单独存放，然后根据需要按比例掺入干混砂浆产品中。

5.4.4 尾矿砂的基本性能

针对河北省部分地区的尾矿细砂进行调研，尾矿细砂的颗粒级配见表5-34。由表5-34可以看出，尾矿细砂的细度模数均较小，尾矿细砂的粒径主要集中在0.075~1.18mm，这与许多特种干混砂浆中所用的细集料的粒径要求基本一致。

表5-34 尾矿的颗粒级配 %

编号	筛孔尺寸/mm								细度模数
	4.75	2.36	1.18	0.6	0.3	0.15	0.075	筛底	
1-1	0.00	0.82	5.60	11.11	20.42	29.62	18.93	13.50	1.30
1-2	0.00	0.98	7.02	13.13	22.88	30.64	14.39	10.95	1.49
1-3	0.00	1.46	6.96	11.89	19.08	28.74	18.54	13.34	1.38
1-4	1.96	0.38	3.92	8.79	17.41	30.42	20.02	17.10	1.21
1-5	0.51	0.27	3.76	8.24	16.23	30.96	21.16	18.87	1.08
1-6	0.00	1.75	11.97	16.12	22.55	26.96	11.54	9.10	1.77
1-7	0.59	1.18	7.23	11.25	18.47	28.37	16.92	15.98	1.37

通过扫描电子显微镜得到天然砂和尾矿砂不同形貌的图像，图5-18和图5-19分别为天然砂和尾矿砂的微观形貌图像，其中（c）表示天然砂和尾矿砂表面状态。由图5-18和图5-19可以看出，尾矿砂和天然砂微观形貌差异较大，天然砂颗粒呈不规则的圆形结构，颗粒表面平整且光滑，铁尾矿砂颗粒形状粗糙尖锐、棱角多且颗粒表面不平整且有微裂纹。

总体来说，尾矿细砂的基本性能满足特种干混砂浆对于细集料的要求，但是尾矿细砂的级配组合是关键点。

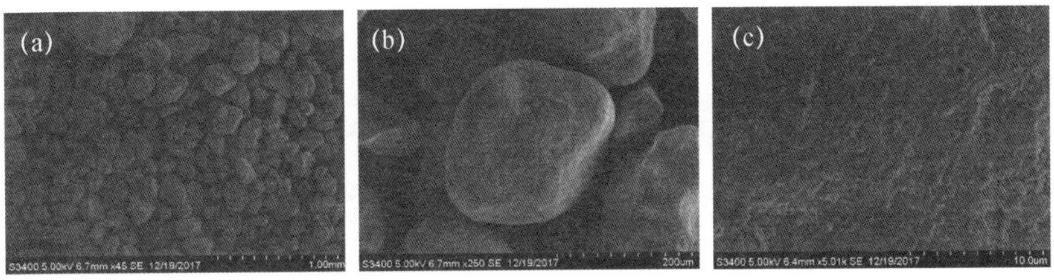

图5-18　天然砂微观形貌

图5-19　铁尾矿砂微观形貌

5.4.5　尾矿砂对干混砂浆性能的影响

（1）铁尾矿砂对石膏自流平砂浆性能的影响

粒径0.3～0.5mm铁尾矿砂替代天然砂制备石膏基自流平砂浆的配合比见表5-35，配合比中粒径0.3～0.5mm铁尾矿砂的粒径范围与40～70目（0.2～0.4mm）天然砂的粒径范围相近，因此选择粒径0.3～0.5mm铁尾矿砂等量替代40～70目天然砂。表5-36粒径为0.3～0.5mm铁尾矿砂替代40～70目天然砂对石膏基自流平砂浆工作性能及力学性能的影响。由表5-36可以看出，粒径0.3～0.5mm铁尾矿砂替代40～70目天然砂对石膏基自流平砂浆的凝结时间基本没有影响，流动度随着粒径0.3～0.5mm铁尾矿砂替代40～70目天然砂的替代量增加而略微降低，但是粒径0.3～0.5mm铁尾矿砂替代40～70目天然砂制备的石膏基自流平砂浆抗折、抗压强度比天然砂制备的石膏基自流平砂浆抗折、抗压强度高。

表 5-35 石膏基自流平砂浆配合比 g/kg

编号	胶凝材料	TS（40～70 目）	TS（70～140 目）	WK（0.3～0.5mm）	外加剂	水
1	497	400	100	0	3	230
2	497	350	100	50	3	230
3	497	300	100	100	3	230
4	497	250	100	150	3	230
5	497	200	100	200	3	230
6	497	100	100	300	3	230

表 5-36 石膏基自流平砂浆的性能

编号	流动度 /mm	凝结时间/min		抗折强度/MPa		抗压强度/MPa	
		初凝	终凝	1d	绝干	1d	绝干
1	146	135	150	2.6	8.3	9.9	26.4
2	142	135	145	2.7	9.2	9.3	27.5
3	145	140	150	2.6	8.8	9.6	26.9
4	142	135	150	2.7	9.5	10.4	27.9
5	137	140	160	2.8	9.7	10.8	26.9
6	133	135	150	2.8	9.4	10.5	26.4

表 5-37 为粒径 0.1～0.3mm 铁尾矿砂替代天然砂制备石膏基自流平砂浆的配合比，配合比中首先选择粒径 0.1～0.3mm 铁尾矿砂等质量替代 70～140 目天然砂，然后继续等质量替代 40～70 目天然砂。粒径 0.1～0.3mm铁尾矿砂替代天然砂对石膏基自流平砂浆工作性能及力学性能的影响见表 5-38。由表 5-38 可以看出，粒径 0.1～0.3mm 铁尾矿砂无论是单独替代 70～140 目天然砂还是同时替代 40～70 目和 70～140 目天然砂对石膏基自流平砂浆的凝结时间基本没有影响，流动度随着粒径 0.1～0.3mm 铁尾矿砂替代量的增加而略微降低，粒径 0.1～0.3mm 铁尾矿砂无论是单独替代 40～70 目天然砂还是同时替代 40～70 目和 70～140 目天然砂制备的石膏基自流平砂浆，抗折、抗压强度均比天然砂制备的石膏基自流平砂浆略低。

表 5-37 石膏基自流平砂浆配合比 g/kg

编号	胶凝材料	TS（40～70 目）	TS（70～140 目）	WK（0.1～0.3mm）	外加剂	水
1	497	400	100	0	3	230
2	497	400	50	50	3	230
3	497	400	0	100	3	230
4	497	350	0	150	3	230
5	497	300	0	200	3	230

表 5-38 石膏基自流平砂浆的性能

编号	流动度/mm	凝结时间/min		抗折强度/MPa		抗压强度/MPa	
		初凝	终凝	1d	绝干	1d	绝干
1	146	135	150	2.6	8.3	9.9	26.4
2	143	140	160	2.6	8.1	8.9	26.1
3	141	145	160	2.7	8.0	8.5	24.8
4	141	135	155	2.8	7.9	9.0	25.9
5	136	125	155	2.9	7.6	8.9	25.1

表 5-39 为粒径 0～0.1mm 铁尾矿砂替代天然砂制备石膏基自流平砂浆的配合比，配合比中首先选择粒径 0～0.1mm 铁尾矿砂等质量替代 70～140目天然砂，然后继续等质量替代 40～70 目天然砂。铁尾矿砂替代天然砂对石膏基自流平砂浆工作性能及力学性能的影响见表 5-40。由表 5-40 可以看出，粒径 0～0.1mm 铁尾矿砂无论是单独替代 70～140 目天然砂还是同时替代 40～70 目和 70～140 目天然砂对石膏基自流平砂浆的凝结时间基本没有影响，流动度随着粒径 0～0.1mm 铁尾矿砂替代量的增加而略微降低，但是粒径 0～0.1mm 铁尾矿砂无论是单独替代 70～140 目还是同时替代 40～70 目和 70～140 目天然砂制备的石膏基自流平砂浆，抗折、抗压强度比天然砂制备的石膏基自流平砂浆的高。

表 5-39 石膏基自流平砂浆配合比 g/kg

编号	胶凝材料	TS（40～70 目）	TS（70～140 目）	WK（0～0.1mm）	外加剂	水
1	497	400	100	0	3	230
2	497	400	50	50	3	230
3	497	400	20	80	3	230
4	497	400	0	100	3	230
5	497	350	50	100	3	230
6	497	350	0	150	3	230

表 5-40 石膏基自流平砂浆的性能

编号	流动度/mm	凝结时间/min		抗折强度/MPa		抗压强度/MPa	
		初凝	终凝	1d	绝干	1d	绝干
1	146	135	150	2.6	8.3	9.9	26.4
2	142	130	140	2.6	9.0	9.9	26.7
3	141	125	135	2.4	8.5	10.1	27.7
4	141	125	135	2.6	8.5	9.8	27.7
5	140	130	140	2.7	8.4	10.2	27.4
6	136	125	135	2.8	8.7	10.9	30.4

粒径 0 ~ 0. 1mm、粒径 0. 1 ~ 0. 3mm、粒径 0. 3 ~ 0. 5mm 三个颗粒级配区域铁尾矿砂组合后等量替代 40 ~ 70 目和 70 ~ 140 目天然砂制备石膏基自流平砂浆的配合比见表 5-41。表 5-42 为粒径 0. 3 ~ 0. 5mm、粒径 0. 1 ~ 0. 3mm、粒径 0 ~ 0. 1mm 三个颗粒级配区域铁尾矿砂替代天然砂对石膏基自流平砂浆工作性能及力学性能的影响。由表 5-41 和表 5-42 中 1 ~ 3 号试样可以看出三个颗粒级配区域铁尾矿砂组合后替代天然砂随着总掺量的增加凝结时间略有提前，流动度随着三个颗粒级配区域尾矿砂替代天然砂的掺量增加而降低，但是粒径 0. 3 ~ 0. 5mm、粒径 0. 1 ~ 0. 3mm、粒径 0 ~ 0. 1mm 三个颗粒级配区域尾矿砂替代天然砂制备的石膏基自流平砂浆抗折、抗压强度与天然砂制备的石膏基自流平砂浆抗折、抗压强度接近。表 5-41 和表 5-42 中的 4 号和 5 号试样为了增大粒径 0. 3 ~ 0. 5mm、粒径 0. 1 ~ 0. 3mm、粒径 0 ~ 0. 1mm 三个颗粒级配区域铁尾矿砂替代天然砂制备的石膏基自流平砂浆的流动度，增大了石膏基自流平砂浆的用水量。由表 5-42 可以看出，铁尾矿砂替代天然砂制备的石膏基自流平砂浆用水量增大后，虽然流动度提高了，但是其抗折、抗压强度比天然砂制备的石膏基自流平砂浆的抗折、抗压强度低。

表 5-41　石膏基自流平砂浆配合比　　g/kg

编号	胶凝材料	TS		WK			外加剂	水
		40 ~ 70	70 ~ 140	粒径 0. 3 ~ 0. 5mm	粒径 0. 1 ~ 0. 3mm	粒径 0 ~ 0. 1mm		
1	497	400	100	0	0	0	3	230
2	497	300	50	80	40	30	3	230
3	497	200	0	150	100	50	3	230
4	497	50	0	250	140	60	3	250
5	497	0	0	300	140	60	3	265

表 5-42　石膏基自流平砂浆的性能

编号	流动度/mm	凝结时间/min		抗折强度/MPa		抗压强度/MPa	
		初凝	终凝	1d	绝干	1d	绝干
1	146	135	150	2. 6	8. 3	9. 9	26. 4
2	142	125	135	2. 7	8. 4	9. 7	26. 1
3	131	115	130	3. 1	8. 4	9. 5	27. 2
4	137	110	125	2. 9	7. 6	8. 9	25. 3
5	142	105	120	2. 5	6. 9	8. 5	23. 2

粒径0.3～0.5mm、粒径0.1～0.3mm、粒径0～0.1mm三个颗粒级配区域铁尾矿砂单独或者组合替代天然砂制备的石膏基自流平砂浆性能流动性比天然砂制备的石膏基自流平砂浆流动性差的原因之一就是铁尾矿表面粗糙棱角多，与表面平整光滑的天然砂相比，为保证一定的流动度需要更多水分，从而导致在相同用水量情况下流动度会降低，特别是全尾矿替代天然砂时，保证相同流动度，需要增加15%的用水量。粒径0.3～0.5mm、粒径0.1～0.3mm、粒径0～0.1mm三个颗粒级配区域铁尾矿砂单独或者组合替代天然砂制备的石膏基自流平砂浆抗折、抗压强度有的高于天然砂制备的石膏基自流平砂浆的抗折、抗压强度，这也与尾矿砂的颗粒形貌有关，掺入部分具有棱角的尾矿砂有助于改善天然砂与水泥石之间的界面和黏结强度，从而提高石膏基自流平砂浆的抗折、抗压强度。

粒径0.3～0.5mm、粒径0.1～0.3mm、粒径0～0.1mm三个颗粒级配区域铁尾矿砂单独或者组合替代天然砂制备的石膏基自流平砂浆的各项性能与天然砂制备的石膏基自流平砂浆的各项性能存在差异还与细集料的颗粒级配有关。粒径0.3～0.5mm和粒径0～0.1mm铁尾矿砂单独替代部分天然砂制备石膏基自流平砂浆比天然砂制备的石膏基自流平砂浆抗折、抗压强度高，这主要是由于粒径0.3～0.5mm和粒径0～0.1mm铁尾矿砂分别拓宽了石膏基自流平砂浆粒径0.3～0.5mm和粒径0～0.1mm的级配区域，使得石膏基自流平砂浆密实度和稳定性提高，从而提高了石膏基自流平砂浆的力学性能，而粒径0.1～0.3mm铁尾矿砂单独替代部分天然砂制备石膏基自流平砂浆比天然砂制备的石膏基自流平砂浆抗折、抗压强度略低，主要还是由于它的掺加对于石膏基自流平砂浆的级配优化作用不明显造成的。粒径0.3～0.5mm、粒径0.1～0.3mm、粒径0～0.1mm三个颗粒级配区域铁尾矿砂组合部分替代天然砂制备的石膏基自流平砂浆的抗折、抗压强度高于天然砂制备的石膏基自流平砂浆的抗折、抗压强度，这也与粒径0.3～0.5mm、粒径0.1～0.3mm、粒径0～0.1mm铁尾矿砂组合后优化了石膏基自流平砂浆整个级配有关。粒径0.3～0.5mm、粒径0.1～0.3mm、粒径0～0.1mm三个颗粒级配区域铁尾矿砂组合全部替代天然砂制备的石膏基自流平砂浆比天然砂制备的石膏基自流平砂浆抗折、抗压强度低，这与尾矿本身颗粒形貌、级配组合以及用水量增加有关。尽管如此，粒径0.3～0.5mm、粒径0.1～0.3mm、粒径0～0.1mm三个颗粒级配区域铁尾矿砂组合全部替代天然砂制备的石膏基自流平砂浆工作性能和力学性能仍能够满足《石膏基自流平砂浆》(JC/T 1023—2007）标准中对工作性能和力学性能的要求。

（2）铁尾矿砂对外保温用干混砂浆性能的影响

外保温用黏结砂浆和抹面砂浆因性能要求不同，尾矿砂的掺量和级配组合差异较大，表5-43和表5-44分别为外保温用黏结砂浆和抹面砂浆各粒径尾矿砂不同掺量对黏结原强度和耐水黏结强度的影响。由表5-43和表5-44可以看出，不同粒径尾矿掺量对于外保温用黏结砂浆和抹面砂浆与砂浆的黏结强度影响比较明显，尾矿总掺量尽管相同，各粒径尾矿掺量不同，其会影响砂浆的性能，例如表5-44，3号外保温用抹面砂浆与EPS的耐水黏结强度 <0.10MPa。因此尾矿各粒径组合是其制备干混砂浆的关键点。

表5-43　外保温用黏结砂浆的性能

编号	尾矿砂各粒径的掺量/%				黏结原强度/MPa		耐水黏结强度/MPa	
	R1	R2	R3	R4	与砂浆	与 EPS	与砂浆	与 EPS
1	32.5	17.0	3.0	5.0	0.92	0.13	0.91	0.12
2	52.5	0	0	5.0	1.04	0.14	0.42	0.13
3	18.0	24.5	12.0	3.0	0.73	0.14	0.51	0.15
标准要求					≥0.60	≥0.10	≥0.40	≥0.10

表5-44　外保温用抹面砂浆的性能

编号	尾矿砂各粒径的掺量/%				黏结原强度/MPa		耐水黏结强度/MPa	
	R1	R2	R3	R4	与砂浆	与 EPS	与砂浆	与 EPS
1	20	39	0	5	0.55	0.13	0.63	0.12
2	20	30	9	5	0.62	0.15	0.53	0.10
3	34	21	4	5	0.63	0.12	0.42	0.09
标准要求						≥0.10		≥0.10

5.4.6　尾矿制备干混砂浆的生产线关键技术

根据尾矿细砂制备干混砂浆的特性应该选择高塔式生产线，其生产线如图5-20所示。由图5-20可以看出，尾矿细砂制备特种干混砂浆生产线主要包括原料储存系统、烘干系统、筛分系统、配料/称量系统、混合系统、散装/包装系统等。

（1）原料储存系统

干混砂浆的原材料有细骨料、无机胶凝材料、有机胶凝材料、无机填料、超塑化剂、缓凝剂、早强剂、稳定剂、消泡剂等，不同的原材料在干混砂浆中的掺加量差异极大，对于细骨料总的掺加量可为60%，而超塑化剂、稳定剂和消泡剂等化学外加剂掺量仅为0.1%～2%。因此这直接决定了原料储仓和添加仓数量和容积的设计。当进行生产时，砂仓、添加剂仓和粉仓的数量要满足配方的需要，这样才能够很好地满足多种产品生产的灵活转换。

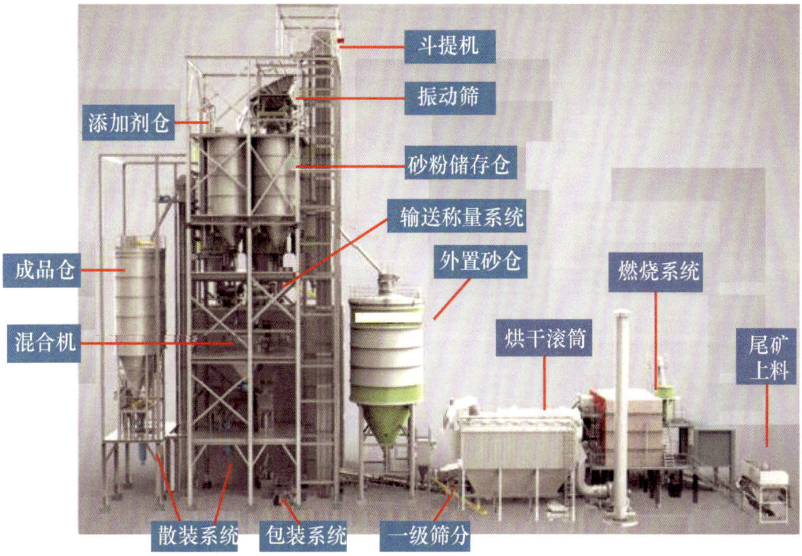

图5-20　尾矿制备干混砂浆的生产线简图

（2）烘干系统

尾矿的级配组合是制备干混砂浆的关键点，良好的级配分级需要烘干系统的保障。国外发达国家干混砂浆普遍采用振动流化床，国内的主流烘干设备是三回程干燥机。根据环保要求，烘干系统一般选用油或天然气等碳氢类燃料的热风炉，其燃烧后的尾气一般为二氧化碳，对粉尘进行除尘即可。当采用煤等含硫燃料时，烘干系统应设计脱硫装置，煤、脱硫剂应设计在线计量系统。

（3）筛分系统

尾矿细砂的粒径主要分布在0.075～1.18mm，筛分效果直接决定了尾矿细砂的级配组合。目前国内主要使用圆形筛、概率筛、平面筛和直线筛等进行砂的筛分。级配组合作为关键点，需要对尾矿进行多级配组合，所以尾矿制备干混砂浆的筛分机需要能够将其分级为3～4个级配区域。

（4）配料/称量系统

配料/称量系统是决定砂浆生产线的产量和质量的重要因素。不同原材料的掺加量差异大，每种原材料的计量精度也不一样，并且不同原材料的物理性能差异较大，因此配料螺旋的形式须与原材料相适应。细集料可采用变频＋大小螺旋计量方式，掺量少、进度要求高的原材料采用带倾角的螺旋，纤维状材料须采用专用的特殊螺旋。

（5）混合系统

混合系统是生产线的核心，其质量直接决定砂浆的产量和质量。混合机的选型要重点关注产品的产量和种类，混合机应具有高效搅拌区，质量均匀，混合时间短，能有效形成颗粒的剪切、扩散，对流混合机理，卸料速度快，无残余卸料，能耗低等特点。尾矿细砂制备干混砂浆应采用犁刀式混合机。

（6）散装/包装系统

散装系统应重视干混砂浆的“离析”问题，储料仓应有防离析措施，装料时减小装料高度、缓和急速卸入的料流。包装系统对于主要扬尘点必须进行除尘设计，还应设计回灰利用系统装置。

5.4.7 典型废石/尾矿制备干混砂浆实例

目前国内利用尾矿细砂制备干混砂浆的生产线很少，北京金隅砂浆有限公司于2014年建设了年产40万t“双线共塔”的干混砂浆生产线（特种干混砂浆8万t/年，普通干混砂浆32万t/年），其中年产10万t特种砂浆用砂全部采用经烘干、分级的铜铁尾矿砂；而年产30万t普通干混砂浆用砂，则由石灰石机制砂、铜铁尾矿砂复配而得。该生产线的特种干混砂浆（十类、三十余个品种）用砂可全部利用尾矿砂自行烘干、分级使用。该生产线有14个$100m^3$、7个$15m^3$和12个$3m^3$的原料仓；自主设计的燃煤脱硫系统，使得烘干系统排放的废气指标大大优于国内环保要求；尾矿细砂分级系统（概率筛+多电机振动筛+气流分级+气力提升等），使尾矿细砂充分分级为不同级配区域，也为尾矿细砂级配组合提供可靠保障；自动化控制系统，使得计量配料混合系统、机制砂系统、烘干系统、码垛系统都能全自动化运行；尾矿细砂制备的特种干混砂浆产品既有袋装砂浆，又有散装砂浆，其中袋装砂浆采用自动码垛系统，该系统进一步促进了砂浆生产线的智能化。该生产线使得铁尾矿砂在特种干混砂浆中得到真正应用，不仅解决了尾矿砂大量堆积产生的环境污染和安全问题，而且产生了良好的社会效益和经济效益。

5.5 尾矿制备墙体材料

金属尾矿种类繁多，产量巨大，产地多集中在矿区和山区，粒度粗细不同。砖瓦是建筑的重要材料，占建筑工程造价的15%，占一般建筑物自重的80%。将这些尾矿砂直接用于生产砖体材料（简称砖材），具有尾矿品种适应性强，生产工艺简单，市场需求量大，减少耕地及天然石材用量等优势，是实现尾矿大宗利用的最佳途径。

5.5.1 砖材分类

市场上生产的砖体材料种类繁多，使用场合也多种多样，故分类方法也各有不同。但同一种砖材，由于主要原料、制造工艺、使用场合、功能特点等性质，也属于其他种类的砖材，因此不存在严格意义上的区分。

1. 主要原料

砖材按照所用主要原料，可分为黏土砖、页岩砖、煤矸石砖、粉煤灰砖、灰砂砖、混凝土砖、废渣砖等。

灰砂砖是以石灰和砂子为主要原料，经混合、搅拌、成型、养护而成的砖。而混凝土砖是以水泥或其他胶凝材料、集料、水为主要原料，经混合、搅拌、成型、养护而成的一类砖。

废渣砖是一类以市政废渣或工业废渣等为主要原料，采用多种砖材制造工艺而生产的一类砖，包括冶金废渣、市政污泥、尾矿、垃圾等固体废弃物制造的砖块。

2. 生产工艺

砖材按照生产工艺，可分为烧结砖、蒸压砖、蒸养砖、自然养护砖。其中，按是否经过烧结过程，又可分为烧结砖和免烧砖，蒸压砖、蒸养砖和自然养护砖也统称为免烧砖。

烧结砖是指原料经搅拌和成型后，在炉内进行烧结制成，烧结温度一般在1000～1160℃之间。由于烧结砖采用高温烧成工艺，较其他非烧结普通砖而言，具有强度高、密度小、吸水率低、耐风化性高等特点，因此主要用于建筑承重。

蒸压砖是采用蒸压釜，将砖坯在高温高压条件下养护而成，其性能优于蒸养砖和自然养护砖。我国传统免烧砖大部分是蒸压养护生产，从发展角度看，蒸压砖仍将是免烧砖的主要品种。

蒸养砖是砖块成型后，在常压饱和蒸汽环境中进行养护。其所得砖品质不如蒸压砖，生产效率也低于蒸压砖，但投资小，易于实施，质量和生产效率高于自然养护砖。

自然养护砖，又称免烧免蒸砖，是砖成型后，采用常温常压自然养护，养护期较长，产品质量不如蒸压砖或蒸养砖。但能耗小，养护简单，投资小，生产成本低，易被企业接受，是未来新型墙体材料的主力军。

3. 空隙率

砖按照孔洞率，可分为实心砖、多孔砖、空心砖。

实心砖是指砖无孔洞或孔洞率小于25%。多孔砖是指砖孔洞率等于或大于25%，孔的尺寸小且数量多，常用于承重部位，强度等级较高。空心砖是指孔洞率等于或大于40%，孔的尺寸大且数量少，常用于非承重部位，强度等级偏低。

4. 使用功能

砖按照使用功能，可分为墙体砖、市政砖、路面砖、装饰砖、保温砖、透水砖、护坡砖、仿古砖等。

其中，保温砖是一类气孔率高、密度小的砖材，孔洞多以闭气孔为主，以减少砖两侧的热传导，减少屋内热损失。相对而言，透水砖同样含有很高的孔隙率，但气孔多以通体的开气孔为主，以便于水流流过，减少路面积水。装饰砖是指砖外观具有一定的花纹、颜色、形状等特点，自身能够作为一种装饰材料使用。

5.5.2 固结原理

砖因原料、形状、空隙率、加工工艺、使用场合等因素不同，种类繁多，规格多样。但砖实现砌筑、铺设、行走、支撑等应用目的，还主要取决于其自身所具有的一定机械强度，即取决于砖自身材料间的强度大小。而砖强度的形成，不仅取决于砖成型时矿物颗粒间以及矿物颗粒同水分间的物理挤压与吸附作用，也同砖经历的热制度和养护环境有关，即产生的化学反应，最终形成固结作用。其中，根据固结原理的不同，对于绝大部分无机非金属矿物所制砖而言，可分为烧结固结、水化合成和水化胶结三类。

1. 烧结固结

烧结固结是指将松散状的物料，经成型或造粒后，在不高于材料熔点的温度下进行高温焙烧，颗粒间逐渐发生反应、熔化、黏结、凝固等现象，最终使材料形成具有一定强度的石状物。它是一种以热力为形成动力的材料制备工艺。在烧结过程中，通常会伴随多种相变过程，包括原材料脱水、热分解、热扩散、固相反应、熔融、结晶等一系列物理化学过程。形成的烧结产物，具有一定的致密性，显微结构主要由晶相、玻璃相和气孔组成。因此，烧结过程也直接影响显微结构中的晶粒尺寸、气孔尺寸及晶界形状和分布，进而影响材料的各项性能。由于烧结材料具有较高的强度，工艺控制方便，故烧结工艺多应用于陶瓷、粉末冶金、耐火材料、超高温材料、复合材料等行业。

对于绝大多数金属尾矿而言，SiO_2 含量均在 45% 以上，加之所含 Fe_2O_3、CaO、Al_2O_3、Na_2O 等其他化学成分，使得尾矿中含有较多低熔点物质，能够降低尾矿烧成温度，提高材料强度，还节约能源和自然矿产资源。目前，以尾矿为主要原料或基本配料研制成功的高温烧结建材产品，有尾矿水泥、建筑陶瓷、砖瓦、耐火材料、轻骨料等几类。

2. 水化合成

水化合成作用，是指散状原料在含水环境下，依靠原料中矿物同水或激发剂发生化学反应（简称水化反应），形成在使用环境下稳定存在的水化产物，进而使各矿物固结在一起。按照原料不同，分为骨料、胶凝材料、外加剂等。其中，按照骨料是否参与水化反应，又可分为水化合成和胶结固结两种作用。

水化合成是指在含水环境中，骨料中的矿物成分发生水化反应，生成使用条件下化学性质稳定、具有一定机械强度的含水矿物结合体。这类建材产品，主要组成物相是一些含水硅酸盐矿物，故又常称为硅酸盐建筑制品。可参与水化合成反应的尾矿类型，多为硅质岩型、高铝（铁）硅酸盐型和长英岩型，也有采用镁铁硅酸盐型尾矿生产蛇纹石质建筑材料。而碳酸盐型尾矿一般不直接使用，需事先煅烧，使之分解成石灰或苛性白云石后，作为碱性配料使用。目前，已开发的水化合成尾矿建材，主要有各种免烧砖、加气混凝土砌块、硅酸盐混凝土空心砌块、铺路砌块、装饰砌块以及硅酸盐微孔保温材料等。

3. 水化胶结

水化胶结是指骨料不参与水化反应，主要依靠胶凝材料的水化反应产物，形成固结胶凝材料进而粘接各骨料。在这类材料中，尾矿主要起骨料作用，一般不参与水化学反应，但其本身形态、颗粒分布、表面状态、机械强度、化学稳定性等性质，却对材料技术性能具有重要影响。这类尾矿建材，主要有尾矿混凝土及混凝土构件、尾矿免蒸免烧砖、尾矿混凝土空心砌块、尾矿铺路砖和地砖、尾矿充填料与灌浆料、尾矿沥青混凝土材料等。

从水化合成和胶结固结原理可见，后两种固结作用的共同特点是都需在水环境下才能发生水化反应，需要使用胶凝材料，依靠水化产物才能固结各矿物，因此统称为水化胶结作用。在这其中，胶凝材料对最终建材强度形成起到关键作用，而这类胶凝材料，常用的是石灰、水泥、熟料、石膏等碱性原料。

5.5.3 尾矿烧结砖

1. 生产工艺

烧结砖生产工艺，应根据原材料特点和砖性能要求，选择适宜的生产设备，合理布置工艺过程，严格控制好烧结砖化学成分、矿相构成、体积收缩等问题。目前，烧结砖生产工艺流程大体是原料处理→配料混合→陈化成型→干燥焙烧。

（1）原料处理

原料处理主要包括原料的选择和处理过程。其中，用于烧结砖的原料，主要分为瘠性原料和塑性原料。瘠性原料塑性差，含水少，具有一定粒度，用在烧结砖坯中，能降低坯体干燥收缩和变形，减少烧结砖开裂。这类原料有砂子、粉煤灰、炉渣等，对于大部分尾矿资源，也是属于瘠性原料这一范畴。而塑性原料，则具有较高的黏塑性，能够将原料颗粒黏聚在一起，有利于烧结砖坯成型并使坯体具有一定强度。但因含水较多，塑性原料干燥和烧结收缩率较大，容易引起砖开裂。以往烧结砖所用塑性原料是黏土，其矿物构成有高岭石、蒙脱石、伊利石、绿泥石等，但是天然塑性原料在成型时需要大量的水，干燥速率缓慢，干燥期间会出现高度收缩，因此添加量不能太多。随着国内资源保护影响，一些固体废弃物也可作为塑性原料用来生产烧结砖，如煤矸石、淤泥、污泥、部分尾矿等。

此外，由于受主要产地、进厂批次、环境气候、生产工艺等影响，原材料在成分、粒度、杂质、含水、矿物构成等方面产生变化，势必对烧结砖坯和烧结砖产品以及炉窑稳定运行产生不利影响。为此，各原料在使用前，都先进行预处理，主要包括破碎、粉碎、筛分、除杂、除铁、干燥、粉磨、分级、均化、装仓等过程。

（2）配料混合

烧结砖中瘠性原料和塑性原料的比例关系，即为原料配比。其主要是根据原料化学成分、烧失量、砖坯塑性、烧结砖成分、矿物构成等选择确定。通常，烧结砖中主要化成分大致为 SiO_2 55% ~ 70%，Al_2O_3 10% ~ 25%，Fe_2O_3 3% ~ 10%，CaO < 10%，MgO < 3%，SO_3 < 1%。经过预处理后的原料，按照配料比称量混成配合料，而原料配比要考虑配合料

塑性、烧结砖坯强度、烧结收缩大小及烧结砖化学成分等。

其中，要控制好烧结砖中颗粒组成。通常，原料粒度越细，比表面积越大，水分渗透性越好，原料的塑性也越好。但太细的原料不利于砖坯的干燥和焙烧，会导致烧结收缩率大，砖坯及烧结砖易出现裂纹、变形等缺陷。不同粒度原料在制品中所起的作用是不一样的，粒径小于0.05mm的粉料称为塑性颗粒，用于产生成型所需的塑性，但这些细小颗粒必须是黏土或具有类似黏土性能的原材料，对于瘠性原料，粉磨得再细，也是没有塑性的。其次是粒径为0.05～1.2mm的部分，叫填充料颗粒，其作用是控制产品所发生的过渡收缩、裂纹及在塑性成型时赋予坯体一定的强度。至于粒径为1.2～2mm的粗颗粒，在坯体中起到骨架作用，有利于干燥时排出坯体中的水分。因此，烧结砖坯体中，合理的颗粒组成应该是塑性颗粒占35%～50%，填充性颗粒占20%～65%，粗颗粒小于30%，不允许有粒径大于3mm的颗粒。

此外，配合料塑性获取另一个重要条件，便是在原料混合过程中加水方式，一般多次加水要好于一次加水。水分的添加，能够充分释放塑性原料塑性特点，使配合料塑性达到最佳成型要求。水分添加过少，配合料塑性差，坯体表面致密性差，孔隙多。而水分添加过多，又容易使配合料呈泥浆状，流动性大，坯体不易成型，故应合理控制配料添加水量。

（3）陈化成型

配合料混合均匀后，通常会装入仓中进行陈化处理。陈化的目的，就是将配合料中的水分布进一步均匀化，使原料颗粒进一步疏解。陈化过程受原料矿物组成、温度、湿度、时间、含水量等因素影响。经陈化处理后，一般都能改善配合料的成型、干燥和烧成性能，提高产品质量。最明显的是提高原料塑性，尤其在陈化初期较明显。一般陈化时间3～4d。如铁尾矿经陈化后，分散度提高，原料含水率均匀，提高陈化温度能显著提高原料塑性指数。

经陈化后的配合料，接着进行砖材成型，而工业应用多采用压制成型和挤压成型两种工艺。对于如各种规格尺寸的实心砖块，通常采用压制成型工艺，而对于孔洞率高的空心砖，通常采用挤压成型工艺。砖坯成型后，有的还会在砖坯表面施以纹面或涂刷装饰层，以增加烧结砖的美观性。

（4）干燥焙烧

砖坯成型后，在进入焙烧炉烧结前，会对砖坯进行干燥处理。一般刚成型后的砖坯，由于含水量较高，先堆垛自然风干，一般为3～6d。

在装入炉窑后，还可以利用烧结炉余热烟气干燥处理，温度通常在120～150℃，进一步脱去砖坯中的水分，防止高温烧结造成开裂。

高温焙烧，是生产烧结砖的一个重要工艺过程，也是能耗最高的一个环节。通过焙烧，能够使砖坯获得符合要求的强度和耐久性。砖坯在窑内经历逐渐升温的过程，相应砖坯内部也依次经历自由水、结晶水、结构水的蒸发，碳酸盐、硫酸盐分解，低熔点组分熔化，固相颗粒重排，新矿相生成，熔体凝固等过程，最终形成烧结砖产品。在高温阶段，焙烧温度通常在1000～1160℃，烧成时间在0.5～2h不等，视具体原料和工艺确定。按照焙烧过程中的气氛环境，可分为氧化性焙烧和还原性焙烧工艺，主要通过控制空气中的氧气浓度实现，如烧结红砖（氧化气氛）和青砖（还原气氛）。

2. 技术标准

目前在国内，针对烧结砖的技术标准方面，仅发布有《烧结普通砖》(GB/T 5101—2017)。根据烧结砖所用主要原料不同，烧结砖代号也不同，分为黏土砖（N）、页岩砖（Y）、煤矸石砖（M）、粉煤灰砖（F）、建筑渣土砖（Z）、淤泥砖（U）、污泥砖（W）、固体废弃物砖（G）。

烧结普通砖外形为直角六面体，公称尺寸为240mm×115mm×53mm。根据烧结砖抗压强度大小，分为MU30、MU25、MU20、MU15、MU10五个等级。按技术指标分为优等品（A）、一等品（B）及合格品（C）三个质量等级。其中，优等品无泛霜，一等品不允许出现中等泛霜，合格品不允许出现严重泛霜。对于烧结砖石灰爆裂，优等品不允许出现最大破坏尺寸大于2mm的爆裂区域；一等品不允许出现最大破坏尺寸大于10mm的爆裂区域，2～10mm的爆裂区域，每组砖样不得多于15处；合格品不允许出现最大破坏尺寸大于15mm的爆裂区域，2～15mm的爆裂区域，每组砖样不得多于15处，其中大于10mm的不得多于7处。

3. 应用实例

杨传猛研究了向铁尾矿中掺加少量黏土或粉煤灰时（两组成原料），铁尾矿烧结砖的性能变化。发现添加粉煤灰的烧结砖体积密度降低效果更明显。在烧结温度为900～1000℃范围内，尾矿烧结砖吸水率在13%～18%，抗压强度大于15MPa，体积密度在1.8～2.0g/cm^3，体积收缩在0.5%～2.0%。烧结砖的主要矿物成分是透辉石、钙长石、硬石膏、赤铁矿和石英。发现烧结温度在1050℃时，尾矿烧结砖各方面性能均较

900～1000℃时出现明显变化。当黏土掺量在0%～20%时，黏土量增加，烧结砖抗压强度升高（900～1050℃，即使不添加黏土，抗压强度都在24MPa以上），体积密度减小，吸水率降低，但收缩率却在增加（容易引起砖块变形）。当粉煤灰掺量在0%～20%时，随粉煤灰掺量增加，吸水率升高，收缩率降低，体积密度降低，抗压强度降低。

在900℃以前的烧结初期，铁尾矿烧结砖坯体逐渐脱去吸附水、结晶水和结构水，各种矿物晶体被破坏成为非晶态物质，气体排出，固体颗粒扩散迁移。也就是说，烧结初期是以固相表面的扩散传质为主。在900℃以后的烧结中后期，铁尾矿砖坯进入烧成阶段，各种非晶态物质开始结晶形成新的结晶态物质，长石同石英、赤铁矿及磷灰石一起构成烧结砖的主要骨架颗粒，赋予砖坯强度，部分长石与石英及硅铝酸盐形成低共熔物，充填于坯体的固体颗粒之间，并在表面张力的作用下将固体颗粒进一步拉近，砖坯体积收缩，熔融液相将固体颗粒黏结在一起，砖坯烧结致密。也就是说，烧结中后期是以熔融液相作用下的固体颗粒重排和塑性流动传质为主。因此，熔融液相对铁尾矿砖坯的烧结致密及固相反应起到重要的促进作用。铁尾矿烧结砖的烧结过程分为干燥预热、加热、烧成及冷却4个阶段。铁尾矿烧结砖烧结初期以固相表面的扩散传质为主，烧结中后期以熔融液相作用下的固体颗粒重排和塑性流动传质为主。熔融液相对铁尾矿砖坯的烧结致密及固相反应起到重要的促进作用。

陈永亮向铁尾矿中添加少量黏土和粉煤灰进行复配，最佳原料配比尾矿：黏土：粉煤灰＝84：10：6，成型水分12.5%～15%，成型压力20～25MPa，105℃干燥6～8h，6℃/min升温速率，烧成温度980～1030℃、烧成保温时间2～3h，得到尾矿烧结砖抗压强度20.03～23.60MPa、吸水率16.54%～17.93%、体积密度1.85～1.90g/cm^3，达到GB/T 5101—2017 MU20合格品要求。

Yang研究了低硅铁尾矿生产环境友好型烧结砖。为改变砖质量，原料中添加不同比例粉煤灰，发现烧结温度和粉煤灰比例显著影响砖的性能。900～1000℃烧结后，砖能够满足中国烧结砖的技术标准要求，砖块中产生的主要矿相是褐铁矿、石英、钙长石、透辉石。

5.5.4　尾矿制备免烧砖

1. 免烧砖定义

免烧砖，又称非烧结砖，是指不经过高温烧结过程，仅依靠压制

（或浇注）成型后，经过养护而制得的砖。传统免烧砖主要指压制成型的黏土免烧砖和废渣免烧砖。而如今，免烧砖根据固结机理不同，主要指硅酸盐混凝土免烧砖和水泥混凝土免烧砖两大类。

硅酸盐混凝土免烧砖是主要依靠水化合成固结，采用以硅铝为主要成分的废渣，或砂子，加入石灰、外加剂，偶尔会加水泥，经坯料制备、压制（或浇注）成型、自然（或蒸压、蒸养）养护而制成的实心或空心砖块。其主要成分为各种水热合成的水化硅酸钙等水化产物，结石中不含 $Ca(OH)_2$。

而水泥混凝土免烧砖是主要依靠水化胶结固结，以水泥为主要胶结材料，以砂石和废渣为骨料，必要时加入外加剂，经坯料制备、压制（或浇注）成型、自然养护（或蒸压、蒸养）而制成的实心或空心砖。结石中含有 $Ca(OH)_2$，并以各种水化硅酸钙为主要成分。

2. 免烧砖种类

免烧砖种类概括起来可以按结构形态、固体废物种类来划分。

（1）按砖体结构分类

① 实心免烧砖。实心免烧砖是免烧砖的主要品种。砖体没有孔洞，密实结构，外形及规格和传统实心黏土砖相同，易于成型和砌筑，但密度大、用料多、成本较高。我国目前仍有70%的免烧砖为实心免烧砖。

② 空心免烧砖。空心免烧砖又名多孔砖，是我国免烧砖的新品种。在砖体上有许多圆孔或方孔，孔洞率一般为20%～50%。空心免烧砖质量轻、用料少、成本低，可大幅度降低建筑自重，提高建筑保温隔热效果。因此，空心免烧砖代表了免烧砖的发展方向。随着免烧砖向轻质化发展，此类免烧砖比例将会日益上升。

③ 微孔发泡砖。微孔发泡砖为采用发泡工艺浇注成型的新型免烧砖。砖体内部具有孔径小于1mm的微细球形封闭气孔。其密度低，保温性好，适合作保温墙体材料。

（2）按固废种类分类

① 粉煤灰砖。主要采用粉煤灰，以石灰、水泥为黏结剂所制成的免烧砖，其在各种废弃物免烧砖中产量最大。

② 煤渣砖。以煤渣和水泥为原料，经压制成型和各种养护方式制得，是我国最早生产的免烧砖品种之一。因近年煤渣供应紧张，其产量已逐步下降。

③ 其他种类废渣免烧砖。这些免烧砖是采用煤矸石、钢渣、矿渣、铅锌渣等活性废渣，或者硫酸渣、尾矿、污泥、垃圾、秸秆粉等固体废

弃物为主要原料，通常添加水泥或石灰，经养护后所制成的免烧砖。这些固废可单用，也可以多种并用。

3. 作用原理

免烧砖的主要技术指标是抗压强度和耐久性，但其产生机理十分复杂，主要来源于成型时的物理作用和成型后胶凝材料或黏结材料的化学作用。在实际免烧砖生产中，物理作用与化学作用是相互协同、相同叠加的配合关系。在一般情况下，只有两者良好配合，才能使免烧砖既有高性能，又有低成本。因此，在这两种作用共同作用下，任何固体废弃物几乎都可以用来生产免烧砖。

物理作用是依靠机械作用力的作用。免烧砖强度及耐久性产生的物理作用力就是成型机压力、振动力、真空成型时的真空作用力、浇注成型时的浇注作用力等。另外，还有轮碾、搅拌对物料所产生的均化、塑化等辅助作用力。

化学作用就是不依靠机械力，只通过化学变化产生的作用。如胶凝材料（水泥、石膏、菱镁等）的胶结力，或胶粘剂（酚醛树脂、不饱和聚酯等）的粘结力，将其他材料颗粒结合为一个整体，从而产生技术要求的强度和耐久性，就属于化学作用（直接化学作用）。此外，活性集料（如矿渣、粉煤灰、煤渣等）同激发材料（石灰、碱溶液等）或胶凝材料发生激发作用，使活性集料产生胶凝性，进而固结原料颗粒，也属于化学作用（间接化学作用）。直接化学作用在免烧砖的成型中使用最广，间接化学作用只对活性工业废渣有效，对其他大多数工业废渣，一般只采用直接化学作用。

免烧砖理想强度及耐久性的产生，必须依靠物理作用与化学作用的良好配合，单独依靠其中一种作用，所得免烧砖不能满足技术要求。对于有活性的固体废弃物，直接化学作用如使用水泥胶结，必须与间接化学作用如废渣的活化或硅钙水热反应等相结合。这样有利于降低水泥或石灰用量，尽可能利用废渣或硅质本身产生的胶凝性，有利于实现免烧砖低成本生产。而对于没有活性的固体废弃物，生产免烧砖时，应适当加大其物理作用，加大成型压力，以弥补废渣本身胶凝性不足。

对于高硅固体废弃物，应尽量采用钙质材料（主要是石灰）与之在蒸压下反应，形成硅酸钙，充分发挥其间接化学作用，降低成型压力，在较低压力下生产高强度免烧砖。

对于活性废渣，其强度形成的理想模式是：物理加压（或振动）+微量水泥的直接胶凝+固体废弃物活化间接胶凝。而对于没有活性的固体废弃物，其强度形成的理想模式是：较大成型压力 + 少量水泥的直接胶凝 + 合理级配。对于高硅固体废弃物，其强度形成的理想模式是：较大的成型压力 + 少量石灰或其他钙质材料 + 蒸压或蒸养。

上述免烧砖强度及耐久性产生的来源作用机理差别见图 5-21。

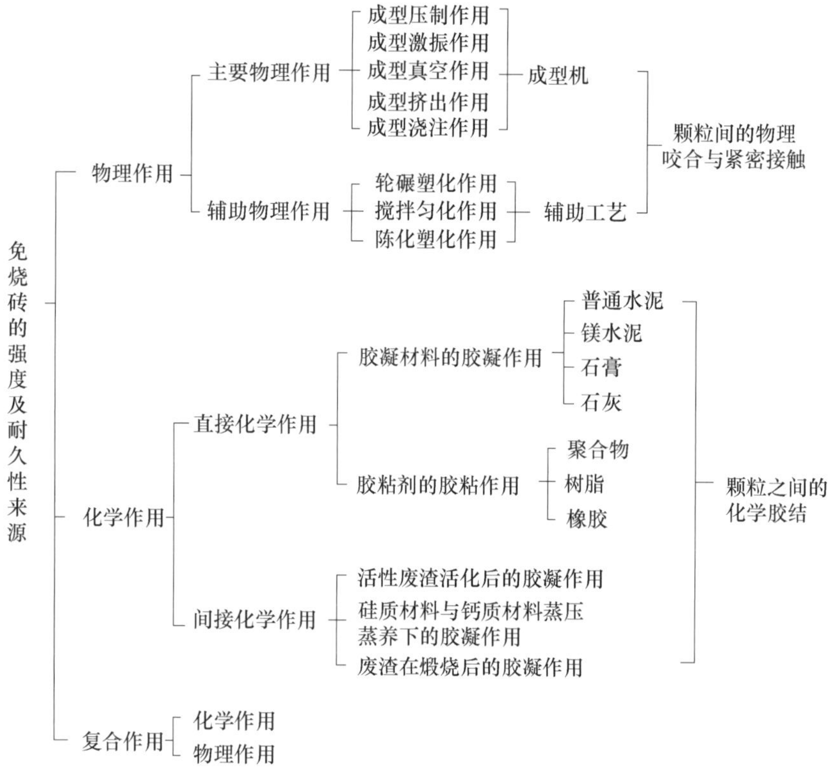

图 5-21　免烧砖强度与耐久性产生来源

4. 生产工艺

免烧砖的生产工艺多种多样，因生产条件不同，环境不同，采用的固体废弃物和胶凝材料品种不同，生产设备不同等，也就具备多种生产工艺，没有固定唯一的模式，只要所产免烧砖性能和质量符合要求，就可以借鉴应用。

通常，对于硅酸盐类免烧砖，其完全工艺模式如图 5-22 所示。这类免烧砖，通常使用石灰、石膏等作为胶凝材料，此类免烧砖主要依靠胶凝材料和活性集料间发生的水化反应形成免烧砖固结效果。因此，对于硅酸盐类免烧砖，所用的尾矿 SiO_2 含量普遍较高，才能有足够的活性 Si 同碱性溶液中的 Ca 反应形成水化硅酸盐等类水化产物。这类生产工艺，原料处理效果好，砖坯质量高，最终生产的免烧砖产品质量优异，是硅酸盐类免烧砖生产的最佳模式。但其工艺流程长，生产场地大，人员配置多，设备投资大，在实际应用中会省去某些环节。

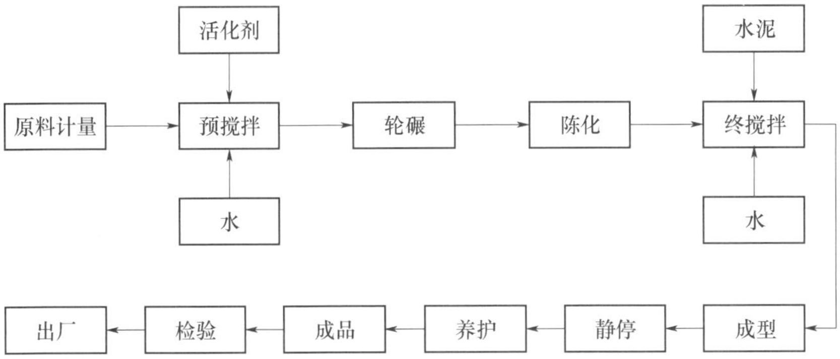

图 5-22　完全养护工艺流程图

对于大多数尾矿，硅普遍含量不高，无水化活性，只能作为骨料使用。这类尾矿，通常采用水泥作为胶凝材料生产免烧砖，其主要生产工艺流程如图 5-23 所示。其中，静停过程是针对压力成型后的免烧砖，若直接在高湿度环境下养护，会由于砖坯内部成型内应力存在，加之水泥快速水化导致的膨胀效应，使砖坯发生炸裂成废品。故成型后自然环境下静停一段时间（通常是 24h）后，砖坯具有一定强度后再进行养护。

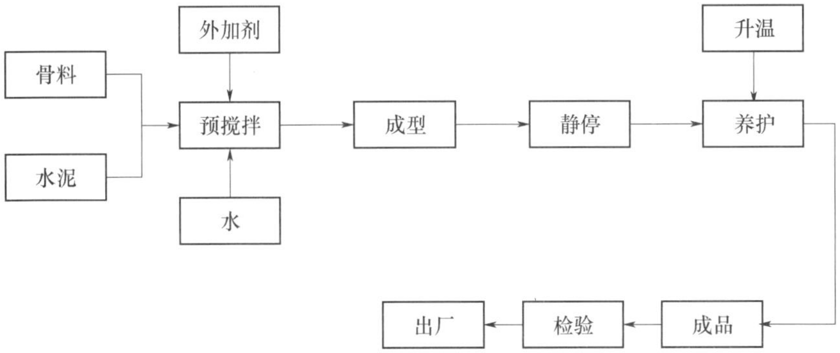

图 5-23　直接养护工艺流程图

免烧砖的成型过程，不仅获得免烧砖外形尺寸，也保障了免烧砖强度形成的基础条件。免烧砖通常所采用的成型工艺分类如图 5-24 所示。免烧砖成型工艺的不同，也是根据所生产的免烧砖种类和使用场合来决定的。其中，压力成型应用最广泛，是免烧砖生产的主导性成型工艺。

在免烧砖的生产工艺中，其养护过程是免烧砖强度形成的关键环节，也是区别免烧砖和非免烧砖的主要工艺过程。目前，常用的免烧砖养护工艺有蒸压养护、蒸养养护和自然养护。其中，蒸压养护多用于具有潜在活性的尾矿与激发材料所组成的砖，可以加快砖中水化胶凝产物的形成，促进砖强度增长。自然养护多用于不具有潜在活性的尾矿同胶凝材料所构成的砖，通常不定期直接在压制成型后的砖块表面打水后再覆盖遮盖物直接养护，设备投资最少。而蒸养养护是介于蒸压养护和自然养护之间的一种养护工艺，既可以激发活性材料潜在活性（效果低于蒸压养护），也可以用于加速普通胶凝材料强度形成，用于非活性尾矿砖的养护工艺，缩短养护周期。

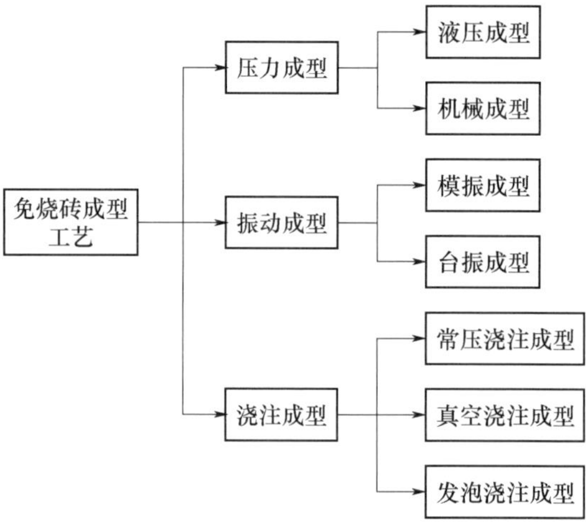

图 5-24 免烧砖成型工艺分类

5. 应用实例

张婷婷以粒径 0.074mm 占 80.9% 的鄂西赤铁矿尾矿为主要原料，制得了最佳配比为铁尾矿：骨料：胶凝材料 = 78：10：12 的尾矿免烧砖，其性能指标满足《非烧结垃圾尾矿砖》(JC/T 422—2007）建材性能要求。

马鞍山矿山研究院以齐大头山、歪头山细铁尾矿（$SiO_2 > 70\%$）为主要原料，成功制成了免烧墙体砖，其各项指标均达到《非烧结黏土砖技术条件》规定的 100 号标准要求。大连理工大学与鞍钢孤山铁矿协作，利用铁尾矿和石灰为主要原料，通过加入改性材料及外加剂，研制成蒸养尾矿砖，其强度等级可达到 100 号以上标准砖要求。梅山铁矿选矿厂利用梅山尾矿，并加入一些中砂等其他原料，同样制成了强度等级可达 75 号以上标准砖。金岭铁矿选厂结合矿山特点，利用尾矿生产机压灰砂砖，各项性能指标达到灰砂砖 100 号标准技术要求，并已建成生产线。

此外，金属尾矿同样可用作制成墙、地面装饰砖块。马鞍山矿山研究院同样利用细粒铁尾矿，加入少量无机胶凝材料、普通硅酸盐白水泥、白色硅酸盐水泥和适量水，采用二层（基层、面层）做法，加工成装饰面砖，其平均抗压强度为 19.6MPa，抗折强度 5.0MPa，耐碱性、耐腐蚀性均较强。同济大学与马钢姑山铁矿合作，以粒径 0.15mm 以下尾矿粉为主要原料，通过掺入 10% ~15% 生石灰粉，压制成各种规格和外形的砌墙砖、地面砖。如果在砖表面采用不饱和聚酯树脂处理，调入不同色彩的颜料，可做成单色或仿天然大理石花纹的彩色光滑面砖。

5.6 尾矿制备硅酸钙板

纤维增强硅酸钙板（简称硅酸钙板）是以硅质—钙质材料为主体胶结材料，以无机矿物纤维或纤维素纤维为增强材料，经成型、在高温高压饱和蒸汽中加速固化反应，形成硅酸钙胶凝体而制成的板材。目前，硅酸钙板作为一种新型建筑墙体材料，由于其质轻、防火、防潮等优异性能已广泛用于房屋建筑和工业建筑等领域。

随着我国经济高速发展，城市化进程迅速推进，固体废弃物产生的数量快速增加。大量固体废弃物不仅造成了资源的浪费，而且给区域生态环境带来巨大压力。固体废弃物尤其是工业固废建材资源化利用是实现资源化综合利用的重要途径。硅酸钙板制备原材料多来自天然资源，如木浆纤维、石棉纤维、石英砂等，近年来，在硅酸钙/纤维水泥板行业的发展中国内外各企业开始重视对环境的影响，尽可能减少天然资源的使用而多使用天然废渣与废料。随着国家对固废资源化利用的重视，采用固废替代天然资源作为生产原料是纤维水泥制品行业的发展趋势，也是实现生态产品、绿色建材的重要关注点。

5.6.1 钼尾矿基本性能

采用的钼尾矿来自承德某钼矿尾矿库，采集尾矿样品的位置如图 5-25所示，图 5-26 为尾矿库照片。表 5-45 给出了尾矿样品采集点和对应编号。

表 5-45 钼矿尾矿取样编号

东侧表层泥	表层砂	1m	2m	西侧表层	0.5m	1m	2m	3m	4m
P1	P2	P3	P4	Q1	Q2	Q3	Q4	Q5	Q6

对尾矿库东侧和西侧尾矿砂样品进行了颗粒分析，表 5-46 和表 5-47 给出了颗粒分析结果。该钼矿尾矿砂的表观密度为 2.62×10^3kg/m^3。

东侧样品颗粒有随着深度增加逐渐变细，然后又变粗的趋势。表层样品 P1 颗粒较粗，4.75mm 以上分计筛余占 21.23%，2.36mm、1.18mm 和 0.6mm 三个连续筛余小于 8%，而小于 0.075mm 的颗粒累计 15% 以上，细度模数 2.23；样品 P2 较细，1.18mm 以上累计筛余 3.0% 左右，0.075mm 以下部分累计筛余 8.3% 左右，细度模数 1.54，属于特细砂。样品 P3 细度模数只有 0.25，0.3mm 以上筛余仅 2.05%，而 0.075mm 以下筛余高达 37%；样品 P4 和 P2 相似。尾矿库西侧的尾矿砂颗粒基本上呈正态分布，颗粒分布随深度变化不大，2.36mm 以上颗粒很少，0.075mm 以下颗粒累计占 5.0% ~7.0%，细度模数介于 1.50 ~ 1.88 之间。

图 5-25　钼矿尾矿取样点

图 5-26　尾矿库照片

表 5-46 钼尾矿颗粒分析

粒径（mm）	P1		P2		P3		P4	
	分计（%）	累计（%）	分计（%）	累计（%）	分计（%）	累计（%）	分计（%）	累计（%）
4.75	21.23	21.23	0.00	0.00	0.00	0.00	0.00	0.00
2.36	4.26	25.49	0.26	0.26	0.00	0.00	0.11	0.11
1.18	3.89	29.38	2.94	3.20	0.04	0.04	2.93	3.04
0.6	5.65	35.02	15.30	18.50	0.60	0.64	14.77	17.81
0.3	8.65	43.67	32.23	50.73	1.40	2.05	36.09	53.91
0.15	24.70	68.36	30.09	80.82	20.10	22.15	31.85	85.75
0.075	15.87	84.23	10.84	91.66	40.87	63.02	8.24	93.99
0.045	7.35	91.59	4.63	96.29	30.34	93.36	3.97	97.96
筛底	8.41	100.0	3.71	100.00	6.64	100.00	2.04	100.00

表 5-47 钼尾矿颗粒分析（续）

粒径（mm）	Q1		Q2		Q3		Q4		Q5		Q6	
	分计（%）	累计（%）	分计（%）	累计（%）	分计（%）	累计（%）	分计（%）	累计（%）	分计（%）	累计（%）	分计（%）	累计（%）
4.75	0.00	0.00	0.00	0.00	0.00	0.00	0.00	0.00	0.00	0.00	0.00	0.00
2.36	0.00	0.00	0.00	0.00	0.32	0.32	0.18	0.18	0.00	0.00	0.11	0.11
1.18	2.25	2.25	3.95	3.95	6.05	6.37	4.92	5.10	2.55	2.55	2.38	2.49
0.6	13.76	16.01	20.14	24.10	23.05	29.42	17.64	22.75	14.45	17.01	13.47	15.96
0.3	32.97	48.98	36.89	60.99	34.40	63.82	32.02	54.77	34.33	51.33	32.76	48.71
0.15	33.85	82.83	27.44	88.43	24.01	87.83	28.68	83.45	31.87	83.21	32.82	81.53
0.075	10.50	93.32	6.61	95.04	6.85	94.68	9.67	93.11	9.84	93.06	10.91	92.44
0.045	3.47	96.80	2.76	97.80	3.43	98.12	4.03	97.15	3.60	96.64	5.06	97.50
筛底	3.20	100.0	2.20	100.0	1.88	100.0	2.85	100.0	3.36	100.0	2.50	100.0

采用X-射线荧光光谱仪对钼矿尾矿库的样品进行了定量化学分析，表5-48给出了尾矿库东部尾矿砂样品的化学分析结果，表5-49给出了尾矿库西部尾矿砂样品的化学分析结果。

表 5-48 钼矿尾矿库东部采样点样品化学成分

No.	CaO	SiO_2	Al_2O_3	Fe_2O_3	MgO	SO_3	Na_2O	K_2O	TiO_2	P_2O_5
P1	1.16	69.10	13.63	2.61	0.38	1.07	2.91	4.86	0.28	0.08
P2	1.18	72.29	12.16	2.08	0.29	0.94	3.06	4.81	0.20	0.08
P3	1.14	67.76	13.26	2.33	0.46	0.92	2.67	4.90	0.26	0.11
P4	1.19	72.54	13.10	1.99	0.26	0.97	3.06	4.89	0.25	0.07

表 5-49　钼矿尾矿库西部采样点样品化学成分

No.	CaO	SiO_2	Al_2O_3	Fe_2O_3	MgO	SO_3	Na_2O	K_2O	TiO_2	P_2O_5	SrO
Q1	0.95	66.22	11.71	5.10	0.21	4.56	2.81	4.42	0.30	0.10	0.03
Q2	0.86	71.10	12.83	2.56	0.26	1.83	2.75	4.55	0.29	0.09	0.03
Q3	1.09	71.62	12.47	2.14	0.26	1.53	2.97	4.56	0.17	0.08	0.03
Q4	0.95	70.54	12.06	2.31	0.46	1.44	2.63	4.79	0.22	0.09	0.10
Q5	1.58	71.03	12.41	2.10	0.36	1.23	2.74	4.67	0.21	0.08	0.03
Q6	1.05	72.72	12.66	1.94	0.31	0.83	2.85	4.75	0.21	0.07	0.03

从表 5-48 和表 5-49 可以看出：钼矿尾矿砂主要化学成分为 SiO_2 和 Al_2O_3，二者之和占 83% 以上；同时，还含有较多的碱性氧化物（Na_2O 和 K_2O），二者之和高达 7.0% 以上；CaO 和 MgO 的含量很低，二者之和低于 2.0%；另外，大部分钼尾矿 Fe_2O_3的含量低于 2.5%。钼矿尾矿化学成分随取样位置和深度变化不大。

采用 X-射线衍射仪对钼矿尾矿的矿物成分进行了定性分析，图 5-27 是钼矿尾矿 X-射线衍射分析图谱。从图 5-27 可以看出：钼矿尾矿的主要矿物成分为石英（SiO_2）、钠长石（$NaAlSi_3O_8$）、微斜长石（$KAlSi_3O_8$）、白云母［$KAl_2(AlSi_3O_{10})(F, OH)_2$］。

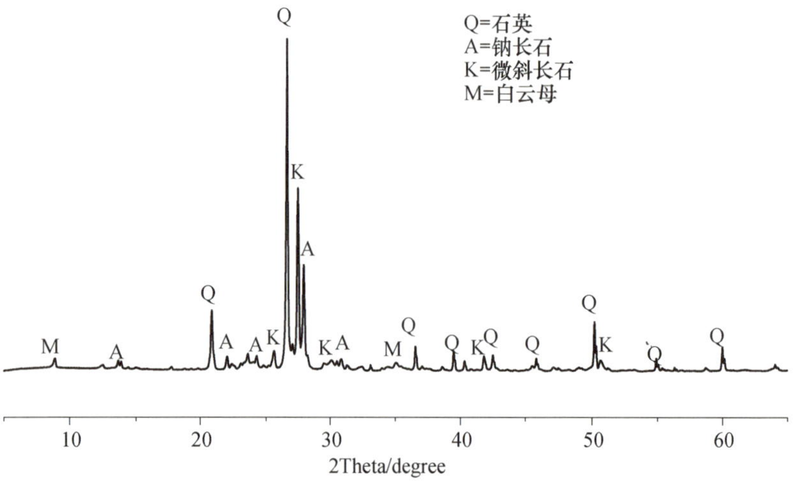

图 5-27　钼矿尾矿 XRD 谱图

对钼尾矿进行了放射性核素检测，表 5-50 给出了放射性元素限量分析测试结果。测试结果表明：内、外照射测试结果满足国家标准《建筑材料放射性核素限量》(GB 6566—2010) 规定的建筑材料放射性元素限量要求。

表 5-50 钼矿尾矿放射性

标记	称重（g）	Ra	Th	K	$I_{内}$	$I_{外}$
钼尾矿砂	238.55	39.07	91.08	1620.94	0.195	0.842

5.6.2 尾矿机械活化对硅酸钙板性能影响研究

在建材资源化利用过程中激发钼尾矿活性是提高其利用率和影响建材产品性能的重要环节。机械活化是矿物活化的重要方法，当机械力较强时，固体产生裂纹的同时产生各种缺陷，如晶格畸变、晶体结晶度降低乃至无定形化，部分机械能转变为物质的内能，从而提高其反应活性。已有研究表明，采用机械活化可有效提高钼尾矿反应活性。本章对承德地区钼尾矿进行了机械活化处理，研究了粉磨对钼尾矿粒径分布、筛余、比表面积的作用规律以及粉磨动力学行为，并利用机械活化的钼尾矿制备硅酸钙板，研究了不同粉磨时间对硅酸钙板力学性能、微观形貌和矿物组成的影响。

实验采用基准水泥作为钙质材料，钼尾矿砂和石英粉作为硅质材料，木浆纤维控制叩解度为33°SR。其中，钼尾矿、基准水泥和石英粉的主要化学组成如表 5-51 所示。钼尾矿主要成分为 SiO_2 和 Al_2O_3，同时，还含有较多的碱性氧化物（Na_2O 和 K_2O），二者之和达到 6.0%，CaO 的含量很低。

表 5-51 原材料主要化学组成 %

	SiO_2	Al_2O_3	K_2O	Fe_2O_3	SO_3	CaO	Na_2O	TiO_2	MgO	P_2O_5	Cl^-	LOI
钼尾矿	76.14	9.12	4.77	2.69	2.18	0.60	1.23	0.25	0.22	0.10	—	0.90
石英粉	94.91	1.72	0.43	0.22	0.62	0.14	—	—	—	0.03	0.14	0.77
基准水泥	20.96	4.85	—	3.53	2.51	63.26	0.57	—	2.80	—	0.011	1.40

将尾矿进行机械活化处理，用 SM-500 球磨机分别将 5kg 钼尾矿粉磨 5min、10min、15min、20min、25min。粉磨不同时间的钼尾矿颗粒粒径分计分布和累计分布曲线如图 5-28 所示。

从图 5-28 可以看出，随着粉磨时间的延长，钼尾矿颗粒的粒度分布范围变窄，小颗粒所占比例增加。在粉磨初始阶段（15min 之内），颗粒粒径随着粉磨时间增加粒径迅速减小。超过 15min 后，粒径分布变化不明显，颗粒粒径大多集中在 100μm 以内。

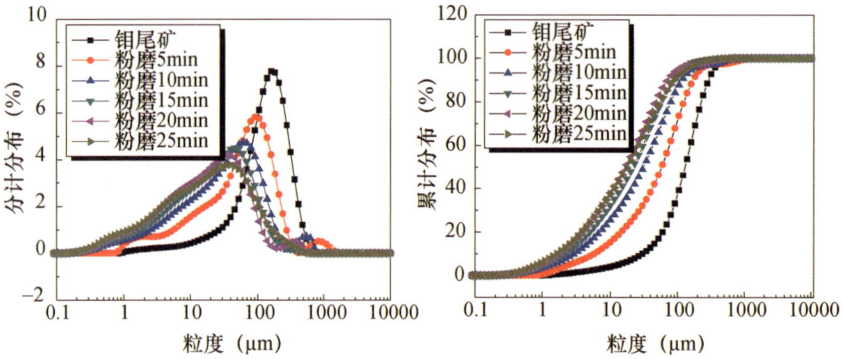

(a) 分计分布　　(b) 累计分布

图 5-28　不同粉磨时间钼尾矿粒径分布

(a) 0min

(b) 5min

(c) 10min

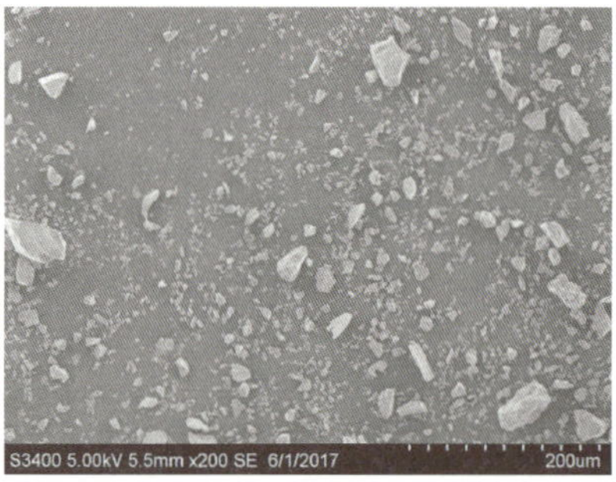

(d) 15min

(e) 20min

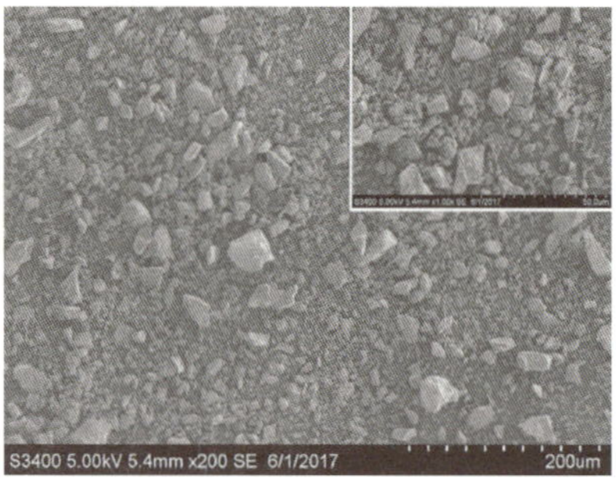

(f) 25min

图 5-29　不同尾矿粉磨时间 SEM 照片

采用扫描电子显微镜观察了不同粉磨时间钼尾矿颗粒微观形貌。从图 5-29 可以看出，钼尾矿原矿颗粒呈无规则状，以粗颗粒为主。采用机械力对钼尾矿进行粉磨，随着粉磨时间增加，钼尾矿颗粒尺寸变小，细颗粒明显增加。粉磨时间超过 15min 后，颗粒形貌变化不明显，粉磨时间达到 25min 时，部分颗粒相互附着，出现弱团聚现象，从而使比表面积稍有降低，等效粒径 d_{50} 和 d_{90} 增加。

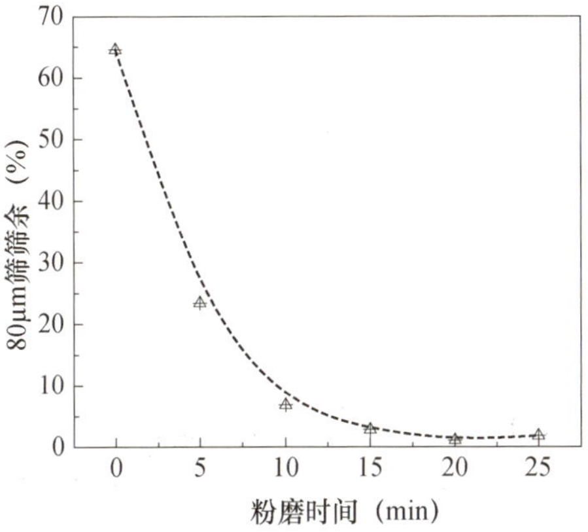

图 5-30　不同粉磨时间钼尾矿筛余

试验研究了粉磨不同时间钼尾矿颗粒 80μm 筛筛余，结果如图 5-30 所示。从筛余的变化规律可看出，随着粉磨时间延长，筛余呈下降的趋势。在粉磨的初始阶段筛余下降明显，超过 15min 后筛余下降幅度较小，说明钼尾矿初期粉磨效率高，后期粉磨效率低。在粉磨 25min 时出现了筛余增加的现象，说明粉磨后期发生了微小颗粒的聚集，阻碍了进一步磨细。

粉磨不同时间后钼尾矿颗粒的比表面积 S 和各等效粒径（d_{10}、d_{50}、d_{90}）数值如表 5-52 所示。其中等效粒径是指钼尾矿累计颗粒粒径分布百分数达到某一数值时所对应的粒径。从表中数据可看出，随着粉磨时间增加，钼尾矿等效粒径逐渐减小，比表面积逐渐增大。粉磨时间超过 15min 后，90% 的颗粒粒径在 100μm 以下。粉磨时间 25min 时，比表面积、d_{50}、d_{90} 反而增加，说明粉磨时间过长，出现了弱团聚现象。

表 5-52　不同粉磨时间钼尾矿比表面积和等效粒径变化

粉磨时间/min	比表面积/（$m^2 \cdot g^{-1}$）	d_{10}/μm	d_{50}/μm	d_{90}/μm
0	0.145	30.00	129.04	287.80
5	0.435	5.86	58.45	169.95

续表

粉磨时间/min	比表面积/（$m^2 \cdot g^{-1}$）	d_{10}/μm	d_{50}/μm	d_{90}/μm
10	0.942	2.94	31.32	115.74
15	1.21	2.16	21.60	83.43
20	1.44	1.73	16.67	70.73
25	1.46	1.66	17.65	89.74

对钼尾矿等效粒径和比表面积与粉磨时间的相关性进行了研究，结果如图 5-31 所示。由图 5-31 可以看出，钼尾矿等效粒径和比表面积与粉磨时间双对数之间均具有较好的线性相关性。可用图 5-31 中所示的拟合方程来定量描述钼尾矿的粉磨动力学行为。

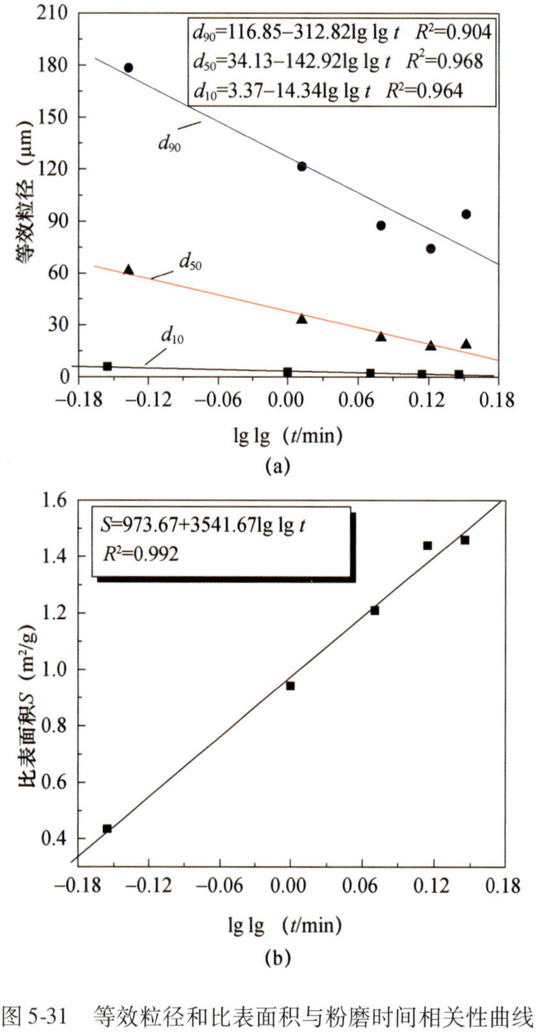

图 5-31 等效粒径和比表面积与粉磨时间相关性曲线

参照粉煤灰活性指数的检测方法，测试了不同机械活化时间的钼尾矿在蒸压水化条件下和标准养护条件下的活性指数。对比胶砂采用基准水泥：标准砂＝1：3，水胶比为0.5，试验胶砂采用不同机械活化时间的钼尾矿替代30%的水泥，（水泥＋钼尾矿）：标准砂＝1：3，水胶比为0.5。采用《水泥胶砂强度检验方法（ISO法）》（GB/T 17671）所述的试验方法成型并在本研究所用的硅酸钙板养护条件下进行蒸压养护，测定对比胶砂的抗折强度 R_{ac0} 和试验胶砂的抗压强度 R_{ac}。蒸压活性指数（H_{ac}）＝（R_{ac}/R_{ac0}）×100。抗压强度值和计算的活性指数值如图5-32所示。

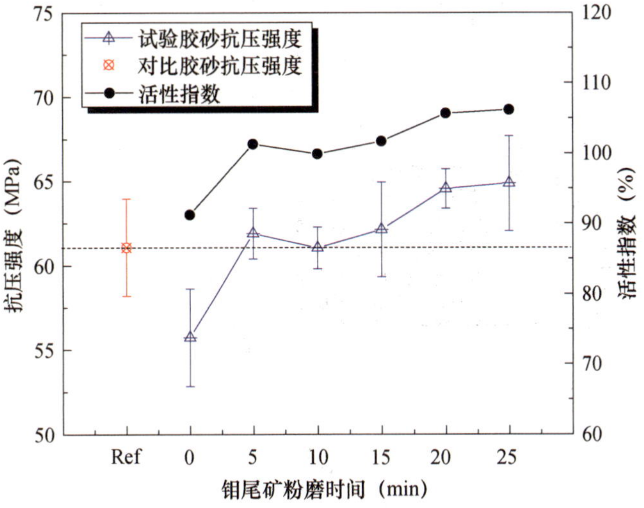

图5-32 蒸压养护条件不同机械活化时间钼尾矿活性指数

掺入未机械活化的钼尾矿成型的胶砂试块抗压强度明显低于对比胶砂，活性指数低于100%，随着钼尾矿粉磨时间延长，抗压强度提高，蒸压活性指数增加，粉磨时间大于15min时，抗压强度高于对比胶砂，活性指数＞100%。说明蒸压条件下，对钼尾矿进行机械活化明显增加其水热反应活性。

将基准水泥、钼尾矿和石英粉三种基材按照38：35：20的比例混合均匀，测试掺加不同粉磨时间钼尾矿的原材料颗粒分布情况，结果如图5-33所示。

从图5-33中可看出，掺加未粉磨的尾矿颗粒分布存在两个峰，粒径分布较宽，随着粉磨时间延长，大粒径的颗粒减少，分布变窄。掺加粉磨时间超过15min的钼尾矿原材料的粒径分布变化不大，颗粒级配连续。掺加不同粉磨时间钼尾矿，原材料等效粒径和比表面积变化规律如表5-53所示。

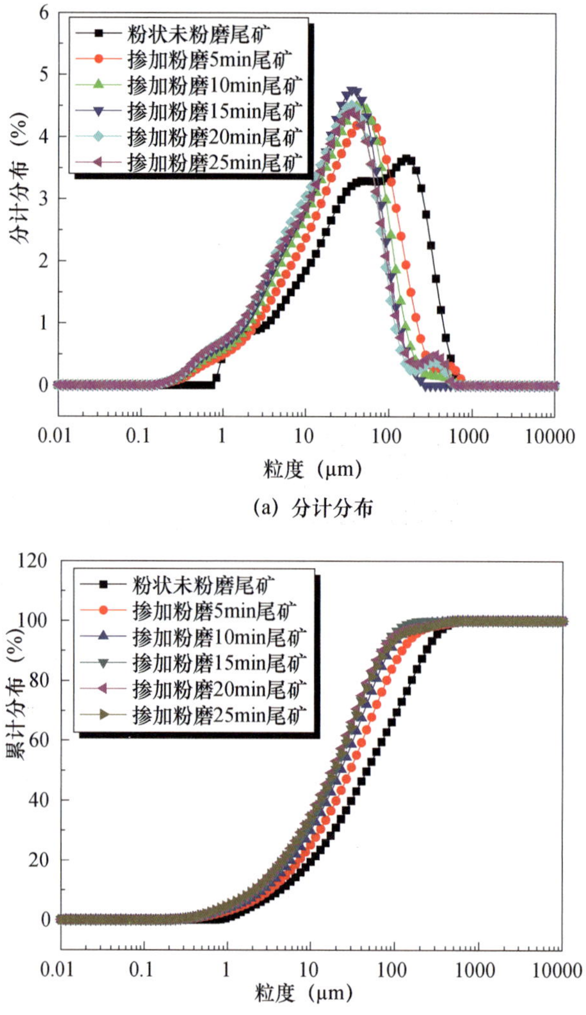

图 5-33　原材料粒径分布曲线

表 5-53　掺加不同粉磨时间钼尾矿原材料比表面积和等效粒径变化

粉磨时间/min	比表面积/（$m^2 \cdot g^{-1}$）	d_{10}/μm	d_{50}/μm	d_{90}/μm
0	0. 525	4. 293	46. 339	233. 293
5	0. 888	3. 209	29. 130	120. 342
10	1. 06	2. 636	22. 621	85. 866
15	1. 18	2. 325	19. 688	70. 093
20	1. 28	2. 104	17. 898	69. 352
25	1. 28	2. 084	18. 532	70. 710

从表 5-53 中可以看出，随着钼尾矿粉磨时间增加，原材料的比表面积增加，掺加粉磨时间超过 10min 的钼尾矿后，原材料 90% 的颗粒粒径

在 100μm 以下，掺加粉磨时间超过 15min 的钼尾矿后，原材料 90% 的颗粒粒径在 70μm 左右，且比表面积和等效粒径变化不大。

按照基准水泥 38%，钼尾矿 35%，石英粉 20%，木浆纤维 7% 的原材料组成将上述不同粉磨时间的钼尾矿制备成硅酸钙板，研究钼尾矿机械活化作用对硅酸钙板性能的影响规律。机械活化前后粉磨不同时间钼尾矿制备的硅酸钙板物理和力学性能变化规律如表 5-54 所示。

表 5-54　掺加不同粉磨时间钼尾矿硅酸钙板物理和力学性能

试样	粉磨时间/min	密度/（$g\cdot cm^{-3}$）	吸水率/%	抗折强度/MPa
1	0	1.33	25.27	10.7
2	5	1.31	26.91	10.6
3	10	1.34	27.81	11.6
4	15	1.28	32.53	12.2
5	20	1.31	29.02	12.0
6	25	1.30	28.42	12.5

从表 5-54 中可以看出，随着尾矿粉磨时间增加，硅酸钙板抗折强度整体呈现上升趋势，与掺加未机械活化钼尾矿制备的硅酸钙板相比，80μm 筛余达到 10% 以下时，抗折强度可增加约 18%。说明机械活化可使钼尾矿比表面积增加，从而能够参与蒸压条件下水化反应的钼尾矿活性增加，对硅酸钙板起增强作用。不同粉磨时间对硅酸钙板密度和吸水率影响不大，密度约 1.3g/cm^3，吸水率约 30%。

实验研究了采用不同细度的钼尾矿对硅酸钙板矿物组成的影响规律。实验结果如图 5-34 所示。

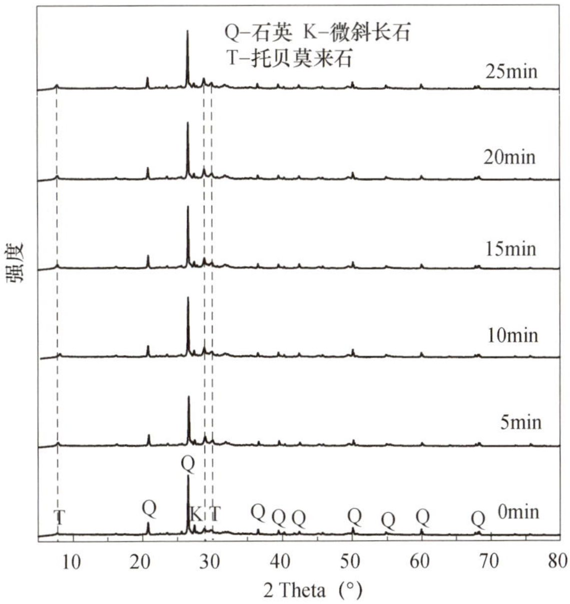

图 5-34　不同粒径钼尾矿制备硅酸钙板 XRD 谱图

从图 5-34 中可以看出，硅酸钙板中矿物组成主要包括未参与水化反应的石英、尾矿带入的微斜长石，以及在蒸压养护条件下 $d=11.3\text{Å}$ 出现的硅质材料。钼尾矿和反应生成的托贝莫来石衍射峰，随着钼尾矿粉磨时间增加，托贝莫来石的衍射峰强度增加。粉磨 15min 以后衍射峰强度变化不明显。说明再延长粉磨时间对托贝莫来石的形成作用不大，这与粉磨时间在 15min 以上，钼尾矿筛余、粒径分布以及力学性能的变化规律具有良好的正相关性。

采用 SEM 观察了掺加不同粉磨时间钼尾矿制备硅酸钙板的微观形貌，实验结果如图 5-35 所示。

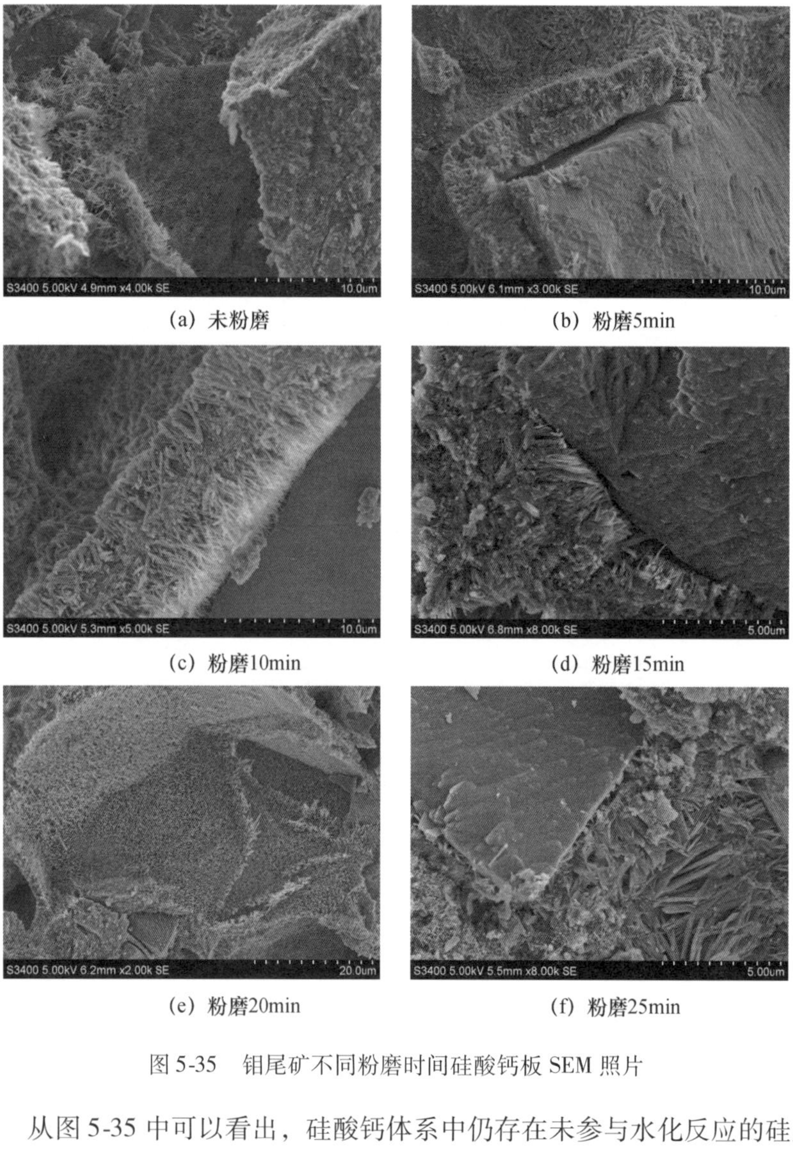

(a) 未粉磨　(b) 粉磨5min

(c) 粉磨10min　(d) 粉磨15min

(e) 粉磨20min　(f) 粉磨25min

图 5-35　钼尾矿不同粉磨时间硅酸钙板 SEM 照片

从图 5-35 中可以看出，硅酸钙体系中仍存在未参与水化反应的硅质材料，在蒸压条件下托贝莫来石的生长集中在硅质材料周围，在硅质材料表面形成一层具有一定厚度的规整排列的托贝莫来石晶体，晶体呈现柳叶状或叶片状结构，因此随着粉磨时间增加，硅质材料比表面积增加，粉磨过程使钼尾矿颗粒在研磨介质的冲击和挤压作用下，非活性或低活性的 SiO_2 被有效激发，参与到水化反应中，有利于在硅质材料颗粒表面形成更多的托贝莫来石，从而影响硅酸钙板的力学性能。粉磨时间超过 15min 以后，钼尾矿的比表面积变化不大，因此形成的托贝莫来石的数量基本不变，从而导致力学性能和托贝莫来石的衍射峰强度变化较小。

5.6.3 钼尾矿掺量对硅酸钙板性能的影响

研究了不同钼尾矿对石英粉替代量对硅酸钙板宏观和微观性能的影响。实验研究了水泥作为钙质材料的体系，钼尾矿对传统硅质材料石英粉替代量对硅酸钙板性能的影响规律。固定水泥掺量为 38%，木浆纤维掺量为 7%，改变钼尾矿和石英粉的比例，按照表 5-55 中所示组成设计制备硅酸钙板，控制钼尾矿 80μm 筛筛余低于 5%。

表 5-55 硅酸钙板组成设计

序号	水泥	钼尾矿	石英粉	木浆纤维
1	38%	0%	55%	7%
2	38%	15%	40%	7%
3	38%	25%	30%	7%
4	38%	35%	20%	7%
5	38%	45%	10%	7%
6	38%	55%	0%	7%

研究了不同钼尾矿掺量对硅酸钙板力学性能的作用规律，实验结果如图 5-36 所示。

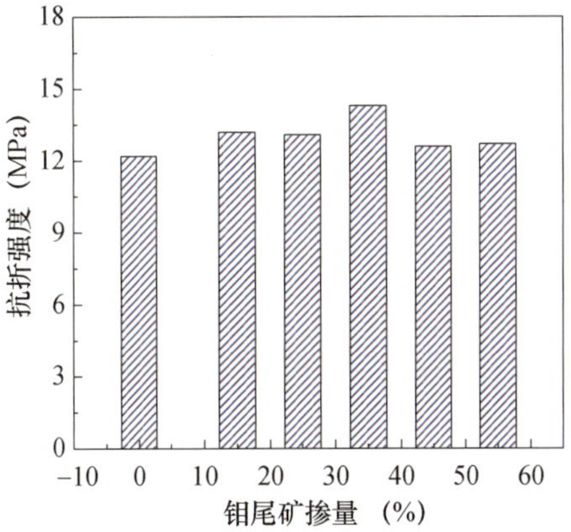

图 5-36 不同尾矿掺量对硅酸钙板力学性能的影响

从图 5-36 中可以看出，不同钼尾矿掺量对硅酸钙板力学性能基本呈现先增加后降低的趋势，在掺量为 35% 时，抗折强度可达到 14MPa。该体系中，钼尾矿的最佳掺量为 35%。对不同钼尾矿掺量硅酸钙板密度和吸水率变化规律进行了研究，实验结果如图 5-37 所示。

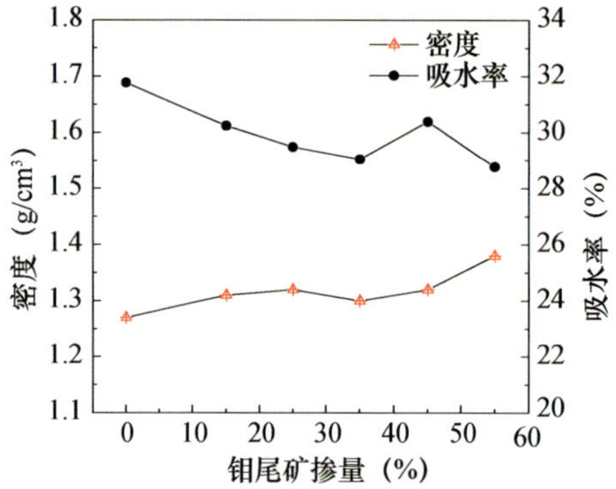

图 5-37　不同钼尾矿掺量硅酸钙板的密度和吸水率

从图 5-37 中可以看出，不同钼尾矿掺量对密度和吸水率影响较小，密度在 1.3g/cm³左右，吸水率在 30% 左右。

采用 XRD 分析了钼尾矿以及不同钼尾矿掺量制备的硅酸钙板矿物组成的变化规律，如图 5-38 所示。从图 5-38 中可以看出，钼尾矿矿物组成主要为石英、钠长石、微斜长石和白云母。在蒸压反应条件下制备的硅酸钙板，在 $d=11.3$Å 出现托贝莫来石的衍射峰，与未掺加钼尾矿的硅酸钙板 XRD 谱图相比［图 5-38（b）］，掺加钼尾矿 $d=11.3$Å 托贝莫来石特征峰的峰面积与样品衍射峰总面积相对含量高于未掺加钼尾矿，说明钼尾矿的加入有利于托贝莫来石相的结晶。从而对应的力学性能有所提高。不同钼尾矿掺量下的硅酸钙板 XRD 谱图中均存在石英的特征峰，说明体系中石英未全部参与水化反应，未参与水化反应的 SiO_2 在体系中起填料作用。随着钼尾矿掺量的增加，$d=11.3$Å 峰面积与衍射峰总面积的相对值呈现增加趋势，说明在该体系中，硅质材料能够提供足够的有效 SiO_2 参与反应，并没有由于低 SiO_2 含量的钼尾矿的加入引起钙硅比下降，造成托贝莫来石结晶变差。钼尾矿掺量高于 35% 时对应力学性能下降，可能是由于钼尾矿中未掺加水化反应非有效成分作为填料而引起力学性能下降。

为了确保钼尾矿用于建筑材料的使用安全性，对不同掺量钼尾矿制备的硅酸钙板放射性进行了跟踪。按照《建筑材料放射性核素限量》（GB 6566—2010）测定硅酸钙板的内照射指数和外照射指数，钼尾矿掺量与硅酸钙板内、外照射指数（I_r、I_{Ra}）的关系如图 5-39 所示。

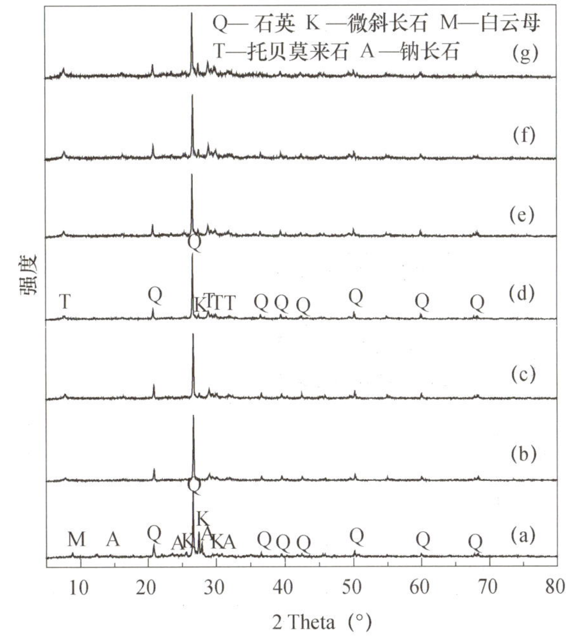

图 5-38 钼尾矿及不同钼尾矿掺量硅酸钙板 XRD 谱图

(a) 钼尾矿；(b) 未掺加钼尾矿硅酸钙板；

(c) 钼尾矿掺量 15%；(d) 钼尾矿掺量 25%；

(e) 钼尾矿掺量 35%；(f) 钼尾矿掺量 45%；

(g) 钼尾矿掺量 55%

从图 5-39 中可以看出，随着钼尾矿掺量增加，硅酸钙板照射指数增加，掺量达到 55% 时，其内、外照射指数分别为 0.14 和 0.55。该测试结果仍能够满足《建筑材料放射性核素限量》(GB 6566—2010) 规定的建筑材料放射性元素限量要求。

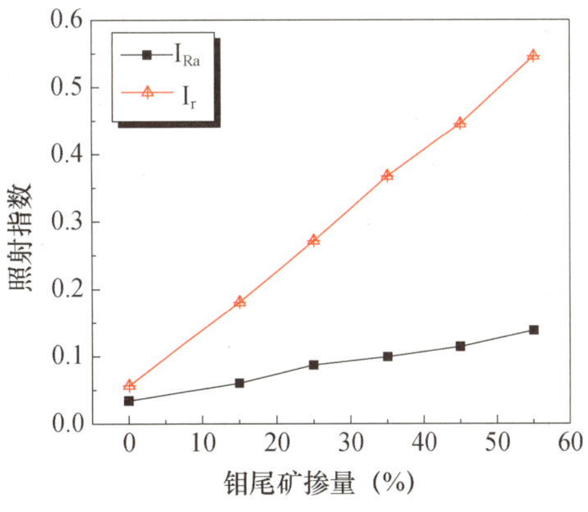

图 5-39 钼尾矿掺量与照射指数关系

重金属是钼尾矿产生的重要污染物之一，重金属元素的环境行为、迁移转化能力及生物有效性在很大程度上取决于重金属元素的形态。因此为了对以钼尾矿为原材料制备的硅酸钙板重金属污染程度进行评价，本研究采用 BCR 连续提取法对未掺加钼尾矿以及不同钼尾矿掺量的硅酸钙板 As、Cd、Cr、Cu、Mn、Ni、Pb、Zn 八种重金属酸可提取态、可还原态、可氧化态和残渣态进行测试分析。利用 ICP-MS 电感耦合等离子体质谱仪测定重金属元素含量。硅酸钙板中不同钼尾矿掺量下重金属总量的变化规律如图 5-40 所示。重金属形态变化规律如图 5-41 所示。

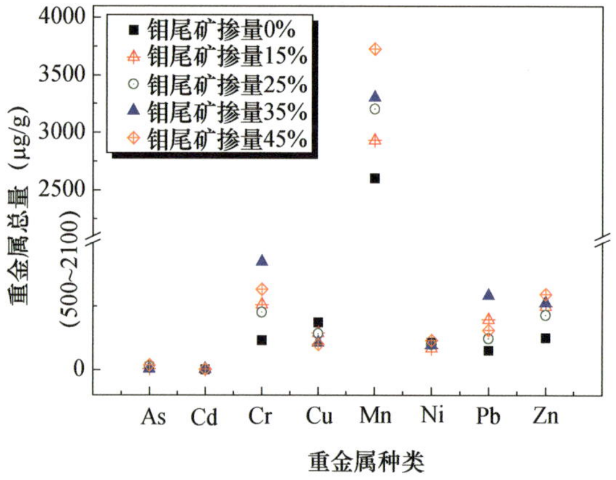

图 5-40　不同钼尾矿掺量硅酸钙板重金属总量变化规律

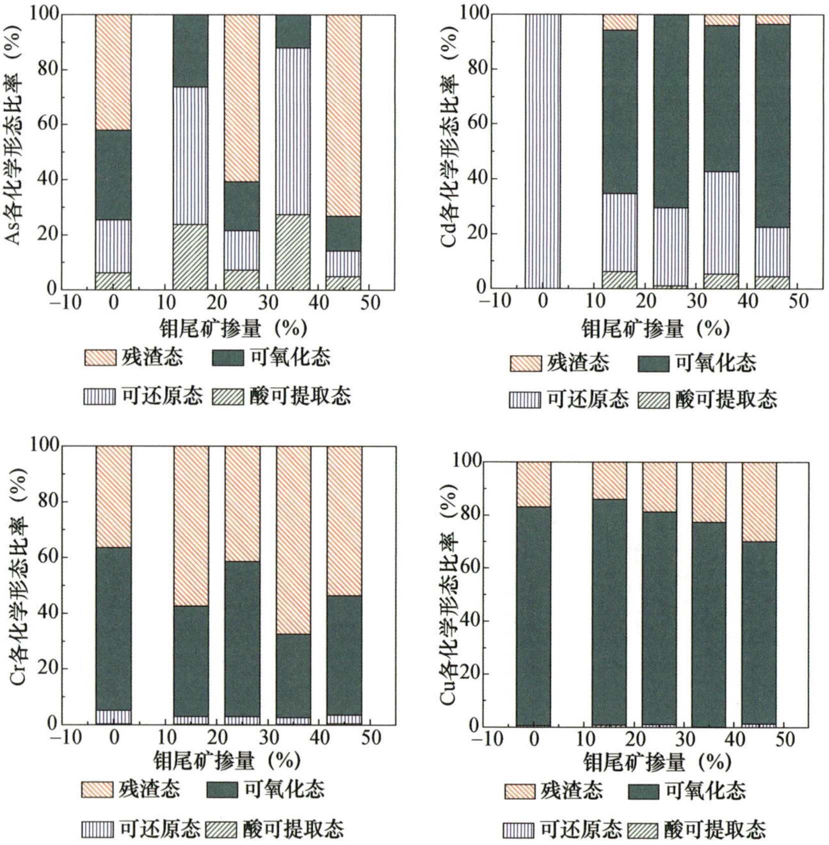

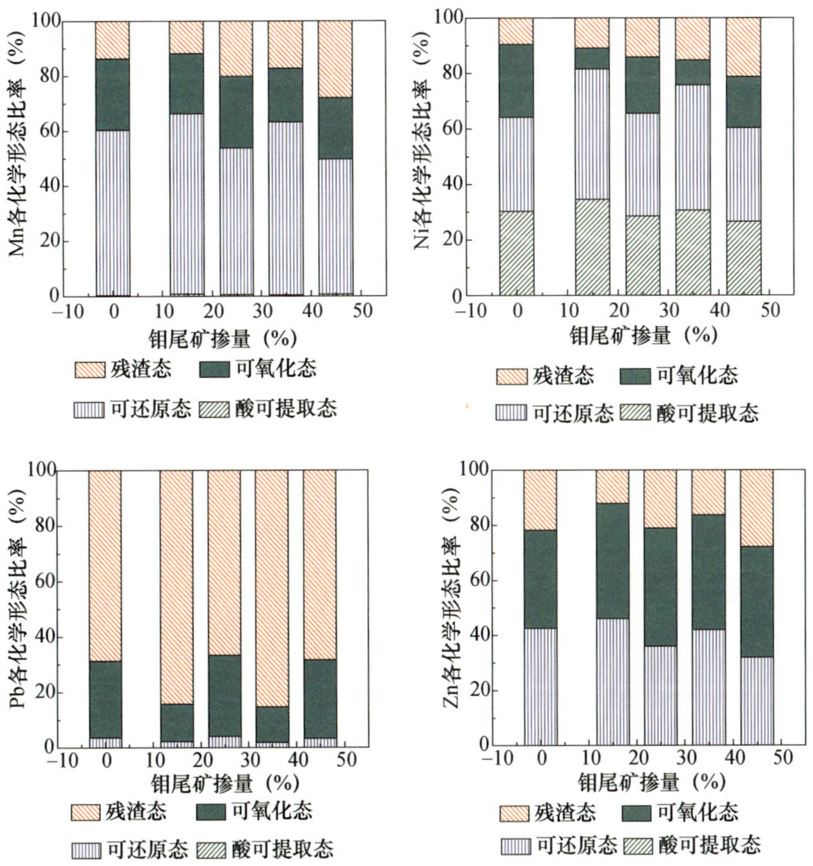

图 5-41　硅酸钙板各种重金属化学形态

从图 5-40 中可以看出，硅酸钙板中不同种类重金属含量 Mn 最高，As 和 Cd 含量较低。随着钼尾矿掺量增加，石英粉掺量降低，硅酸钙板体系中 As、Cd 和 Ni 的总量变化不明显，Cr、Mn、Pb 和 Zn 总量增加，Cu 总量降低。从图 5-41 各重金属化学形态的变化规律来看，不同重金属形态差异较大，未掺加钼尾矿的硅酸钙板中 As 主要以残渣态、可氧化态和可还原态存在，随着钼尾矿掺量增加，化学形态的变化不规律。Cd 以可还原态存在，随着钼尾矿掺量增加，可还原态减少，可氧化态和残渣态增多。Cr 以残渣态和可氧化态存在，随着钼尾矿掺量增加，残渣态增加，酸可提取态减少。Cu 主要以可氧化态和残渣态存在，随着钼尾矿掺量增加，残渣态增加。Mn 以可氧化态、可还原态和残渣态存在，随着钼尾矿掺量增加，残渣态稍有增多，Ni 主要以酸可提取态、可还原态和残渣态存在，Pb 主要以残渣态存在，Zn 主要以可还原态、可氧化态和残渣态存在，钼尾矿对这三种重金属形态影响较小。从上述数据可以看出，硅酸钙板中的重金属 Cr 和 Pb 主要以残渣态存在，自然条件下不易释放，对环境直接危害性较小，其余几种重金属主要以可还原态和可氧化态为主，对环境有潜在的风险。且钼尾矿掺量提高对 Ni、Pb、Zn 形态变化影响较小，钼尾矿的加入有利于 Cr、Cu、Cd、Mn 向危害较小的残渣态转变。

5.6.4 钙质和硅质材料对硅酸钙板性能影响研究

钙质材料和硅质材料水化反应是形成硅酸钙板强度的主要因素，钙质和硅质材料的种类、比例对硅酸钙板性能影响较大。固定钼尾矿和石英粉的比例为 1.75∶1，水泥和消石灰的比例为 0.9∶1，研究不同钙质材料和硅质材料的比例对硅酸钙板性能的影响。为了避免纤维分散不均对试样性能的影响，不掺加纤维，采用三联模成型，固定水灰比为 0.35。成型后养护方法与硅酸钙板一致。具体组成设计如表 5-56 所示。

表 5-56 原材料组成设计及性能

序号	基准水泥/%	消石灰/%	钼尾矿/%	石英粉/%	抗折强度/MPa	CaO/SiO_2
1	26.32	29.24	28.28	16.16	5.9	0.87
2	23.68	26.32	31.82	18.18	7.1	0.73
3	21.53	23.96	34.71	19.83	6.0	0.63
4	19.74	21.93	37.12	21.21	9.9	0.56
5	18.22	21.24	39.16	22.38	8.8	0.49

从不同钙质材料和硅质材料比例试验结果来看，随着钙质材料和硅质材料比例降低，体系钙硅比逐渐减小，从 0.87 降低至 0.49，其抗折强度整体呈现增加的趋势。实验研究了不同钙硅比条件下形成的水化产物的矿物组成，结果如图 5-42 所示。

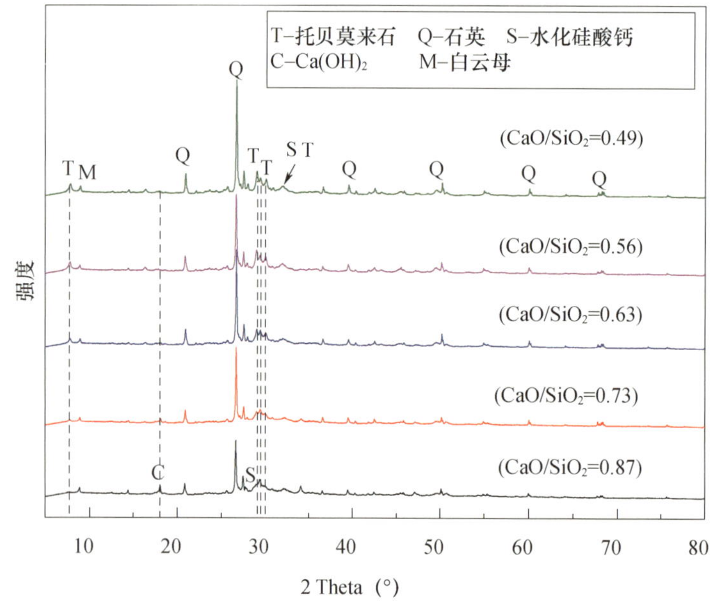

图 5-42 不同钙质和硅质材料比例水化产物 XRD 谱图

从图5-42中可以看出，钙硅比为0.87时，以水化硅酸钙为主要水化结晶产物。体系中存在未参与反应的Ca（OH）$_2$和SiO_2。这是由于钙硅比较高时，石英在蒸压条件下溶解能够参与水化反应的有效SiO_2量不能够完全反应掉体系中的Ca（OH）$_2$而造成了Ca（OH）$_2$的剩余。随着钙硅比的降低，$d=11.3$Å托贝莫来石的衍射峰逐渐增强，说明水化产物形成的托贝莫来石逐渐增多，水化硅酸钙的量逐渐减少，体系中有效参与反应的SiO_2量增加，水化产物由结晶度较差的较高钙硅比的水化硅酸钙结晶向结晶度较好的托贝莫来石转变。钙硅比低于0.63时，体系中Ca（OH）$_2$的衍射峰消失，说明Ca（OH）$_2$完全参与了水化反应。除了水化产物随钙质材料和硅质材料比例的变化，体系中存在尾矿带入的白云母、钠长石、微斜长石等矿物，衍射峰强度随着钼尾矿掺量的变化呈现规律性变化。

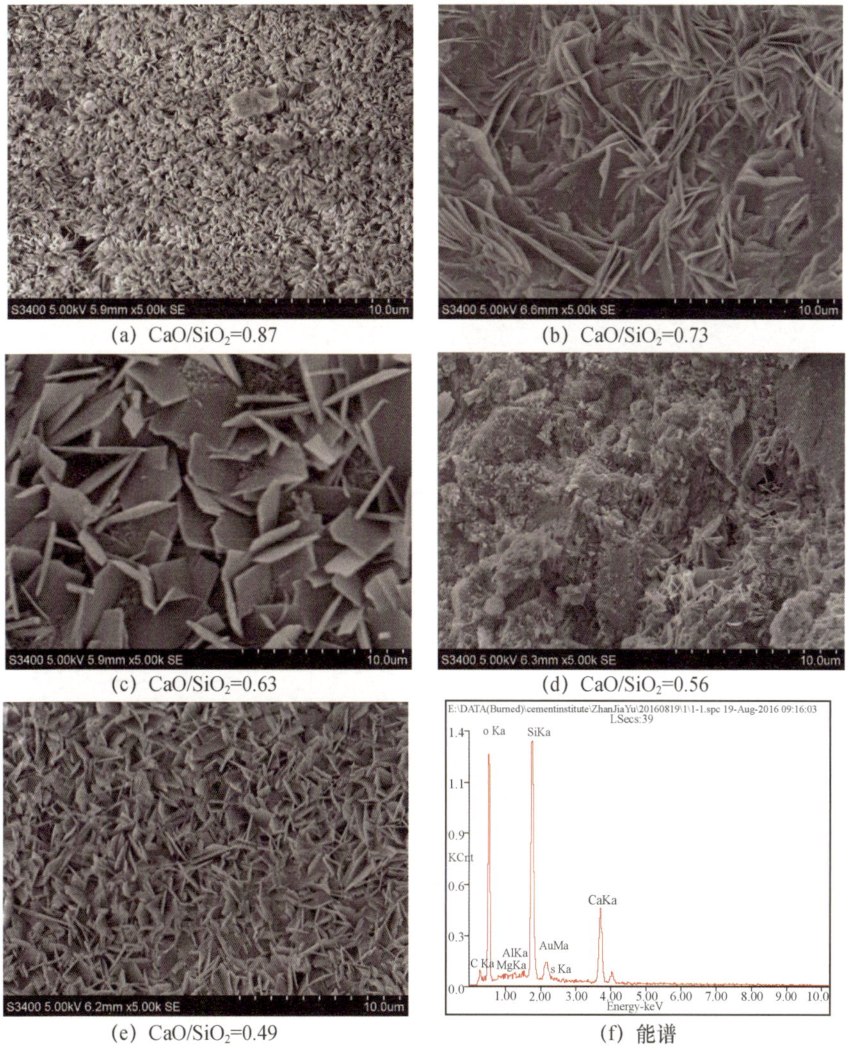

(a) CaO/SiO_2=0.87　(b) CaO/SiO_2=0.73

(c) CaO/SiO_2=0.63　(d) CaO/SiO_2=0.56

(e) CaO/SiO_2=0.49　(f) 能谱

图5-43　不同钙质和硅质材料比例托贝莫来石的SEM照片和能谱

采用扫描电镜观察了不同钙质和硅质材料比例形成托贝莫来石的微观形貌和能谱，如图 5-43 所示。从图 5-43 中可以看出，在较高钙硅比情况下，形成花朵状、针状的 C—S—H 晶体；低钙硅比情况下，形成板状托贝莫来石晶体，结晶粗大，水化产物在物料颗粒间的空隙中相互交叉连接，形成的样品具有较高的强度。体系中其他矿物的 SEM 照片和 EDS 如图 5-44 所示。

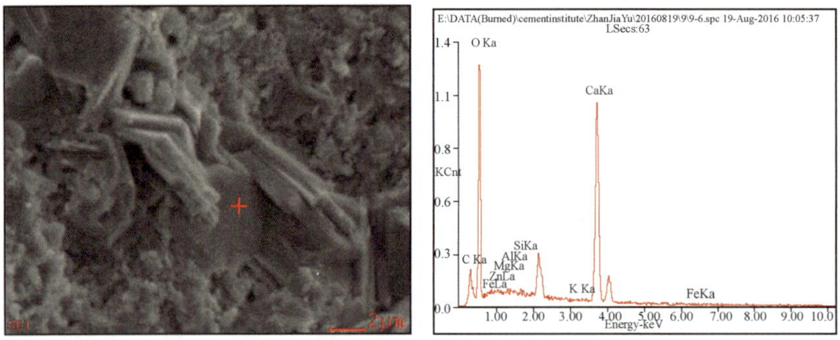

(a) CaO/SiO_2=0.87

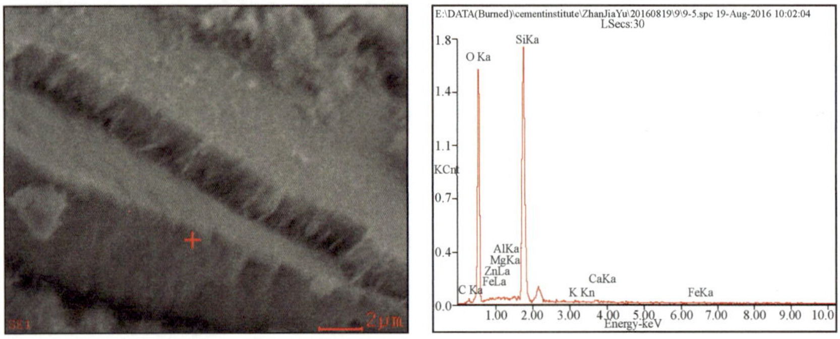

(b) CaO/SiO_2=0.56

图 5-44 不同钙质和硅质材料比例主要矿物的 SEM 照片和 EDS

从图 5-44 中可以看出，在高钙硅比的试样中，存在片状的 $Ca(OH)_2$ 结晶。体系中致密的不规则形状矿物为石英或尾矿硅质材料［图 5-44（b）］，形成的 C—S—H 晶体或托贝莫来石结晶集中在硅质材料的表面。

固定钼尾矿和石英粉的用量，研究了消石灰对水泥不同替代量对硅酸钙板性能的影响。实验组成设计如表 5-57 所示。

表 5-57 原材料组成设计及性能

序号	基准水泥/%	消石灰/%	钼尾矿/%	石英粉/%	抗折强度/MPa	抗压强度/MPa	CaO/SiO_2
1	19. 35	21. 51	37. 63	21. 51	8. 3	65. 9	0. 54

续表

序号	基准水泥/%	消石灰/%	钼尾矿/%	石英粉/%	抗折强度/MPa	抗压强度/MPa	CaO/SiO_2
2	22.58	18.28	37.63	21.51	11.2	64	0.54
3	25.81	15.05	37.63	21.51	11.0	61.8	0.53
4	29.03	11.83	37.63	21.51	8.0	63.3	0.52
5	32.26	8.60	37.63	21.51	9.9	65.5	0.51
6	35.48	5.38	37.63	21.51	11.2	67.9	0.51
7	40.86	0	37.63	21.51	15.8	74.0	0.49

从不同钙质材料和硅质材料比例实验结果来看，随着消石灰对水泥替代量增加，体系钙硅比稍有增加，其抗折、抗压强度稍有下降，但整体变化幅度较小。实验研究了不同消石灰对水泥替代量条件下形成的水化产物的矿物组成，结果如图 5-45 所示。

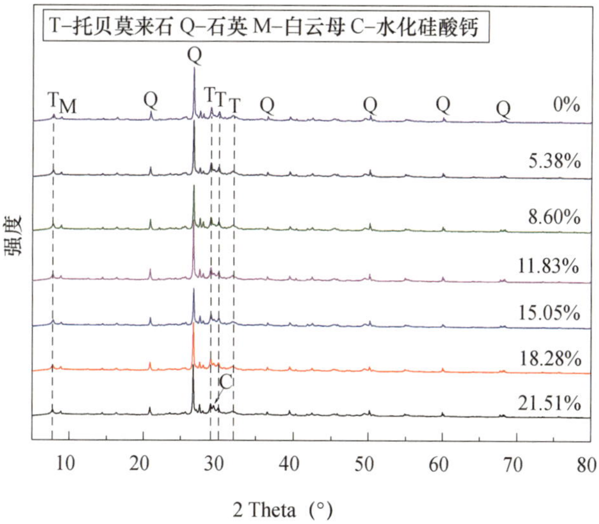

图 5-45 不同消石灰用量水化产物 XRD 谱图

从图 5-45 中可以看出，在该体系硅质材料的用量下，不同消石灰掺量 XRD 谱图中均没有 $Ca(OH)_2$的衍射峰，说明体系中的 $Ca(OH)_2$全部参与了水化反应。消石灰掺量为 21.51% 时，体系中存在水化硅酸钙衍射峰，随着消石灰掺量降低，托贝莫来石衍射峰强度稍有增加，掺量低于 15.05% 时，托贝莫来石衍射峰强度变化不大。消石灰作为钙质材料替代部分水泥，体系中有效 $Ca(OH)_2$的量增加，有效钙硅比随消石灰用量增加而增大，钙硅比大有利于形成水化硅酸钙，有效钙硅比降低导致水化硅酸钙向托贝莫来石转变。消石灰掺量增加引起强度稍有下降，可能是由于消石灰替代部分水泥引起试件密度降低，从而引起力学性能下降。

不同消石灰掺量试样中托贝莫来石的形貌如图5-46所示。从图中可以看出，在Ca（OH）$_2$用量较高时，形成针状的C—S—H晶体，随着Ca（OH）$_2$掺量降低，形成板状托贝莫来石，结晶粗大。

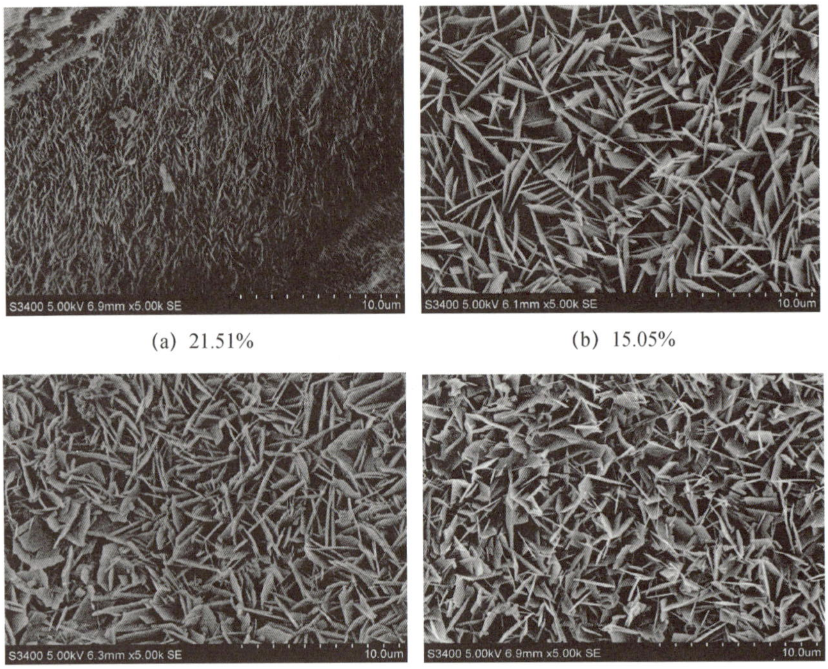

(a) 21.51%　(b) 15.05%

(c) 8.60%　(d) 0

图5-46　不同消石灰掺量试样托贝莫来石的SEM照片

固定石英粉和钼尾矿的比例为0.57，调整基准水泥和硅质材料的比例，研究不同水泥用量对硅酸钙板性能的影响。组成设计如表5-58所示。

表5-58　硅酸钙板组成设计

序号	基准水泥/%	钼尾矿/%	石英粉/%	木浆纤维/%
1	35	36.9	21.1	7
2	38	35.0	20.0	7
3	41	33.1	18.9	7
4	44	31.2	17.8	7
5	47	29.3	16.7	7
6	50	27.4	15.6	7

不同水泥用量对硅酸钙板力学性能、密度、含水率等性能的影响，见表5-59。

表 5-59 硅酸钙板性能

序号	密度/（g·cm^{-3}）	吸水率/%	抗折强度/MPa	CaO/SiO_2
1	1.35	27.89	12.1	0.45
2	1.37	28.41	11.9	0.50
3	1.26	33.54	8.6	0.55
4	1.35	27.33	10.5	0.62
5	1.34	28.56	9.6	0.67
6	1.38	26.87	9.5	0.75

由表 5-59 可以看出，随着水泥掺量的增加，硅酸钙板密度稍有增加，吸水率稍有增加，水泥用量超过 41% 后，硅酸钙板抗折强度稍有下降。

从不同水泥用量的 XRD 谱图图 5-47 中可以看出，水泥掺量 $<38\%$ 时，$d=11.3$Å 托贝莫来石衍射峰强度变化不大；水泥掺量 $>38\%$ 时，随着水泥掺量增加，托贝莫来石衍射峰强度降低，$d=3.03$Å 水化硅酸钙衍射峰强度增加，不同水泥掺量下均没有发现 $Ca(OH)_2$ 的衍射峰，说明水泥水化产生的 $Ca(OH)_2$ 与体系中的 SiO_2 发生了水化反应，高钙硅比情况下形成水化硅酸钙，钙硅比降低，水化硅酸钙逐渐转变为结晶较好的托贝莫来石。水泥掺量在 38% 时，托贝莫来石的衍射峰强度最高。

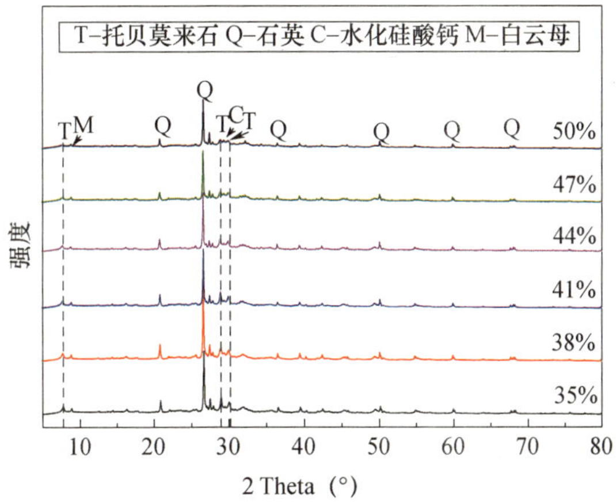

图 5-47 不同水泥用量水化产物 XRD 谱图

5.6.5 硅酸钙板规模化生产

1. 硅酸钙板生产工艺

硅酸钙板的生产工艺基本上包括制浆、成型、养护、烘干等工序，主要流程如图 5-48 所示。国内外硅酸钙板的成型工艺主要包括：流浆法、抄取法和挤出法。国内 70% 以上的生产线为流浆法，国外 90% 以上的生产线为抄取法。近年来国外发明了挤出法生产工艺，国内少数企业引进了该工艺，目前国内挤出法工艺产品以生产非蒸压高密度纤维水泥板和异型板为主，生产非蒸压高密度纤维水泥板企业如美国星石公司，其专利中描述了可制备中低密度的纤维水泥板，但未见相关产品。生产异型板材形状可根据模口进行更换，如韩国 IKSUNGTECH 公司的挤出法工艺，天津正通墙体材料有限公司及北新建材集团的异型材产品。

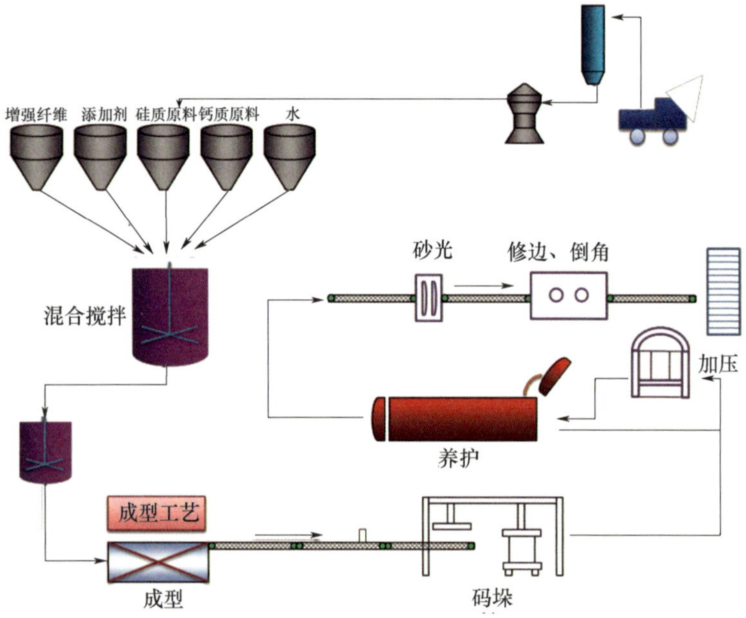

图 5-48　硅酸钙板生产工艺流程图

对三种工艺进行了调研，并比较了三种工艺的区别和优缺点，结果如表 5-60 所示。

表 5-60　抄取法、流浆法与挤出法生产工艺的比较

对比内容	抄取法	流浆法	挤出法
主要原材料	水泥、石英砂、消石灰、絮凝剂、硅灰石粉、增强纤维、消泡剂、粉煤灰等	水泥、石英砂、消石灰、絮凝剂、硅灰石粉、增强纤维、消泡剂、粉煤灰等	水泥、石英砂、增强纤维、外加剂等
制浆	水灰比大，需要控制料浆的浓度（8% 左右），一般经过搅拌桶搅拌后，由计量泵按照固定比例打入搅拌机搅拌均匀，最终进入贮浆机		水灰比低（0.25 ~ 0.3），用水量低，原材料和外加剂经均匀分散后进入挤出成型机

续表

对比内容		抄取法	流浆法	挤出法
成型		利用滤网的旋转与液体压力对悬浮液进行过滤，料浆经网轮抄取后，料层传递到成型筒，挤出料层水分，连续挤压缠卷制成一定厚度的结构较密实的料坯	将制好的混合浆通过流浆槽流到透气毛布上，通过真空泵将毛布上料层的水分抽走，具有一定水分的料层再由毛布缠裹到成型筒上缠绕形成料坯	掺有增塑剂的纤维砂浆拌合料经真空抽气，然后借助于螺杆的挤压与剪切作用使拌合料由磨口连续挤出成型
养护		60～80℃预养护达到一定的初期强度，进入蒸压养护处理。在180℃、0.8～1MPa的条件下进行蒸压养护		常温常压养护即可
设备造价		主机设备价格比流浆法高30%	设备系统简单，主机设备价格低于抄取法工艺	前期设备投资高，工艺相对简单，清洁化生产容易实现
运行成本		高	中	低
生产维护工作量		维护工作量相对流浆法高	维护工作量相对抄取法低，易于维护	维护量低，易于维护
生产工艺	原料适应性	对原材料的要求较高，特别是纤维类材料，成本较高。目前国内的技术和装备生产无石棉硅酸钙板时产量较低	对原材料的要求低于抄取法，纤维材料级别可降低，成本较低	纤维沿挤出方向取向，利用率高，需要加入较多量的外加剂
	生产操控性	生产中需控制的工艺参数较多，操控点也多，控制难度较大	生产中需控制的工艺参数少，生产控制相对容易	生产中需控制的工艺参数较少，生产自动化控制
	料损（回水浓度）	回水量大、回水浓度难掌控，导致废料量大，产生料损的可能性高；即使回收用于生产，废料掺加量增大会影响产品质量	回水量较小、回水浓度低、废料量便于控制，料损较低	没有回水，废料量可完全回用
	料层厚度均匀性	料层厚度均匀性较好，便于控制；但操作不当易分层	料层厚度均匀性的控制不如抄取法，分层倾向低于抄取法	一体挤出成型，不存在分层情况，且料层厚度均匀性较好，便于控制

续表

对比内容		抄取法	流浆法	挤出法
产品质量	板面质量	产品板面质量（表面平整、光洁度等）优于流浆法	产品板面质量（表面平整、光洁度等）低于抄取法	表面经过高温滚压，产品板面质量较高
	抗折强度	纤维在料层中的取向性不易控制，导致产品的纵、横抗比不合理。产品抗折强度达标情况下，横抗易超标	产品的纵、横抗比趋于合理，可节约纤维类材料用量。但由于纤维在料层中有一定的垂直取向性，纤维的利用也并不很充分	在拌合物挤出过程中部分纤维沿挤出方向取向，纤维利用效率较高，板抗折强度高
	密度	低、中、高密度，生产薄板有优势	中、高密度（低密度产品质量不如抄取法），可生产厚板	适合生产高密度板，生产厚板有优势
投资额度		投资额度较高	投资额度居中	投资额度高

2. 硅酸钙板成型工艺

从产品质量、生产工艺、产品应用、投资成本等方面详细比较了抄取法、流浆法和挤出法生产工艺。

（1）产品质量

采用相同原材料、配比及生产工艺参数比较流浆法和抄取法，从产品质量角度来讲，两者在生产不同产品时各具优势，在生产中密度板材时，抄取法产品的比强度、密度、平均弹性模量和表面平整度均优于流浆法。生产低密度板材时，流浆法产品综合性能优于抄取法。根据产品市场定位，用于涂装的基板要求密度在 1.2～1.6g/cm^3，属于中高密度板材范围，因此抄取法更具优势。

对流浆法、抄取法、挤出法的产品性能进行比较，如表 5-61 所示。

表 5-61　不同成型工艺产品性能比较

产品性能	抄取法 硅酸钙板		流浆法 硅酸钙板		挤出法 非蒸压纤维水泥板
	*D*0.9～1.2	*D*1.2～1.4	>1.1	>1.2	>1.7
抗折强度/MPa	≥10	≥12	≥8	≥10	20.2
吸水率/%	—	—	—	—	7.8
含水率/%	<10	<10	<10	<10	—
湿涨率/%	—	—	<0.25	<0.25	0.317
不燃性	符合《建筑材料及制品燃烧性能分级》（GB 8624—2012）不燃性能，指标 A1 级				
抗冻性	25 次冻融循环无龟裂，无起层				

由于挤出法产品为高密度纤维水泥板材，因此在强度和吸水率方面有明显优势。流浆法和抄取法生产的相同等级密度产品相比，采用抄取法制备的硅酸钙板强度更优，三种工艺产品的不燃性和抗冻性均可符合产品标准要求。

（2）生产工艺

由表5-62生产工艺的比较，可以看出抄取法对原材料的要求高于流浆法，挤出法需要添加各种外加剂，对原材料的分散性有较高的要求。抄取法对原材料的利用率，尤其是纤维的利用率较高，抄取法纤维呈现二维排列，挤出法纤维有一定的沿挤出方向的取向。抄取法需要控制的工艺参数较多，对人员素质要求较高。流浆法容易控制，挤出法自动化程度较高。从生产的清洁程度来看，挤出法由于没有回水产生，生产车间清洁干净，抄取法车间的清洁程度优于流浆法。

表5-62　生产工艺比较

对比内容	抄取法	流浆法	挤出法
原材料要求	＋＋	＋	＋＋＋
原材料利用率	＋＋	＋	＋＋
生产控制难易程度	＋＋	＋	＋
清洁程度	＋＋	＋	＋＋＋
产能	＋＋＋	＋＋＋	＋＋

（3）产品应用

流浆法和抄取法产品应用领域相差不大，主要包括隔墙、吊顶、公共建筑内外墙装饰、烟道风道、隧道、地铁等。挤出法产品主要用于内外墙高档装饰材料及个性化定制产品。用于外墙时流浆法和抄取法均在耐久性上有一定的劣势，主要为成型工艺造成的分层，挤出法为一体成型，不存在该问题。但分层问题可以通过生产过程精细化控制来解决，国外抄取法产品在外墙应用已有多年历史。

（4）设备投资和直接成本

由表5-63可以看出，从直接成本比较，抄取法和流浆法相差不大，抄取法稍高于流浆法，挤出法由于原材料成本高，直接成本是流浆法和抄取法的三倍左右。流浆法和抄取法设备投资相差不大，抄取法根据网箱的数量总设备投资高于流浆法30万～50万元。由于关键设备需要进口，挤出法设备投资较高。

表 5-63　抄取法、流浆法与挤出法成本比较

对比内容	抄取法	流浆法	挤出法	备注
设备投资	+ +	+ +	+ + +	抄取法和流浆法设备投资价格相差不大，抄取法主机价格高于流浆法 30 万 ~ 50 万元，其他设备相同
原材料	+	+	+ + +	挤出法需要外加剂
水	+ + +	+ +	+	挤出法水灰比 0.3 左右，流浆法浆料浓度 15% 左右，抄取法浆料浓度 3% ~ 8%
电	+ +	+ +	+	
蒸汽	+ + +	+ + +	+	挤出法取决于配方和养护方式，常温养护和蒸汽养护蒸汽用量少，蒸压养护用量大
人工成本	+ +	+ +	+	
直接成本	+	+	+ + +	流浆法和抄取法直接成本约 10 元/平方米，挤出法直接成本约 30 元/平方米

5.7　尾矿制备建筑材料的安全性评价

在利用工业固废进行建材资源化的同时，也不能忽略利用工业固废生产建材所存在的潜在环境风险。即使工业固废生产建材产品能有效固化工业固废中的重金属，使大量的固废达到减量化、资源化利用与安全处置，但这些建材产品在使用过程中会因降雨淋滤等作用导致建材中的重金属释放到环境中，对环境和人体健康造成影响。此外，建材产品在使用期限结束后，经过物理破坏会大大增加重金属浸出，因此，需要找出适用于建材的重金属的浸出方法，分析建材在使用过程（块状建材）及使用寿命结束后遭到物理破坏后（颗粒状建材）的浸出规律，分析其浸出机理，为固废建材化展开可行性及环境安全性研究。

5.7.1　尾矿制备建筑材料的重金属毒性浸出

利用承德尾矿制备混凝土、加气混凝土、泡沫陶瓷、微晶玻璃、蒸养砖、硅酸钙板、蒸压砖等七种建筑材料。采用 BCR（三步法连续浸提）测试建筑材料重金属毒性浸出。

1. 混凝土的重金属毒性浸出

选择七种尾矿替代天然砂制备混凝土，尾矿的掺量占混凝土质量的

67%，混凝土的重金属毒性浸出见表5-64，图5-49为尾矿和尾矿制备的混凝土的重金属毒性浸出。

表5-64 混凝土重金属毒性浸出

编号	化学形态	As 75 (mg/kg)	Cd 111 (mg/kg)	Cr 52 (mg/kg)	Cu 63 (mg/kg)	Mn 55 (mg/kg)	Ni 60 (mg/kg)	Pb 208 (mg/kg)	Zn 66 (mg/kg)
B1	酸可交换态	0.019	—	0.727	0.144	12.577	7.035	—	0.766
	Fe-Mn 氧化态	0.867	—	3.996	5.660	77.682	2.290	2.638	3.353
	有机态	0.224	0.043	1.654	1.134	3.712	1.281	1.033	1.724
	残渣态	0.088	—	3.785	2.243	24.263	1.237	3.980	3.634
	合计	1.198	0.043	10.162	9.182	118.235	11.844	7.652	9.478
E1	酸可交换态	0.014	—	—	—	27.445	3.617	—	—
	Fe-Mn 氧化态	0.844	0.043	6.674	15.548	238.504	7.038	2.617	7.251
	有机态	0.055	0.043	2.325	19.362	34.413	4.069	0.798	3.779
	残渣态	0.267	—	32.956	15.874	350.487	14.865	3.930	39.828
	合计	1.180	0.086	41.955	50.784	650.849	29.590	7.345	50.859
G3	酸可交换态	0.019	—	0.022	—	27.536	3.938	—	—
	Fe-Mn 氧化态	1.878	0.027	4.839	6.736	129.911	4.603	1.703	13.393
	有机态	0.423	0.043	1.032	5.248	25.090	5.739	0.193	5.907
	残渣态	—	0.025	6.990	11.166	682.070	3.487	3.018	60.570
	合计	2.321	0.095	12.883	23.151	864.606	17.766	4.914	79.870
L3	酸可交换态	0.014	—	0.103	—	22.028	5.111	—	—
	Fe-Mn 氧化态	0.954	0.011	6.271	6.031	100.912	6.144	2.851	7.040
	有机态	0.059	0.043	0.775	3.382	22.475	1.738	0.131	1.408
	残渣态	—	—	10.757	5.584	341.947	5.784	3.457	21.877
	合计	1.027	0.053	17.907	14.997	487.362	18.777	6.438	30.325
R	酸可交换态	0.063	0.048	0.211	0.130	35.528	5.936	0.049	2.651
	Fe-Mn 氧化态	1.239	0.016	9.032	5.408	89.835	2.542	10.724	10.693
	有机态	0.085	0.253	1.878	3.266	16.264	1.608	1.335	20.613
	残渣态	0.321	—	3.977	1.079	52.516	0.525	5.668	8.223
	合计	1.707	0.317	15.098	9.882	194.143	10.611	17.776	42.180
T	酸可交换态	0.009	0.029	0.773	—	10.063	4.169	—	—
	Fe-Mn 氧化态	0.920	0.083	10.908	6.263	154.855	6.625	12.514	17.988
	有机态	0.103	0.331	2.377	1.934	24.118	1.657	0.933	13.111
	残渣态	0.904	—	4.548	2.195	32.305	0.357	4.190	7.767
	合计	1.936	0.442	18.606	10.392	221.341	12.808	17.637	38.866

续表

编号	化学形态	As 75 (mg/kg)	Cd 111 (mg/kg)	Cr 52 (mg/kg)	Cu 63 (mg/kg)	Mn 55 (mg/kg)	Ni 60 (mg/kg)	Pb 208 (mg/kg)	Zn 66 (mg/kg)
U	酸可交换态	0.042	—	1.031	0.193	14.994	3.612	—	—
	Fe-Mn 氧化态	1.118	0.108	3.440	308.153	149.795	4.599	4.687	25.662
	有机态	1.042	0.097	1.214	328.044	24.060	3.297	1.022	15.793
	残渣态	4.270	—	19.548	143.583	297.573	13.188	3.212	32.798
	合计	6.472	0.204	25.233	779.972	486.422	24.696	8.921	74.252

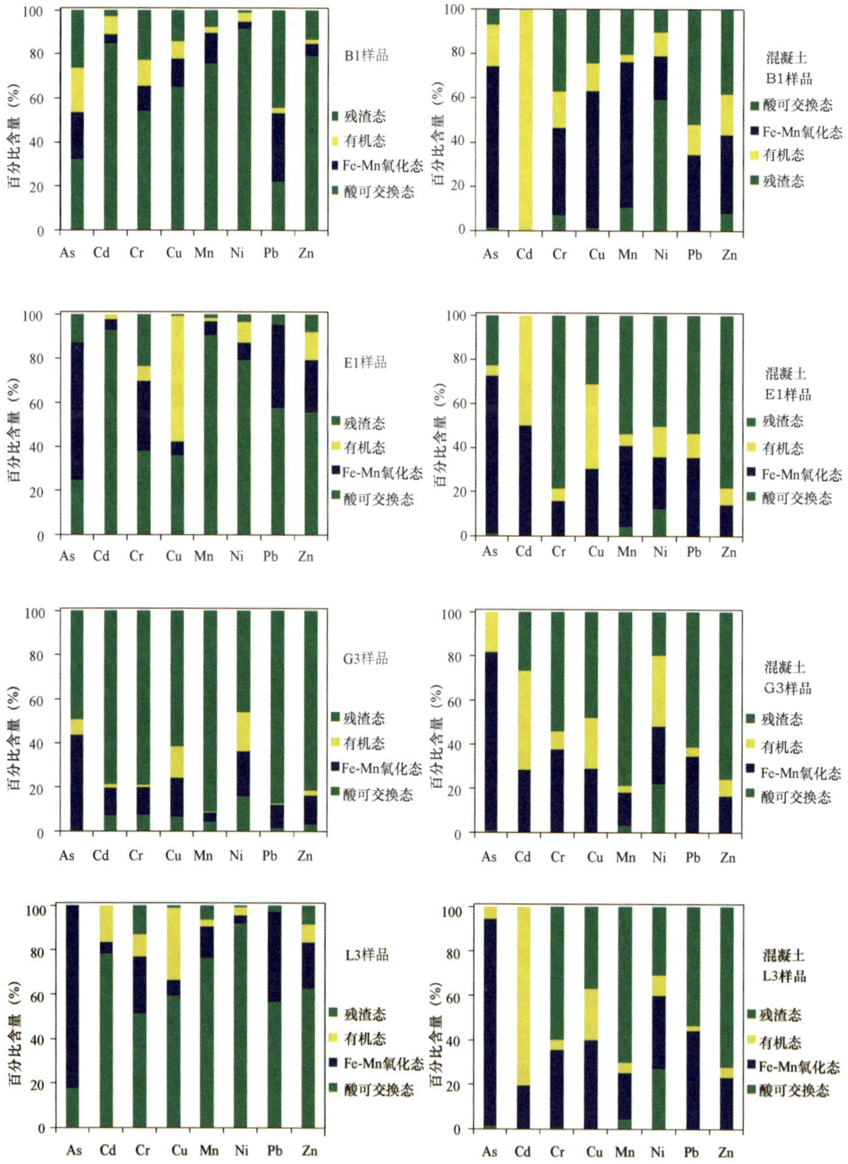

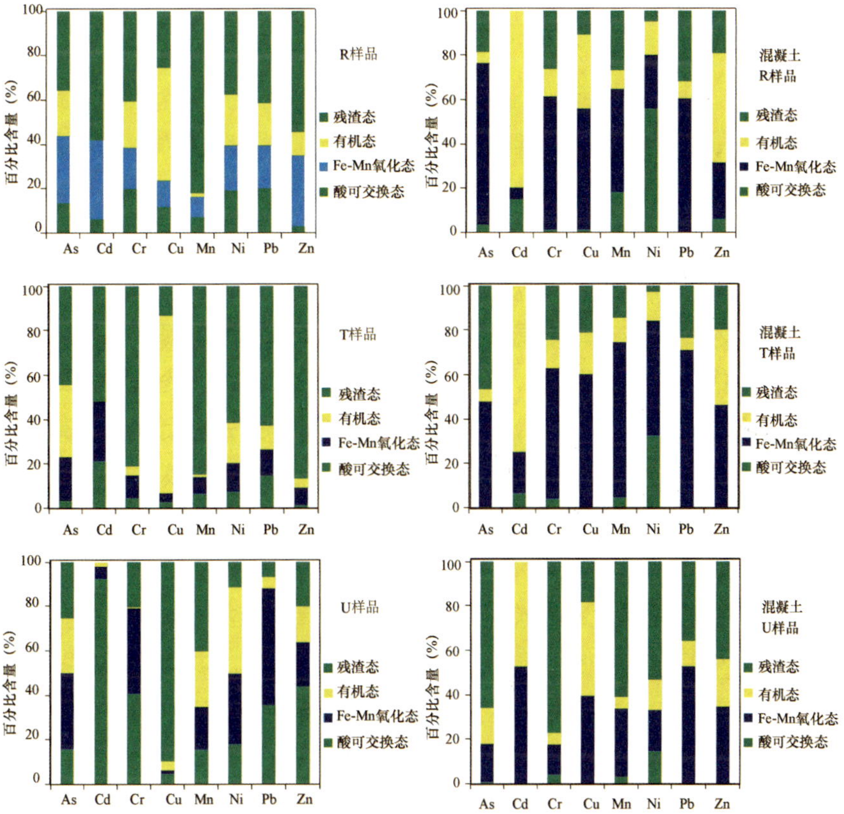

图5-49 尾矿和尾矿制备的混凝土的重金属毒性浸出

由表5-64和图5-49可以看出：B1、E1、G3、L3四种铁尾矿制备混凝土时，Mn元素的总浸出含量超过了其他元素的总含量，但浸出数值均小于原尾矿数值，说明混凝土能够较好地固化Mn元素。各元素在有机态和Fe-Mn氧化态时的浸出比例增加，酸可交换态时的浸出百分比较小。四种铁尾矿制备的混凝土在不同形态的浸出量具有差异性，但总体差异不大。R、T为钼尾矿，整体重金属总含量的浸出趋势相似。各元素在酸可交换态时有部分浸出，在残渣态有少量浸出，Ni元素在酸可交换态时浸出量的百分比较小。部分元素在Fe-Mn氧化态和有机态时浸出含量较高。故使用承德地区的钼尾矿制作混凝土时，需注意Ni元素的固化及各元素发生氧化还原反应时的浸出。U为铜尾矿，用铜尾矿制作混凝土时，Cu、Mn元素的总浸出量较大，特别是Cu元素含量较高，其在酸可交换态时浸出百分比较小，有机态和Fe-Mn氧化态相对较高。可见铜尾矿制作成混凝土产生的硅酸盐物质能够对Cu元素起到活化的作用，使其价态发生改变。其他元素在酸可交换态时有部分浸出。整体来说，在自然条件下用承德地区的尾矿制作混凝土时，选用铜尾矿对重金属的固化效果最好，铁尾矿及钼尾矿还需对Ni元素进行进一步固化。

2. 加气混凝土的重金属毒性浸出

选择七种尾矿制备加气混凝土，尾矿的掺量占加气混凝土质量的67%，加气混凝土的重金属毒性浸出见表5-65，图5-50为尾矿和尾矿制备的混凝土的重金属毒性浸出。

表5-65 加气混凝土重金属毒性浸出

编号	化学形态	As 75 (mg/kg)	Cd 111 (mg/kg)	Cr 52 (mg/kg)	Cu 63 (mg/kg)	Mn 55 (mg/kg)	Ni 60 (mg/kg)	Pb 208 (mg/kg)	Zn 66 (mg/kg)
B1	酸可交换态	0.029	0.064	—	—	21.373	3.589	—	—
	Fe-Mn 氧化态	0.408	0.084	0.348	0.575	265.501	3.660	1.882	12.452
	有机态	0.175	0.104	11.486	4.383	45.852	0.930	5.010	11.485
	残渣态	0.417	0.132	7.972	3.354	53.979	0.962	5.789	12.311
	合计	1.030	0.384	19.806	8.311	386.705	9.140	12.681	36.248
E1	酸可交换态	0.058	—	0.123	0.015	7.317	3.733	—	0.077
	Fe-Mn 氧化态	0.231	0.042	0.195	0.200	394.013	5.741	0.230	5.441
	有机态	0.307	0.043	8.786	34.242	55.095	5.023	1.464	3.979
	残渣态	0.830	—	36.758	19.077	411.585	17.605	4.716	48.481
	合计	1.426	0.085	45.861	53.534	868.011	32.102	6.411	57.977
G3	酸可交换态	0.080	0.032	0.194	—	13.356	3.601	—	0.101
	Fe-Mn 氧化态	0.515	0.076	0.368	0.456	298.855	3.684	3.857	12.243
	有机态	0.182	0.111	9.913	4.341	23.638	0.075	1.906	14.189
	残渣态	0.293	0.166	7.565	3.045	65.621	0.978	6.160	25.003
	合计	1.071	0.385	18.041	7.843	401.470	8.339	11.923	51.535
L3	酸可交换态	0.052	0.016	0.383	—	3.144	3.708	0.000	0.116
	Fe-Mn 氧化态	0.237	0.023	0.459	0.246	303.714	8.402	0.711	5.381
	有机态	0.368	—	8.210	7.467	27.443	1.383	—	2.043
	残渣态	—	—	10.874	5.391	333.564	6.035	3.342	23.459
	合计	0.657	0.039	19.926	13.104	667.865	19.528	4.053	30.999
R	酸可交换态	0.080	—	0.249	—	14.034	3.780	—	0.058
	Fe-Mn 氧化态	0.320	0.029	0.310	0.111	308.447	3.982	0.173	8.631
	有机态	0.636	0.043	8.073	10.272	39.084	5.167	1.053	5.549
	残渣态	1.747	0.044	10.233	18.152	317.997	6.486	6.029	34.346
	合计	2.783	0.116	18.864	28.535	679.563	19.416	7.255	48.584
T	酸可交换态	0.094	—	0.570	—	3.486	4.380	—	0.272
	Fe-Mn 氧化态	0.246	0.016	0.839	0.072	256.748	7.037	0.829	5.302
	有机态	0.698	0.043	7.069	1.906	14.381	1.684	2.190	1.239
	残渣态	0.672	—	4.231	1.907	32.762	1.597	5.291	5.407
	合计	1.709	0.059	12.709	3.885	307.378	14.698	8.310	12.221
U	酸可交换态	0.070	0.014	0.268	0.018	0.910	2.858	—	0.045
	Fe-Mn 氧化态	0.195	0.076	0.771	15.359	351.686	3.762	0.792	15.435
	有机态	1.281	0.079	7.627	594.071	57.100	3.107	1.658	20.769
	残渣态	3.767	—	17.410	198.135	262.290	12.006	3.461	34.361
	合计	5.314	0.169	26.075	807.583	671.986	21.734	5.911	70.610

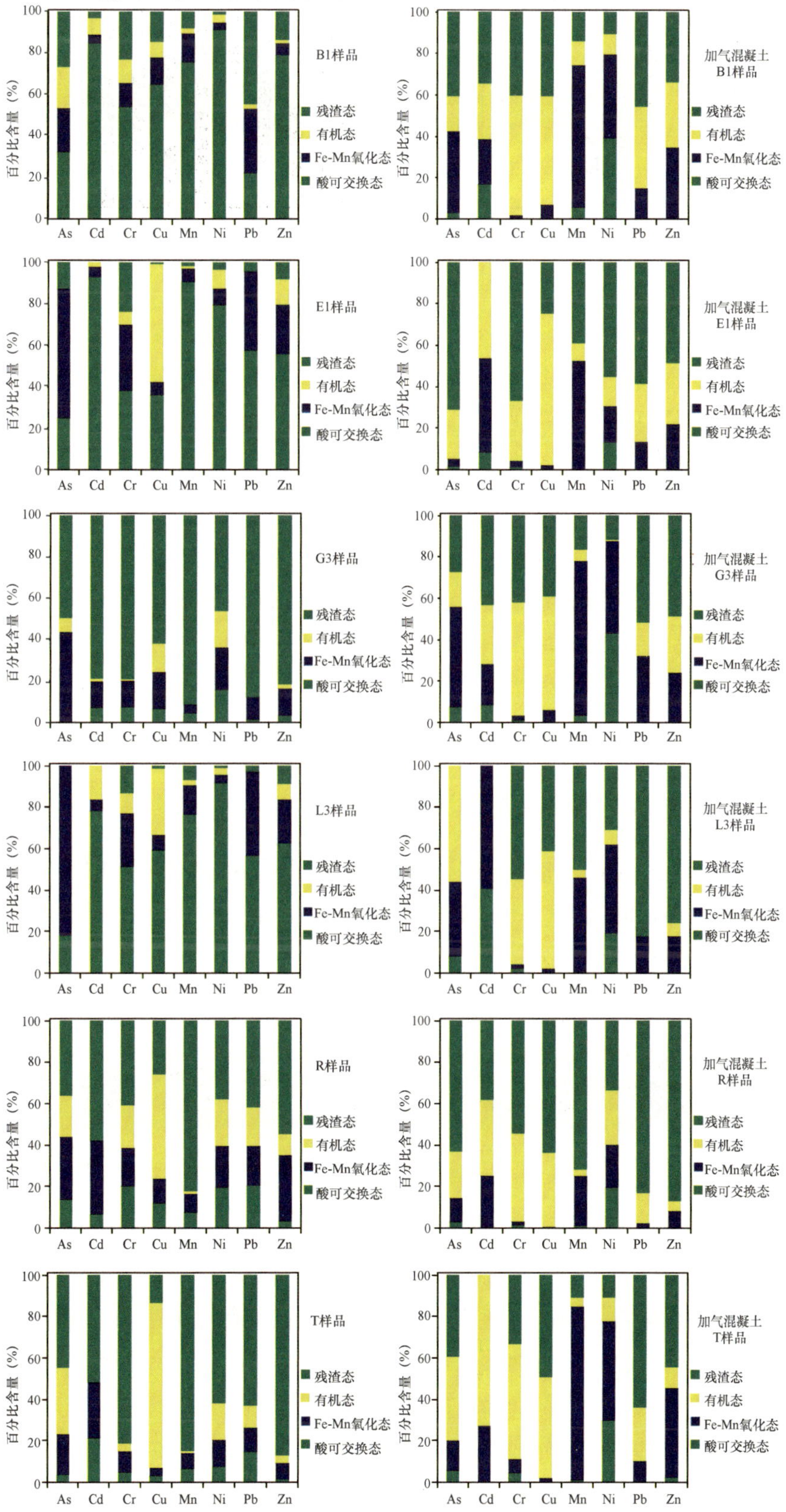
B1样品
加气混凝土
B1样品
E1样品
加气混凝土
E1样品
G3样品
加气混凝土
G3样品
L3样品
加气混凝土
L3样品
R样品
加气混凝土
R样品
T样品
加气混凝土
T样品
残渣态
有机态
Fe-Mn氧化态
酸可交换态
百分比含量（%）
0
20
40
60
80
100
As
Cd
Cr
Cu
Mn
Ni
Pb
Zn

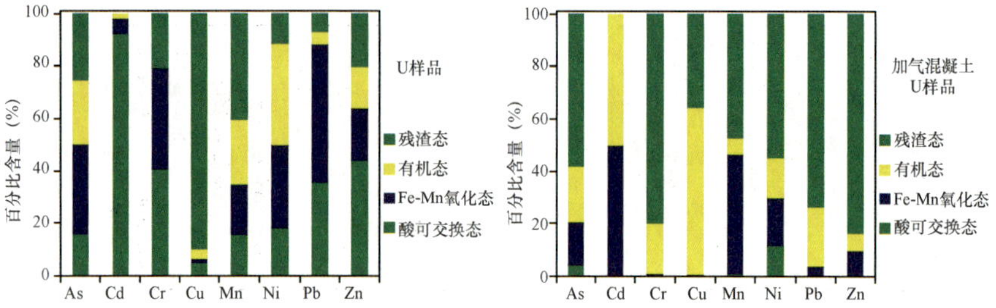

图 5-50　尾矿和尾矿制备的加气混凝土的重金属毒性浸出

由表 5-65 和图 5-50 可以看出，七种尾矿制备加气混凝土时重金属毒性浸出整体类似于混凝土的毒性浸出。Mn 元素的总浸出含量超过了其他元素的总含量，其酸交换态时的浸出量比率相对较低，各尾矿制备的加气混凝土在不同形态的浸出量也具有差异性，但总体差异不大，各元素在酸交换态时的毒性浸出比率较小，有机态和 Fe-Mn 氧化态的浸出比率较高。铜尾矿对 Cu 元素的固化效果较好，数值小于原尾矿数值。故使用承德地区尾矿制作加气混凝土时，能够较好地将有害金属固化在氧化钙及硅质物质内部，使得重金属的浸出量能够在限值内，从而达到环保无污染和废物再利用的作用。整体来说，用承德地区的尾矿制作加气混凝土时，整体效果较好，不需要针对每种元素进行额外固化。

3. 蒸养砖的重金属毒性浸出

选择七种尾矿制备蒸养砖，尾矿的掺量占蒸养砖质量的 78%，蒸养砖蒸养 8h 和 24h 的重金属毒性浸出见表 5-66 和表 5-67，图 5-51 为尾矿和尾矿制备的蒸养砖 8h 的重金属毒性浸出。

表 5-66　蒸养 8h 的蒸养砖重金属毒性浸出

样品	化学形态	As 75 (μg/g)	Cd 111 (μg/g)	Cr 52 (μg/g)	Cu 63 (μg/g)	Mn 55 (μg/g)	Ni 60 (μg/g)	Pb 208 (μg/g)	Zn 66 (μg/g)
B1	酸可交换态	0.063	0.002	2.768	0.441	21.077	4.778	0.216	1.639
	Fe-Mn 氧化态	0.500	0.001	3.965	1.348	29.098	2.629	5.258	1.576
	有机态	0.218	—	0.571	—	3.337	1.140	0.257	0.903
	残渣态	1.217	0.019	6.091	0.589	49.946	1.356	6.918	8.798
E1	酸可交换态	0.006	0.012	—	0.001	100.946	6.082	—	0.123
	Fe-Mn 氧化态	0.643	0.022	16.642	18.984	108.213	6.142	7.377	9.166
	有机态	—	0.019	2.490	21.760	32.294	4.439	0.014	5.072
	残渣态	1.461	0.046	42.813	16.908	478.765	19.420	4.374	51.598

续表

样品	化学形态	As 75 (μg/g)	Cd 111 (μg/g)	Cr 52 (μg/g)	Cu 63 (μg/g)	Mn 55 (μg/g)	Ni 60 (μg/g)	Pb 208 (μg/g)	Zn 66 (μg/g)
G3	酸可交换态	0.033	0.012	1.025	0.698	63.527	4.053	—	2.967
	Fe-Mn 氧化态	1.648	0.014	6.331	6.035	53.847	3.500	3.844	9.255
	有机态	0.112	0.007	0.618	6.574	19.697	6.792	—	6.676
	残渣态	1.852	0.111	14.164	14.715	1413.757	6.755	4.854	110.665
L3	酸可交换态	0.026	0.003	1.880	1.005	33.059	5.506	0.098	1.278
	Fe-Mn 氧化态	0.482	0.003	9.132	4.208	46.140	6.613	5.486	3.547
	有机态	0.014	0.002	0.484	3.691	20.552	1.975	—	2.870
	残渣态	1.961	0.079	18.015	5.822	523.389	8.437	4.007	32.062
R	酸可交换态	0.154	0.054	2.687	1.004	40.094	3.928	0.979	5.815
	Fe-Mn 氧化态	0.660	0.045	11.717	3.264	50.398	2.521	30.010	6.739
	有机态	0.080	0.253	1.524	2.437	12.426	1.338	0.840	23.942
	残渣态	1.493	0.130	5.956	—	55.503	0.459	4.802	12.503
T	酸可交换态	0.101	0.035	3.442	0.538	24.155	4.041	0.453	3.932
	Fe-Mn 氧化态	0.438	0.032	14.254	3.717	69.522	3.482	32.767	5.811
	有机态	0.074	0.362	1.616	1.274	17.135	1.114	0.312	15.406
	残渣态	1.449	0.045	6.472	0.826	58.030	0.441	6.437	10.480
U	酸可交换态	0.020	0.040	0.214	54.948	50.054	3.109	0.127	7.273
	Fe-Mn 氧化态	1.717	0.027	8.214	425.749	64.594	4.079	14.074	14.413
	有机态	1.146	0.083	0.836	177.649	16.378	1.875	—	8.655
	残渣态	4.708	0.042	22.567	154.356	344.226	15.785	2.981	38.352

表 5-67 蒸养 24h 的蒸养砖重金属毒性浸出

样品	化学形态	As 75 (μg/g)	Cd 111 (μg/g)	Cr 52 (μg/g)	Cu 63 (μg/g)	Mn 55 (μg/g)	Ni 60 (μg/g)	Pb 208 (μg/g)	Zn 66 (μg/g)
B1	酸可交换态	0.042	0.002	1.271	0.279	20.032	7.011	0.035	1.757
	Fe-Mn 氧化态	0.839	0.001	3.556	2.985	60.166	6.775	2.703	13.377
	有机态	0.145	0.020	0.495	0.639	5.020	0.355	1.081	4.635
	残渣态	9.652	0.018	10.599	1.946	31.058	1.223	4.222	8.772
E1	酸可交换态	0.036	0.015	0.082	0.521	128.698	7.653	0.066	1.021
	Fe-Mn 氧化态	0.961	0.019	11.109	31.695	177.725	9.790	3.413	18.407
	有机态	—	0.015	2.626	42.932	40.033	5.709	0.875	6.949
	残渣态	9.968	0.052	60.967	20.990	570.444	22.995	5.314	68.803

续表

样品	化学形态	As 75（μg/g）	Cd 111（μg/g）	Cr 52（μg/g）	Cu 63（μg/g）	Mn 55（μg/g）	Ni 60（μg/g）	Pb 208（μg/g）	Zn 66（μg/g）
G3	酸可交换态	0.035	0.010	0.220	0.192	64.737	5.157	—	2.724
	Fe-Mn 氧化态	2.368	0.023	5.126	8.984	105.969	5.727	1.666	22.343
	有机态	—	0.011	0.233	12.470	31.374	6.548	0.254	8.989
	残渣态	10.002	0.126	17.672	12.633	1273.310	6.826	5.384	105.629
L3	酸可交换态	0.023	—	0.472	0.261	34.096	6.876	0.012	1.374
	Fe-Mn 氧化态	0.794	0.001	6.748	6.515	84.376	9.965	2.397	20.489
	有机态	—	0.005	0.043	9.799	36.012	1.683	0.151	5.505
	残渣态	8.597	0.088	21.276	4.883	469.236	7.658	4.185	31.642
R	酸可交换态	0.193	0.049	0.844	0.406	39.107	6.099	0.207	5.251
	Fe-Mn 氧化态	0.991	0.057	9.389	5.458	89.286	7.524	14.037	16.151
	有机态	—	0.302	1.431	5.382	17.872	0.659	2.055	34.692
	残渣态	9.168	0.144	10.922	1.021	55.773	0.458	4.224	14.836
T	酸可交换态	0.129	0.033	1.047	0.098	34.406	5.275	0.088	3.538
	Fe-Mn 氧化态	0.529	0.044	9.897	5.009	100.998	4.755	14.054	15.471
	有机态	—	0.276	1.578	2.499	25.923	0.401	1.119	21.003
	残渣态	10.379	0.080	12.939	2.762	49.564	0.389	4.278	17.161
U	酸可交换态	0.056	0.037	—	4.294	53.766	5.013	0.000	1.971
	Fe-Mn 氧化态	2.704	0.076	6.478	818.806	163.086	7.423	6.215	46.649
	有机态	1.157	0.138	0.011	287.004	24.077	1.434	0.415	19.842
	残渣态	15.274	0.062	30.164	204.297	414.208	18.866	3.692	53.456

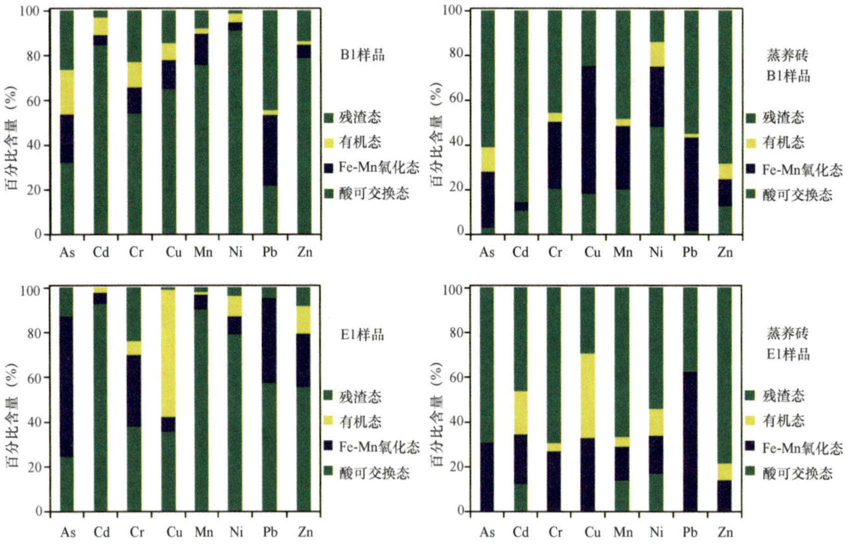

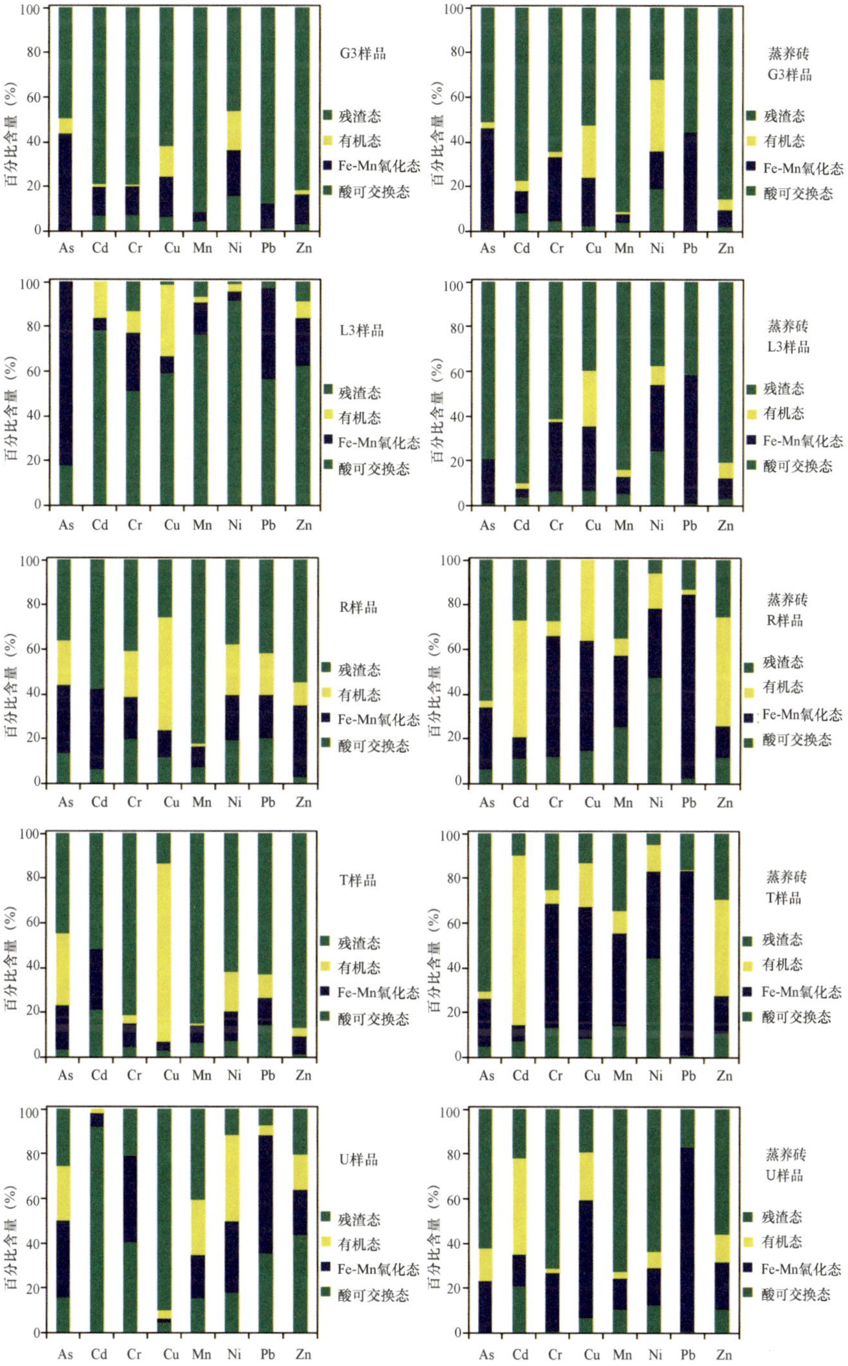

图 5-51　尾矿和蒸养 8h 蒸养砖的重金属毒性浸出

由表 5-66 和表 5-67 发现蒸压 24h 的蒸养砖的金属浸出数值高于蒸压 8h 的蒸养砖的金属浸出数值，说明蒸压时间的增长并没有加强重金属的固化，反而增加了产品的浸出毒性。

由表5-66和图5-51可以看出，B1、E1、G3、L3这四种不同的铁尾矿，Mn元素在各个时态均有毒性浸出，且Zn、Cr在残渣态的浸出数值较大。R和T均属于钼尾矿，Mn元素依然在各个时态浸出数值较大，Zn在有机态和残渣态浸出较大，Pb和Cr在Fe-Mn氧化态时浸出数值较大，说明钼尾矿制作蒸养砖时Pb和Cr容易被还原，使得毒性浸出。铜尾矿制作蒸养砖时除了Mn和Zn元素依然在各个时态浸出数值较大，Cu的浸出毒性也较高，Cr在残渣态浸出，Ni在Fe-Mn氧化态浸出值较大。总体来看，使用尾矿制备蒸养砖时需特别注意Mn的毒性浸出。用铁尾矿制备蒸养砖时还需要注意Zn和Cr的深层固化。用钼尾矿制备蒸养砖时需注意Pb和Cr易被还原的问题。从铜尾矿制备蒸养砖的毒性浸出来看，铜尾矿不适合制作蒸养砖。

4. 烧结砖的重金属毒性浸出

选择钼尾矿（T）和铜尾矿（U）制备烧结砖，尾矿的掺量占烧结砖质量的78%，烧结砖的重金属毒性浸出见表5-68。

表5-68 烧结砖的重金属毒性浸出

编号	化学形态	As 75（μg/g）	Cd 111（μg/g）	Cr 52（μg/g）	Cu 63（μg/g）	Mn 55（μg/g）	Ni 60（μg/g）	Pb 208（μg/g）	Zn 66（μg/g）
T	酸可交换态	0. 327	0. 127	3. 126	0. 245	162. 375	4. 800	0. 172	9. 737
	Fe-Mn氧化态	3. 323	0. 067	16. 993	4. 592	86. 501	2. 782	11. 877	12. 541
	有机态	0. 138	0. 133	1. 263	4. 162	12. 906	0. 568	0. 287	20. 066
	残渣态	4. 541	0. 196	32. 711	3. 183	112. 828	7. 657	7. 131	32. 712
	合计	8. 328	0. 524	54. 093	12. 180	374. 609	15. 807	19. 467	75. 055
U	酸可交换态	0. 184	0. 030	5. 623	0. 445	273. 255	2. 264	0. 057	4. 468
	Fe-Mn氧化态	0. 758	0. 012	12. 216	0. 508	173. 081	1. 213	1. 436	6. 872
	有机态	0. 109	0. 004	—	2. 219	12. 870	0. 151	—	3. 226
	残渣态	0. 501	0. 094	6. 842	11. 860	534. 491	4. 154	4. 883	68. 666
	合计	1. 553	0. 140	24. 681	15. 032	993. 697	7. 782	6. 376	83. 231

由表5-68可以看出，用钼尾矿制备烧结砖时，除铜、锰这两种元素在残渣态的浸出比率在50%左右，其他元素在残渣态的浸出均在60%左右。各元素在酸交换态的浸出比率存在较大差异，除As、Cu、Pb在酸交换态时的浸出比率在5%左右，其他元素的浸出百分比在5%～40%。Pb元素在Fe-Mn氧化态时的浸出比率达到了60%，Cu元素和As元素在Fe-Mn氧化态时的浸出比率达到了40%左右。用铜尾矿制备烧结砖时，各元素在残渣态时的浸出比率比钼尾矿制作烧结砖时较高，说明

铜尾矿制作烧结砖时对元素的固化效果比钼尾矿好。除 As、Cd 在残渣态时的浸出比率为 30% 左右，其他各元素的浸出比率均在 50% ~90% 。除 Cu、Pb、Zn 元素的酸交换态时的浸出比率在 5% 左右，其他元素在酸交换态的浸出比率未超过 30% 。As 和 Cd 元素在 Fe-Mn 氧化态时的浸出比率较高，达到了 50% 左右。总体来看，使用钼尾矿和铜尾矿制备烧结砖时，Mn 和 Ni 元素在酸交换态时的浸出比率较高，应加强固化。

5. 硅酸钙板的重金属毒性浸出

选择四种掺量的钼尾矿和四种铁尾矿制备硅酸钙板，四种铁尾矿的掺量为 70% ，尾矿制备的硅酸钙板重金属毒性浸出见表 5-69。

表 5-69 硅酸钙板的重金属毒性浸出

样品	化学形态	As 75 (μg/g)	Cd 111 (μg/g)	Cr 52 (μg/g)	Cu 63 (μg/g)	Mn 55 (μg/g)	Ni 60 (μg/g)	Pb 208 (μg/g)	Zn 66 (μg/g)
无 T	酸可交换态	0. 705	—	0. 315	—	8. 161	32. 542	—	—
	Fe-Mn 氧化态	2. 195	0. 179	5. 677	1. 180	1565. 070	36. 393	2. 739	53. 706
	有机态	3. 703	—	67. 478	154. 123	671. 418	28. 223	21. 100	45. 086
	残渣态	4. 793	—	42. 108	31. 630	357. 231	10. 288	52. 308	27. 391
15% T	酸可交换态	1. 032	0. 078	0. 349	1. 267	23. 638	29. 342	—	—
	Fe-Mn 氧化态	2. 164	0. 365	7. 045	—	1921. 483	39. 892	4. 341	114. 624
	有机态	1. 133	0. 762	101. 766	123. 036	639. 277	6. 299	26. 951	104. 700
	残渣态	—	0. 073	147. 013	20. 197	347. 996	9. 315	166. 286	29. 982
25% T	酸可交换态	0. 982	0. 015	0. 216	—	17. 929	28. 741	—	—
	Fe-Mn 氧化态	1. 943	0. 409	6. 324	1. 522	1710. 301	37. 399	4. 884	77. 797
	有机态	2. 380	1. 012	126. 073	114. 282	830. 106	20. 440	36. 356	92. 550
	残渣态	8. 183	0. 001	93. 633	26. 595	645. 546	14. 259	82. 292	45. 495
35% T	酸可交换态	0. 845	0. 188	0. 840	0. 080	12. 807	29. 953	-0. 307	-7. 793
	Fe-Mn 氧化态	1. 863	1. 308	10. 082	-10. 723	2077. 431	44. 032	5. 394	110. 768
	有机态	0. 371	1. 866	127. 358	82. 557	641. 977	8. 867	37. 761	110. 163
	残渣态	—	0. 137	285. 901	24. 169	570. 131	14. 851	248. 829	42. 877
45% T	酸可交换态	0. 885	0. 110	1. 154	—	24. 500	30. 733	—	—
	Fe-Mn 氧化态	1. 682	0. 455	10. 070	1. 335	1832. 136	39. 184	4. 957	95. 022
	有机态	2. 281	1. 859	135. 593	68. 412	830. 298	21. 230	44. 303	119. 302
	残渣态	13. 159	0. 087	169. 368	29. 780	1040. 924	24. 552	106. 589	82. 635

续表

样品	化学形态	As 75 (μg/g)	Cd 111 (μg/g)	Cr 52 (μg/g)	Cu 63 (μg/g)	Mn 55 (μg/g)	Ni 60 (μg/g)	Pb 208 (μg/g)	Zn 66 (μg/g)
B1	酸可交换态	1.179	—	0.777	—	9.314	29.409	—	—
	Fe-Mn 氧化态	2.993	0.222	5.638	0.870	1643.453	44.279	3.044	290.346
	有机态	4.480	—	86.124	69.452	680.635	21.041	21.599	64.918
	残渣态	12.368	0.073	197.354	30.442	618.298	22.894	66.869	48.855
E1	酸可交换态	0.522	—	0.517	—	7.474	29.561	—	—
	Fe-Mn 氧化态	1.605	0.437	6.635	1.263	2698.381	46.705	2.507	59.977
	有机态	1.929	0.024	90.697	309.094	1024.735	33.068	12.813	63.711
	残渣态	5.589	0.190	293.190	141.299	3094.465	138.235	65.319	369.200
G3	酸可交换态	0.366	—	—	—	4.118	28.278	—	—
	Fe-Mn 氧化态	1.793	0.241	5.803	0.956	2057.458	36.254	2.853	86.073
	有机态	4.539	—	74.093	70.809	527.788	24.159	14.420	65.431
	残渣态	12.845	0.523	47.101	87.988	6980.506	34.549	41.234	475.401
L3	酸可交换态	0.440	—	2.210	—	6.840	28.960	—	—
	Fe-Mn 氧化态	2.026	0.377	8.448	1.376	1973.270	44.266	3.616	55.691
	有机态	2.224	—	80.531	157.432	677.913	39.070	18.721	42.779
	残渣态	7.027	0.318	257.325	63.661	2837.161	68.708	98.862	135.118

由表 5-69 可以看出，用钼尾矿制备硅酸钙板时，Mn 在各个时态的浸出数值均很大，其次 Zn、Cu、Cr 有相对较少的浸出。故用钼尾矿做硅酸钙板时需注意 Mn 金属的固化。铁尾矿制备硅酸钙板时，Mn 在各个时态下的毒性浸出都较高，且 Zn 和 Cr、Cu 在残渣态时有部分浸出，有的尾矿 Zn 和 Cu 在有机态和 Fe-Mn 氧化态下有少部分的浸出危险。故综上所述，用尾矿制备硅酸钙板时需注意 Mn 的固化，且 Zn、Cu、Cr 也相应予以关注。

6. 泡沫陶瓷的重金属毒性浸出

白色泡沫陶瓷使用了金尾矿，黑色泡沫陶瓷使用了铁尾矿，两种泡沫陶瓷的尾矿掺加量均为 80%。表 5-70 为尾矿制备泡沫陶瓷的重金属毒性浸出。

表 5-70　泡沫陶瓷毒性浸出

样品	化学形态	As 75 (μg/g)	Cd 111 (μg/g)	Cr 52 (μg/g)	Cu 63 (μg/g)	Mn 55 (μg/g)	Ni 60 (μg/g)	Pb 208 (μg/g)	Zn 66 (μg/g)
陶白（金尾矿）	酸可交换态	28. 443	1. 827	9. 215	84. 868	113. 298	363. 222	1. 847	92. 252
	Fe-Mn 氧化态	6. 469	0. 339	5. 803	14. 060	104. 731	90. 752	12. 629	15. 285
	有机态	1. 607	0. 519	—	25. 414	64. 605	—	—	18. 122
	残渣态	21. 191	1. 379	317. 098	59. 887	3793. 423	51. 123	667. 934	501. 636
陶黑（铁尾矿）	酸可交换态	0. 918	0. 209	11. 221	12. 722	126. 494	192. 548	1. 253	80. 876
	Fe-Mn 氧化态	2. 192	0. 062	11. 455	-8. 687	122. 816	75. 203	15. 769	22. 867
	有机态	1. 094	0. 045	—	3. 856	42. 636	—	—	12. 734
	残渣态	31. 499	1. 282	2540. 408	319. 324	4303. 442	457. 445	640. 975	670. 786

由表 5-70 可以看出，金尾矿制备的泡沫陶瓷酸可交换态时 Ni 的浸出值较高，说明在雨水冲刷时，Ni 容易浸出；残渣态时 Mn、Cr、Pb、Zn 浸出较多，说明在长久恶劣的环境下泡沫陶瓷重金属毒性浸出较高，故金尾矿制备泡沫陶瓷时需注意 Ni 的固化。铁尾矿制备的泡沫陶瓷在酸交换态时 Mn、Ni 浸出较高，在 Fe-Mn 氧化态时 Mn 浸出较高，在残渣态时 Gr、Mn、Pb、Cu 浸出较高。总体来看，尾矿制备泡沫陶瓷时需注意 Ni、Mn、Cr 的固化，最重要的是 Ni 的固化。

7. 微晶玻璃

使用金尾矿制备了白色微晶玻璃，使用铁尾矿（L3）制备了黑色微晶玻璃，尾矿的掺加量均为 60%，表 5-71 为微晶玻璃的重金属毒性浸出结果。

表 5-71　微晶玻璃的重金属毒性浸出

样品	化学形态	As 75 (μg/g)	Cd 111 (μg/g)	Cr 52 (μg/g)	Cu 63 (μg/g)	Mn 55 (μg/g)	Ni 60 (μg/g)	Pb 208 (μg/g)	Zn 66 (μg/g)
玻白（金尾矿）	酸可交换态	96. 274	13. 388	1. 846	0. 726	25. 610	59. 407	36. 952	5081. 463
	Fe-Mn 氧化态	47. 833	6. 866	—	2. 904	14. 030	9. 899	28. 637	2601. 333
	有机态	38. 070	3. 461	—	—	—	—	7. 932	1896. 765
	残渣态	4623. 088	41. 428	36. 582	20. 931	118. 384	15. 745	10267. 761	215214. 086
玻黑（铁尾矿 L3）	酸可交换态	132. 278	1. 462	3. 230	2. 258	134. 715	61. 150	209. 076	2241. 692
	Fe-Mn 氧化态	127. 763	0. 947	5. 797	-2. 109	103. 387	28. 743	324. 028	1839. 824
	有机态	57. 118	0. 273	—	0. 113	27. 846	1. 058	121. 829	1214. 659
	残渣态	7450. 817	3. 489	676. 088	62. 926	610. 071	174. 045	60668. 493	100416. 386

由表5-71可以看出，金尾矿制备微晶玻璃时，Zn在各个时态浸出毒性都较高，其次是Pb、As在残渣态时毒性浸出较高。铁尾矿制备微晶玻璃时，Zn在各个时态浸出毒性也都较高，Pb在酸交换态、Fe-Mn氧化态和残渣态时毒性浸出也较高，其次As和Mn在残渣态浸出较高。总体来说，尾矿制备微晶玻璃时，需着重注意Zn的固化，其次是对Pb和As的深层固化。

5.7.2 添加重金属制备建筑材料的重金属毒性浸出

将重金属试剂添加到钼尾矿中，模拟高重金属含量尾矿制备加气混凝土和硅酸钙板，对其重金属毒性浸出进行检测。实验所用原材料为钼尾矿，采用在钼尾矿中人工添加重金属（As、Cr、Cd、Cu、Mn、Ni、Zn和Pb）制备实验所用尾矿样品。添加重金属主要用其对应硝酸盐化合物，添加比率依次为$Na_3AsO_4 \cdot 12H_2O$（6g/kg）、$Cd(NO_3)_2 \cdot 4H_2O$（0.6g/kg）、$Cr(NO_3)_3 \cdot 9H_2O$（0.7g/kg）、$Cu(NO_3)_2 \cdot 3H_2O$（2.5g/kg）、$Mn(NO_3)_2$（8mL）、$Ni(NO_3)_2 \cdot 6H_2O$（2.5g/kg）、$Pb(NO_3)_2$（0.4g/kg）和$Zn(NO_3)_2$（2g/kg），经搅拌、烘干、筛分后即为本实验所用尾矿。添加重金属的尾矿及其制备的加气混凝土和硅酸钙板的重金属毒性浸出结果见图5-52～图5-54。

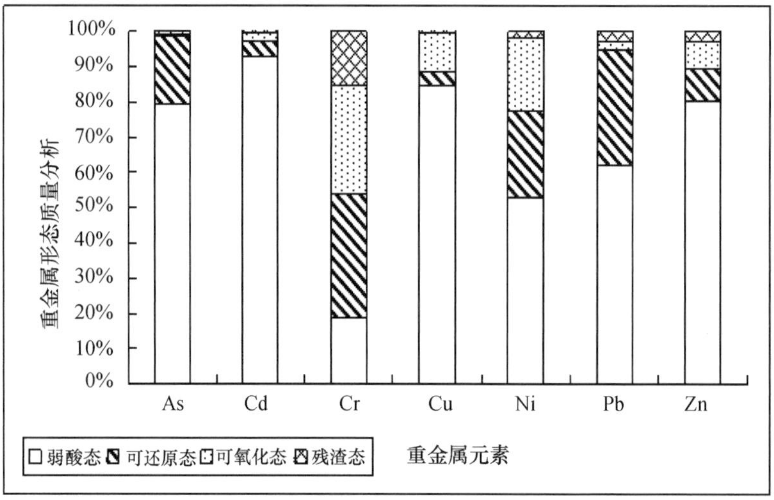

图5-52　添加重金属尾矿的重金属毒性浸出

由图5-52可以看出，添加重金属后的尾矿原料其在酸交换态时的浸出比率较大，除Cr元素在酸交换态时的浸出比率为20%左右，其他元素在酸交换态时的浸出比率均超过了50%。且仅Cr元素在残渣态的浸出比率达到了20%左右，其他元素在残渣态时的浸出比率低于5%。充分说明添加重金属后的尾矿在自然环境下重金属较容易迁移到环境中，造成环境污染。

图5-53是添加重金属尾矿制备的加气混凝土的重金属浸出毒性，各元素在酸交换态的浸出比率降低，在残渣态的浸出比率升高。除As、Ni两种元素在酸交换态20%左右的浸出，其他元素均没有浸出，且除Cd元素在残渣态的浸出比率较小，其他元素在残渣态时的浸出达到了5%~30%。由此表明，尾矿制作加气混凝土后，各重金属元素均有一定的比率被固化在产品内部，使各重金属元素在自然环境下较少浸出，减小对环境的危害。

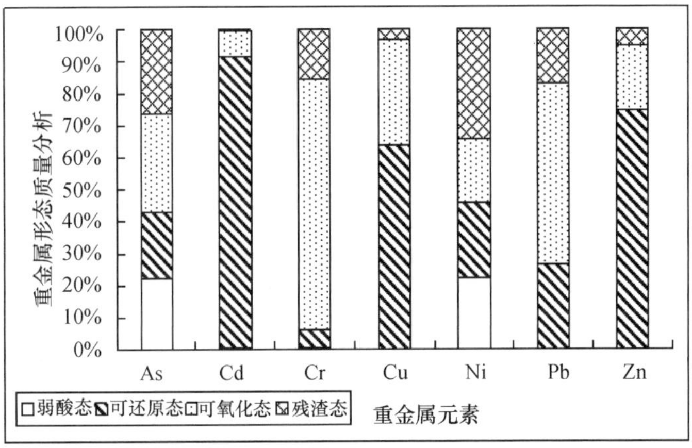

图5-53 加气混凝土的重金属毒性浸出

图5-54是添加重金属尾矿制备的硅酸钙板的重金属浸出毒性，残渣态的浸出比率增大，酸交换态的浸出比率减小，与加气混凝土的浸出毒性相比，残渣态浸出比率增加，酸交换态的浸出比率减小。As元素在酸交换态的浸出比率为20%，Ni元素在酸交换时的浸出比率为5%左右，其他元素在酸交换态时没有浸出。As、Ni两种元素在残渣态的浸出比率达到了60%以上，除Cd元素在残渣态的浸出比率为3%左右，其他元素在残渣态时的浸出比率均超过了10%。

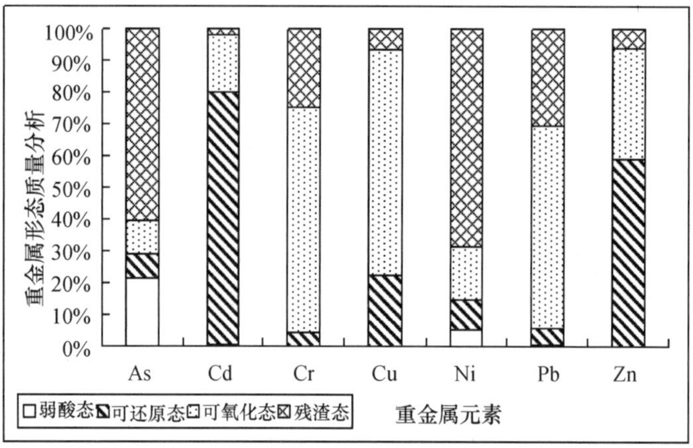

图 5-54　硅酸钙板的重金属毒性浸出

6 尾矿制备高附加值材料技术

固体废弃物资源化是以“减量化、资源化、无害化”为核心，突出“经济合理、安全可行、规模消纳”。尾矿既是工业固体废物，也属于资源，通过尾矿再选技术、充填技术和制备建筑材料技术，可以产生显著的经济效益、社会效益和环境效益。但是随着人们对产品的品质和性能的要求越来越高，同时尾矿利用技术和配套装备的发展，尾矿的高技术加工、高性能化、高值化是未来发展趋势。

尾矿在资源特征上与陶瓷、玻璃等原料基本相近，可以充分利用尾矿的成分、结构特征和物相转化来生产各种别具特色的高附加值产品。例如将高硅尾矿（$SiO_2>60\%$）作为陶瓷、微晶玻璃等原料，高铁（$Fe_2O_3>15\%$）或者含多种金属尾矿作为色瓷、色釉等新型材料原料。

6.1 尾矿应用于陶瓷材料

6.1.1 钨尾矿制备陶瓷砖

1. 原料试验配方设计

钨尾矿的主要化学成分为 SiO_2、Al_2O_3、Fe_2O_3、CaO，主要矿物组成是石英和钙铝石榴子石。在陶瓷坯体中 SiO_2 是陶瓷的主要成分，含量较高，直接影响陶瓷的强度及其他性能，如果超过75%接近80%就会导致陶瓷的热稳定性变差，容易炸裂。Al_2O_3 可以提高陶瓷的化学稳定性、热稳定性、物理化学性能、机械强度和白度。但含量过多会提高烧成温度，过少（低于15%）则陶瓷坯体熔点变低，容易变形。在一般日用或建筑陶瓷中，碱土金属氧化物（CaO、MgO 等）与碱金属氧化物共同起着助熔作用。对于一般陶瓷产品来说，着色氧化物（Fe_2O_3 等）含量过多会影响陶瓷制品的色泽和外观，不过适量的 Fe_2O_3 可以调节陶瓷的颜色，生产红色或褐色陶瓷。对于陶瓷坯料，钨尾矿中 SiO_2（35.97%）、Al_2O_3（8.38%）含量偏低不利于陶瓷产品的强度，Fe_2O_3（15.09%）、CaO（26.08%）含量偏高使陶瓷制品熔点降低且呈偏红色。钨尾矿具有硬度高、粒度细的特点，但是可塑性较差，因此不可单独作为原料制备陶瓷产品。在陶瓷工业中钙长石（$CaAl_2Si_2O_8$）的主要化学组成为 CaO（20.1%）、Al_2O_3（36.7%）、SiO_2（43.2%），SiO_2 和 CaO 与钨尾矿的含量接近。长石质原料在陶瓷坯体配料中属于瘠性原料，可以降低坯体的干燥收缩及变形，改善坯体的干燥性能，缩短坯体的干燥时间。在陶瓷烧成过程中，长石质原料可以作为熔剂降低坯体烧成温度，并促进石英和高岭土的物理化学反应，能够形成液相而加速莫来石的形成。熔融中生成的玻璃相充填于坯体晶粒之间，使坯体致密而减少孔隙，并提高坯体的透光性。高岭土是最常见的黏土矿物，具有较高的白度和耐火度，而且具有良好的成型性能和烧结性能，所以选择钨尾矿、高岭土为主要原料，同时引入石英弥补原料中 SiO_2 的不足。

在原料配方选择中，选择长石质陶瓷坯体配料区间，即陶瓷主晶相为莫来石。根据 $CaO\text{-}Al_2O_3\text{-}SiO_2$ 系统相图（图 6-1），陶瓷坯体的化学成分组成区间 SiO_2 含量为 50% ~65%，Al_2O_3 含量为 29% ~35%，CaO 含量为 10% ~20%。由于一般建筑用陶瓷砖辊道窑烧成温度在 1180 ~1250℃，适当降低烧成温度可以大幅度节约生产成本。根据表 6-1 中各原料的化学成分组成最终确定，坯体原料配比为钨尾矿：高岭土：石英 = 5：3：2。

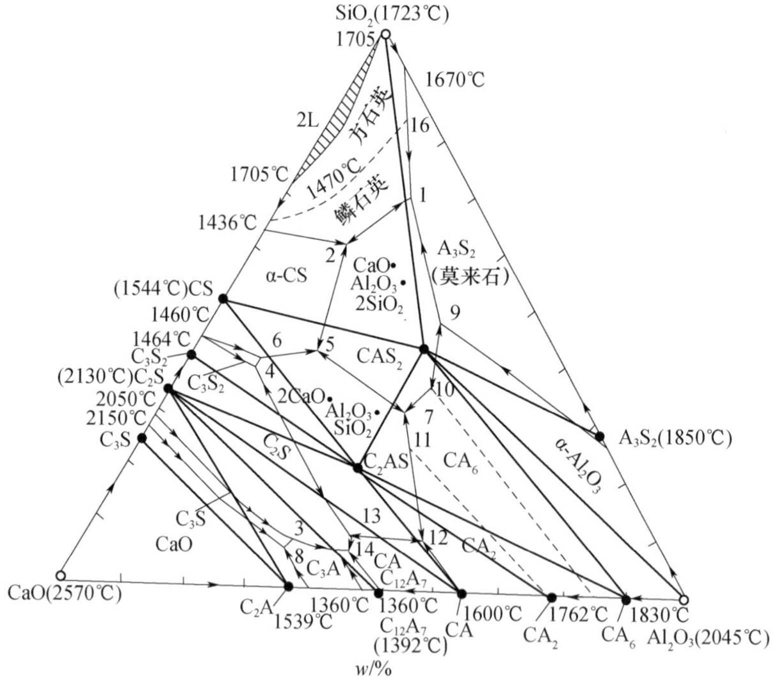

图 6-1　$CaO\text{-}Al_2O_3\text{-}SiO_2$ 系统相图

表 6-1 主要原料及其组成（质量分数） %

原料	SiO_2	Al_2O_3	Fe_2O_3	CaO	MgO	Na_2O	K_2O
钨尾矿	35.97	8.38	15.09	26.08	2.28	—	0.05
高岭土	53.25	32.76	0.65	0.83	0.42	0.18	0.58
石英	100	—	—	—	—	—	—

2. 陶瓷砖制备过程

钨尾矿制备陶瓷砖的工艺流程如图 6-2 所示。

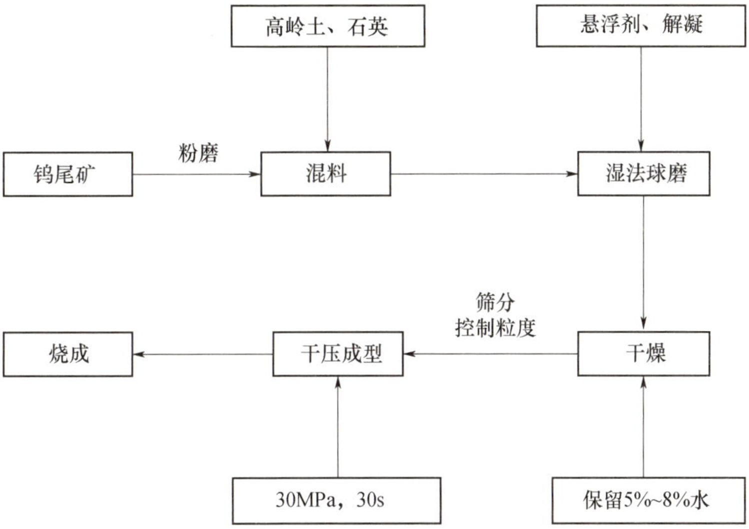

图 6-2 钨尾矿制备陶瓷砖的工艺流程图

（1）配料。按比例称取原料后混合均匀得到配合料。原料准备主要是对钨矿尾砂进行研磨、筛选、除泥等处理。按陶瓷配方各原料比例称取原料，计算 400g 配合料所需各原料用量，按计算结果称取原料。

（2）球磨和造粒。采用湿法球磨的方法，利用行星式球磨机对陶瓷进行球磨。球磨时，先将 400g 混合料加入球磨罐中，然后加去离子水、放入球石，料：水：球比约为 2：1：2。再将球磨罐密封好装入球磨机球磨 10min。球磨前原料中需加入悬浮剂和解凝剂，防止在球磨过程中原料沉降导致混合不均匀和原料发生团聚。将磨好的陶瓷坯体原料进行烘干，同时保留 5% ~8% 的水分。造粒时把陶瓷坯体混合料从 0.38mm 筛挤压滤过，收集落在 0.15m 筛上面的粒料为所需样品，通过 0.15mm 筛的粉料回收，重新按造粒步骤进行造粒。

（3）成型与烧结。称取适量的造粒得到的混合料放入 ϕ60mm 的模具中，利用自动压制成型机进行压制成型。压力设置为 30MPa，保压时间 2min，得到尺寸为 5mm × ϕ60mm 的饼状样品。烧结是把上述压制成型的坯体经过加热使其在半熔融状态下致密化的过程。烧结温度分别选择为 950℃、1000℃、1100℃、1150℃、1200℃，升温速度设置为 3℃/min。当温度达到 700℃时保温 1h，达到烧结温度时保温 2h。

3. 钨尾矿陶瓷的性能

不同烧结温度下钨尾矿陶瓷的性能如表 6-2 所示。

表 6-2　钨尾矿陶瓷的性能

烧结温度/℃	1000	1050	1100	1150	1200	1250
体积密度/($g \cdot cm^{-3}$)	2. 03 ±0. 02	2. 15 ±0. 02	2. 27 ±0. 02	2. 50 ±0. 02	1. 52 ±0. 02	0. 82 ±0. 02
堆积密度/($g \cdot cm^{-3}$)	2. 45 ±0. 02	2. 47 ±0. 02	2. 50 ±0. 02	2. 58 ±0. 02	2. 03 ±0. 02	1. 98 ±0. 02
孔隙率/%	17. 14 ±0. 04	13. 30 ±0. 04	9. 20 ±0. 04	3. 10 ±0. 04	25. 12 ±0. 04	58. 89 ±0. 04
酸侵蚀率/%	98. 52 ±0. 02	98. 78 ±0. 02	99. 81 ±0. 02	99. 78 ±0. 02	99. 65 ±0. 02	99. 58 ±0. 02
碱侵蚀率/%	98. 91 ±0. 02	99. 23 ±0. 02	99. 92 ±0. 02	99. 89 ±0. 02	99. 88 ±0. 02	99. 80 ±0. 02
抗折强度/MPa	10. 31	19. 25	31. 74	48. 52	23. 93	11. 21

由表 6-2 可以看出，陶瓷的性能随着烧结温度的升高明显改变。随着烧结温度的升高，体积密度和堆积密度先升高后降低，烧结温度为 1150℃时体积密度达到 2. 50g/cm^3，当烧结温度高于 1200℃时体积密度和堆积密度都开始下降。1250℃时体积密度为 0. 82g/cm^3，孔隙率为 58. 89%。孔隙率的变化和体积密度的变化恰恰相反，随着温度的升高，孔隙率先减小后升高。在 1000℃到 1150℃之间，体积密度和孔隙率的变化较为平缓，过高的烧结温度（高于 1200℃）使体积密度和孔隙率明显改变。对于陶瓷来说，更大的体积密度和更小的孔隙率对应着更好的性能。烧结过程中坯体会发生一系列的物理和化学反应，温度对烧结过程有着重要的影响。烧结温度为 1150℃时钨尾矿陶瓷具有最好的烧结性能，此时体积密度为 2. 50g/cm^3，孔隙率为 3. 1%。

从表 6-2 中还可以看出不同烧结温度下钨尾矿陶瓷表现出良好的耐腐蚀性能。耐酸性能和耐碱性能都随着烧结温度的升高先提高后降低，根据测试结果显示，样品的耐碱性能优于耐酸性能。当烧结温度过高时，由于样品的孔隙率增加，微观结构变得疏松，导致耐腐蚀性严重下降。烧结温度为1100℃的样品具有最好的耐腐蚀性能，耐酸和耐碱分别可以达到99.81%和99.92%。

力学性能是陶瓷的一个重要指标，从表6-2中可以看出钨尾矿陶瓷样品的抗折强度随着烧结温度的升高先增后减，温度为1150℃时抗折强度可以达到最大值48.52MPa。烧结温度从1000℃上升到1150℃，抗折强度从10.31MPa上升到48.52MPa，与温度的变化接近于线性关系。当烧结温度高于1200℃时，钨尾矿陶瓷样品的抗折强度剧烈地下降，从48.52MPa下降到11.21MPa。样品的力学性能与样品的结构有直接的关系，当烧结温度高于1200℃时，样品中产生大量的气泡，使得样品的结构疏松，从而导致力学性能减弱。

6.1.2 金矿尾矿生产窑变色釉陶瓷

福建省陶瓷产业技术开发基地陈瑞文等进行了利用福建省双旗山金矿尾矿生产窑变色釉陶瓷的工艺研究。黄金尾矿生产色釉陶瓷，其核心技术是色釉的配方及生产工艺流程。陶瓷色釉的原料是以精选后的黄金尾矿（长石的质量分数36%～37%，高岭土15%～17%，石英24%～26%，白云石14%～16%，氧化铁5%～6%）为主，并添加适量显色矿物（如Fe_2O_3、MnO_2）或直接以矿物原有的氧化铁、锰钛铁矿、金银、钨等微量元素作为着色（发色）矿。为了使坯料、釉料、浆料的物理性能稳定，选用永安黏土、大坪山瓷土淘洗泥、漳州黑泥等原料辅助使用。其中，在每100质量份色釉中所含的各金属氧化物原料的质量份是：Fe_2O_3为4.0～6.5，K_2O+Na_2O为3.0～5.0，$CaO+MgO$为7.0～11.0。尾矿在坯料中的加入量可达20%～30%，釉料中更可高达50%～85%。其烧成温度范围为1100～1250℃，不同的烧成气氛可获得不同颜色的釉面效果。

1. 坯料工艺流程：黄金尾矿筛选→陈腐→配料→湿法球磨→过筛→除铁→入泥浆池→双缸泥浆泵→过筛→除铁→陈腐→注浆成型→干燥修坯（待用）。

2. 釉料工艺流程：黄金尾矿筛选（325目）→陈腐→配料→球磨→过筛→施釉→烧成→产品。

3. 坯料工艺参数：泥浆细度过200目筛（0.074mm）筛余1.0%～1.8%；总收缩（干燥+烧成）12.5%～13.5%；干燥强度2.45MPa。

4. 釉浆工艺参数：釉浆细度过200目筛筛余0.05%～0.1%；釉浆

相对密度1.70～1.75；施釉方法为喷釉和浸釉；釉烧温度为（1210±10)℃；施釉厚度：0.7～1.0mm。

5. 烧成制度：烧成采用宽断面节能隧道窑，烧成温度1200～1230℃，因原料中含有较多有机物、碳酸盐等，升温前期宜较慢，接近釉料熔化温度宜较长时间保温，以保证高亮度效果的釉面。

6. 利用黄金尾矿研制的各种窑变色釉陶瓷，色彩丰富绚丽，釉面光亮平整，完全能够生产出艺术水平较高的窑变色釉艺术瓷。由于黄金尾矿具有促进烧结的作用，使得窑变色釉陶瓷产品比传统烧成温度降低了50～80℃，减少了陶瓷产品的生产能耗，具有较好的经济效益和社会效益。

6.2 尾矿应用于微晶玻璃材料

6.2.1 钨尾矿制备微晶玻璃

1. 原料试验配方设计

钨尾矿微晶玻璃原料组成的设计主要考虑基础玻璃结构的稳定性和玻璃析晶后的晶相组成两方面的内容。微晶玻璃的结构及性能取决于其组成的设计，应当遵循以下原则：（1）尽可能地提高钨尾矿的利用率，避免利用价格昂贵的化学药品；（2）基础玻璃的熔制温度应尽量降低，熔炼及澄清过程时间要短；（3）在微晶化处理后，微晶玻璃中主晶相的含量尽量高；（4）基础玻璃熔制过程中或者水淬过程中玻璃不易析晶，在晶化过程中，基础玻璃坯体容易分相、成核。

组成和析出晶相的结构是影响微晶玻璃性能的主要因素，微晶玻璃的组成不同于普通玻璃。微晶玻璃和常见硅酸盐玻璃一样，组成中含有玻璃体形成氧化物，例如SiO_2、Al_2O_3、CaO等，但是在微晶玻璃组成中需要引入Mg^{2+}、Zn^{2+}、Li^+等离子半径小、场强大的离子，使玻璃容易分相、核化和晶化。除此之外，微晶玻璃组成中还必须加入一定量的TiO_2等作为晶核剂，促进玻璃整体析晶。在设计微晶玻璃组成时，熔制基础玻璃需要合适的黏度-温度曲线，熔融温度选择在玻璃的液相线温度以上（80～120℃），可以使玻璃容易熔制，并且在熔制过程中能保持稳定且不易析晶，在之后微晶化热处理过程中容易析晶。组成设计中通过调节玻璃的组成和引入一定量的晶核剂，使玻璃的核化、晶化曲线尽可能接近，确保微晶玻璃制品在晶化过程中变形较小。

因为钨尾矿主要成分为SiO_2、Al_2O_3、$CaCO_3$，同时含有较多的Fe_2O_3，根据微晶玻璃的设计原则，确定制备$CaO—Al_2O_3—SiO_2—Fe_2O_3$系微晶玻璃。在微晶玻璃组成中，$SiO_2$是玻璃网络形成体，其含量较高时可增强网络结构，降低高温析晶倾向，确保玻璃的形成。当SiO_2含量较高时，玻璃熔体的黏度增加，使玻璃的熔制温度提高；而SiO_2含量较低时，提高玻璃的析晶速度，使玻璃黏度增大，降低其流动性。在玻璃组成中Al_2O_3中的Al^{3+}与非桥氧形成铝氧四面体［AlO_4］，铝氧四面体重新连接。由于引入碱金属离子而断裂的网络，与硅氧四面体一起组成玻璃的网络，从而提高玻璃结构的致密性；提高Al_2O_3的含量，可以提高微晶玻璃的显微硬度，改善微晶玻璃的化学稳定性、力学性能，同时使基础玻璃溶液的高温黏度增加，并提高玻璃的熔制温度及析晶活化能，提高微晶玻璃的析晶温度，使其析晶能力降低。

由于钨尾矿含有较高的Fe_2O_3，当Al^{3+}在玻璃熔液中含量较少时，Fe^{3+}部分进入网络结构中。组成中CaO为碱土金属氧化物，高温时极化桥氧或减弱硅氧键，当CaO含量较高时，玻璃溶液的高温黏度和熔制温度都会降低，料性变短，可以提高微晶化过程中坯体的析晶能力。组成中Na^+为玻璃网络的调整体，少量的Na_2O使玻璃的黏度和熔制温度降低，可显著改善玻璃的熔化制度，其含量较高时，会使玻璃中析出大量异体晶体，破坏微晶玻璃的理化性能，Na_2O含量的较佳范围为3%～10%。所以根据试验中钨尾矿的化学组成和矿物特性最终确定基础玻璃配料中各原料配比，见表6-3。

表 6-3　钨尾矿制备基础玻璃的配合比

原料	钨尾矿	SiO_2	Al_2O_3	$CaCO_3$	Na_2CO_3
配比（质量分数）/%	72	7	8	6	7

2. 工艺流程

采用烧结法制备$CaO—Al_2O_3—SiO_2—Fe_2O_3$系钨尾矿微晶玻璃。首先将原料在高温下熔制成基础玻璃液，然后将玻璃液急速冷却（水淬）形成细小的玻璃素坯，再对粉末、成型后的坯体进行晶化处理得到微晶玻璃。由于玻璃经水淬后得到的颗粒细小、比表面积大，烧结法为微晶玻璃的晶化提供了充分的晶核。烧结法制备微晶玻璃的工艺流程如图6-3所示。

3. 制备过程

烧结法是制备矿渣微晶玻璃的重要方法之一，它是将配合料经高温熔制成玻璃液后倒入冷水中，急速冷却得到玻璃颗粒，然后利用湿法球磨的方法将水淬玻璃颗粒磨成粒度小于 0.074mm 的玻璃粉末，再经造粒后，用成型机将造粒后的玻璃粉末压制成 5mm × ϕ60mm 的饼状样品，然后对样品进行微晶化处理，使样品在热处理过程中发生物理化学反应，从而使坯体致密化并成核析晶，得到微晶玻璃制品。其具体步骤如下：

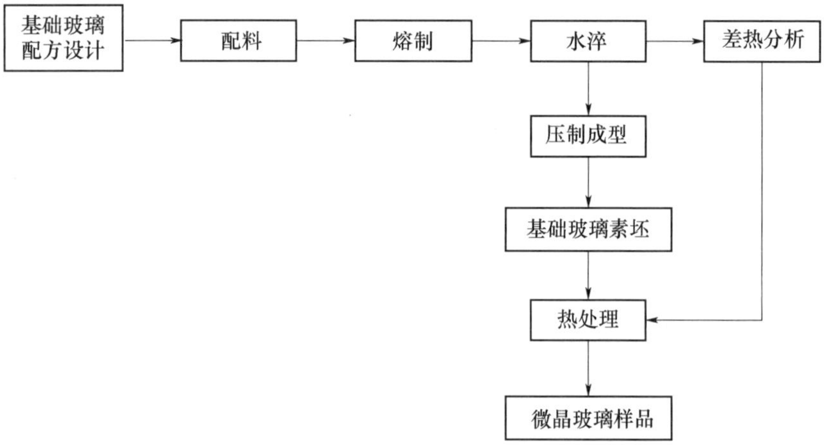

图 6-3　烧结法制备钨尾矿微晶玻璃流程图

（1）配料。按比例称取原料后混合均匀得到配合料。原料准备主要是对钨矿尾砂进行研磨、筛选、除泥等处理。按玻璃配方各原料比例称取原料，计算 400g 配合料所需各原料用量，按计算结果称取原料。利用球磨机将原料混合，混合 5min 后过筛得到钨矿尾砂基础玻璃配合料。

（2）玻璃熔制。将充分混合的配合料装入 200mL 刚玉坩埚，然后放入最高温度为 1700℃的硅钼棒电阻炉中进行基础玻璃熔制。以 5℃/min 的升温速度加热至 1200℃后保温 30min，然后以 5℃/min 的升温速度升至 1400℃后保温 3h，使配合料充分熔融成玻璃液；然后将玻璃熔液快速倒入装满冷水的桶内，玻璃液在急速冷却过程中不能有效结晶从而水淬形成基础玻璃颗粒。

（3）球磨和造粒。采用湿法球磨的方法，利用行星式球磨机对玻璃颗粒进行球磨。在球磨时，先将适量的玻璃颗粒加入球磨罐，然后加去离子水、放入球石，再将球磨罐密封好装入球磨机球磨 15min，将磨好的玻璃粉末过 0.15mm 筛。玻璃粉末烘干后加入胶粘剂将其搅拌均匀，然后过 0.38mm 筛进行造粒得到细小玻璃颗粒。具体步骤为：将玻璃粉末放入容器中，用滴管加入适量 PVC，搅拌 15min 使其混合均匀；造粒时把玻璃粉末、PVC 混合料从 0.38mm 筛挤压滤过，收集落在 0.15m 筛上面的粒料为所需样品，通过 0.15mm 筛的粉料回收，回收的粉料继续造粒。

（4）成型与烧结。称取适量的造粒得到的混合料放入 ϕ60mm 的模具中，利用自动压制成型机进行压制成型。压力设置为 30MPa，保压时间 2min，得到尺寸为 5mm × ϕ60m 的饼状样品。烧结是把上述压制成型的坯体经过加热使其在半熔融状态下致密化的过程。烧结温度分别选择为 900℃、1000℃、1050℃、1100℃，升温速度设置为 3℃/min，当温度达到 700℃时保温 1h，达到烧结温度时保温 2h。

4. 钨尾矿制备微晶玻璃的性能

图 6-4 为钨尾矿微晶玻璃的 XRD 图谱。从图 6-4 中可以看出，钨尾矿的主要矿物组成为钙铝石榴子石（$Ca_3Al_2(SiO_4)_3$）和石英（SiO_2）。钨尾矿中铁的质量分数为 8.20%，但是在 XRD 图谱中没有找到含铁矿物，可能是因为铁元素溶解在钙铝石榴子石中替代了部分铝元素。从 XRD 图谱中还可以看出基础玻璃样品是典型的无定型结构，说明样品已经彻底非晶化。从不同烧结温度的钨尾矿微晶玻璃的 XRD 图谱可以看出，在样品中主要有钙铝黄长石（$Ca_2Al_2SiO_7$）和钙铁辉石（$CaFeSi_2O_6$）两种结晶相，从而确认是微晶玻璃。而且钨尾矿微晶玻璃的主要晶相是钙铝黄长石，属于黄长石族群，次要晶相是钙铁辉石。

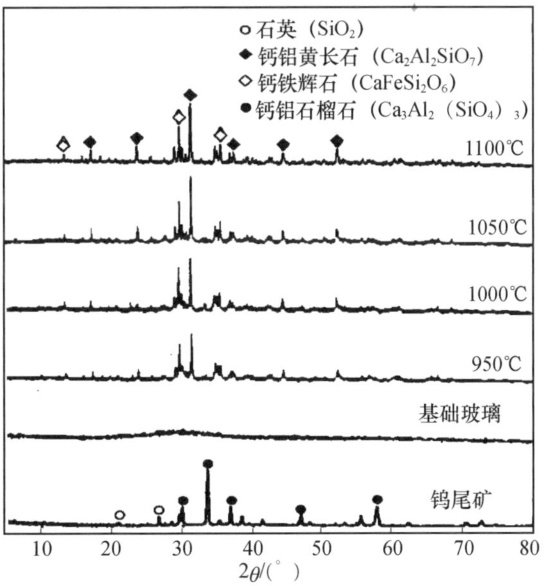

图 6-4 钨尾矿、基础玻璃和不同结晶温度的微晶玻璃样品 XRD 图谱

图 6-5 是不同结晶温度对应的微晶玻璃的密度和抗压强度，当结晶温度在 950～1100℃时，微晶玻璃的密度随着温度的升高而增加。由于结晶相的密度大于非晶相，基础玻璃样品在晶体生长过程就会伴随着体

积的收缩，而晶相的数量随着晶相熔点的降低而增多。在较高的结晶温度下样品的气孔可能也与密度的增加有关。当结晶温度为1050℃时，微晶玻璃的抗压强度最高，而且此时拥有良好的晶体结构和更好的性能，所以钨尾矿微晶玻璃的最佳结晶温度为1050℃。

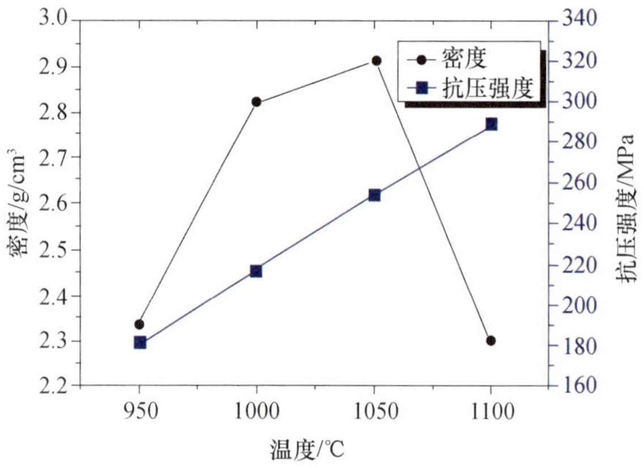

图6-5　不同结晶温度对应的微晶玻璃的密度和抗压强度

6.2.2　铁尾矿制备微晶玻璃

根据铁尾矿成分，尾矿微晶玻璃一般属 $CaO—MgO—Al_2O_3—SiO_2$（简称CMAS）和 $CaO—Al_2O_3—SiO_2$（简称CAS）体系。不同的硅氧比抗压得到不同的晶相，当 SiO_2、Al_2O_3 含量低时，一般易形成硅氧比小的硅酸盐（如硅灰石）；当 SiO_2、Al_2O_3 含量高时，易生成架状硅酸盐（如长石），玻璃结构稳定，难以实现晶化。为了使铁尾矿制备的微晶玻璃具有较高的机械强度，良好的耐磨性、化学稳定性和热稳定性，一般选择透辉石（$CaMg(SiO_3)_2$）或硅灰石（β-$CaSiO_3$）为所研制的微晶玻璃的主晶相。

北京科技大学以大庙铁尾矿和废石为主要原料制成了尾矿微晶玻璃花岗岩，其抗压强度、抗折强度、光泽度、耐酸碱性等性能均达到或超过天然花岗岩石材（表6-4），可制成异型，花纹美丽，颜色可按市场需要人为调配，可以配出天然石材中稀少的蓝色等颜色，且色差小。

表6-4　尾矿微晶玻璃花岗岩性能

性能	密度 /$(g \cdot cm^{-3})$	抗折强度 /MPa	抗压强度 /MPa	莫氏硬度	光泽度	耐酸性	耐碱性	吸水率 /%
微晶玻璃花岗岩	2.7	45	240	6.5	95	无变化	无变化	<0.1

工艺流程为：配料→熔样→水淬→升温晶化→切磨抛光→成品。

1. 配料：微晶玻璃花岗岩的化学成分最主要是 SiO_2，其次是 CaO、Na_2O、Al_2O_3，少量 MgO、K_2O、ZnO 和 BaO，主要晶相是硅辉石及少量透辉石。配方需针对尾矿的成分，通过试验确定最佳配方。

2. 熔样：熔样温度 1450～1500℃，熔样时间 2～5h，要求搅拌均匀；熔化彻底，不留未熔的结石；气泡充分逸出，否则将影响微晶玻璃花岗岩质量。

3. 水淬：将熔化充分的原料倒入冷水中，水淬成 5mm 以下玻璃颗粒。

4. 升温晶化：将烘干的玻璃颗粒铺放在耐火模具中，升温晶化。700～800℃以前，升温速度可以快一些，每小时 300℃或更快。玻璃在 700～800℃时开始软化，析晶，升温速度不宜过快，否则析晶不充分，每小时 120～180℃。升温至 1100～1200℃，玻璃材料呈半熔融状态，表面流平，保温 1～2h。然后开始缓慢降温，降温速度不宜过快，否则产品易炸裂。

5. 切磨抛光：晶化后的产品平面已经平整，但略有凹凸，用一般石材切磨或抛光设备，即可达到理想的抛光效果，而且比一般石材切磨厚度小，因此效率高。

6.2.3 金尾矿制备微晶玻璃

陕西科技大学以陕西汉阴金尾矿砂、方解石为主要原料，添加其他所需原料如硼砂、ZnO、Cr_2O_3、Sb_2O_3 等，采用熔融法制备 CaO—Al_2O_3—SiO_2系微晶玻璃，通过探索试验确定各组分的质量比为金尾矿砂 63.5%、方解石 27.1%、硼砂 4.7%、ZnO 1.6%、$Cr_2O_3$0.8%、Na_2SiF_6 1.2%、$Sb_2O_3$1.2%。

按配合比的质量比称取原料，混合研磨，过 60 目（0.246mm）筛，得到混合料；采用硅碳棒电炉，将混合料在 1300～1350℃下保温 4h，使玻璃液充分熔化，无可见气泡；然后将熔好的玻璃液浇筑在事先预热的不锈钢模具上，成型后将样品放入 600℃马弗炉中保温 1h 退火处理，冷却后的玻璃样品加工成尺寸为 10mm×10mm×100mm 的条状试样，利用马弗炉对条状玻璃样品进行晶化热处理，升温速率为 3～5℃/min，在成核温度 820℃保温 2h，然后升温至 890℃保温 3h，缓慢冷却至室温，得到金尾矿微晶玻璃样品。样品的测试结果表明，制得金尾矿砂微晶玻璃的主晶相为辉石和透辉石固溶体，制品的抗折强度为 119.2MPa，热膨胀系数为 69.5×10^{-7}/℃，体积密度为 2.81g/cm^3。

6.3 尾矿高附加值的应用

6.3.1 钨尾矿制备塑料管材

1. 原材料配方设计

PVC 管材主要原料为聚氯乙烯树脂，为高分子化合物，其分子中含极性基氯，因此化学性质稳定，耐药品性及耐腐蚀性优良，加入适当的稳定剂、润滑剂及填料经塑料挤出机挤出成型，生产满足不同应用要求的管材。

表 6-5 为塑料管材的配合比，G-101 为稀土复合稳定剂，为淡黄色片状粉末，用量占 PVC 的 3% ~6%，由稀土金属的脂肪酸盐或羧酸盐合成，能提高 PVC 塑化速率，改善流动性，使塑化均匀，稳定产品质量，可取代有毒的有机锡类或铅镉盐类稳定剂。CPE 为氯化聚乙烯，呈白色粉末，无毒无味，用量占 PVC 的 6% ~8%，为饱和高分子，耐候性及耐老化性能优良，与 PVC 具有较好相容性，分解温度高。石蜡为石油加工产品之一，呈白色固体，用量占 PVC 的 1% ~2%，主要成分包括直链烷烃、少量支链烷烃和单环烷烃，在 PVC 挤出过程中起到润滑作用。硬脂酸为白色蜡状晶体，用量占 PVC 的 0.5% ~2%，为十八烷酸，可起到对填料表面改性及润滑作用。PE 蜡即聚乙烯蜡，呈白色小微珠状，用量占 PVC 的 0.5% ~1%，具有良好的耐热性、耐磨性和耐化学性，可提高 PVC 管材的光泽及加工性能，在管材加工成型过程中可作润滑剂、分散剂和光亮剂，提高塑化程度及塑料产品的表面光滑度和韧性。PVC 塑料管材配方以 PVC 和填料为主，各种助剂协同作用，改善管材加工性能，提高塑料产品性能。配合比 1 ~4 的管材壁厚为 2mm，所用钨尾矿粉为球磨加工得到；配合比 5 ~9 的管材壁厚为 5mm，所用钨尾矿粉为气流粉碎得到。钨尾矿粉部分或全部代替重钙粉，并根据填料填充量适当调整助剂用量。由表 6-5 可以看出，填料填充量、填料种类及填料粒度直接影响 PVC 塑料管材加工过程，填料填充量越大、粒度越粗，塑料管材挤出过程中所受到的阻力越大，所需的润滑剂也越多。塑料填料的填充量需根据管材应用需要来确定，一般塑料填料填充量为 30% ~150%，填充量越大，成本越低，但过大会影响塑料管材性能。

表 6-5 塑料管材配合比 kg

编号	PVC	G-101	CPE	石蜡	硬脂酸	PE 蜡	填料	
							重钙粉	钨尾矿
1	50.0	3.1	4.0	0.7	0.6	0.5	30	d_{90} = 15μm，30
2	50.0	3.1	4.0	0.2	0.2	0.2	0	d_{90} = 23μm，25
3	50.0	3.1	4.0	0.7	0.6	0.5	30	d_{90} = 23μm，30
4	50.0	3.1	4.0	0.7	0.6	0.5	30	d_{90} = 38μm，30
5	83	2.5	5.0	0.3	0.6	0.2	0	d_{90} = 38μm，25
6	83	2.5	5.0	0.3	0.6	0.2	0	d_{90} = 15μm，25
7	83	2.5	5.0	0.3	0.6	0.2	0	d_{90} = 12.5μm，25
8	67	2.5	5.0	0.4	0.6	0.2	0	d_{90} = 15μm，40
9	65	3.3	5.0	1.2	1.0	0.2	0	d_{90} = 38μm，23 d_{90} = 15μm，18 d_{90} = 12.5μm，23

2. 塑料管材的制备

塑料管材生产流程见图 6-6，主要包括配料混合、上料挤出、成型切割等工序，各工序之间连续作业，为自动化控制。

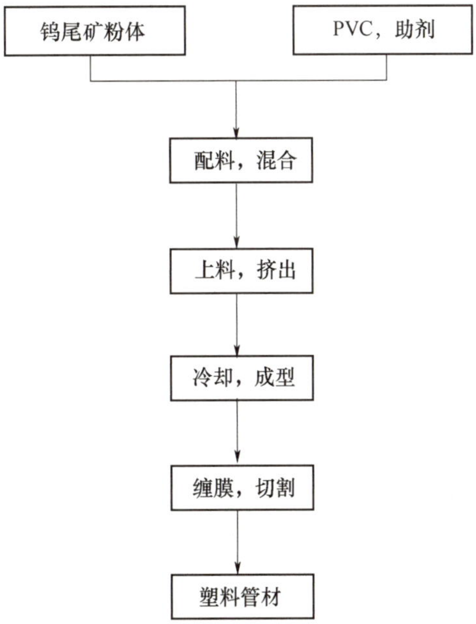

图 6-6 塑料管材生产流程图

塑料管材生产现场的各生产设备联合作业完成塑料管材生产环节的各道工序。首先根据预先设计好的塑料管材配方，精确称量好各种生产原料，原料加入混合料斗，由提升螺杆传输入混合机。高速混合 30min 后卸料，物料在混合机高速搅拌下混合均匀，混合机中装有加热装置，可对物料进行预热。经过混合预热的物料由人工加入挤出机料斗，调节挤出机控制面板，控制挤出机各区段温度，并协调进料速率与挤出速率及温度的关系。混合物料在挤出机中加热熔化，并在挤出螺杆强大的挤出力作用下，通过管状模具缓慢挤出，刚挤出的管材温度较高，易变形，通过管材真空定型水箱冷却定型。冷却后的管材在管材牵引机作用下进一步定型，保持良好的管状及笔直度。然后，将管材缠膜包装，按照预先设置好的长度用管材切割机将管材切割成固定长度。

塑料管材加工过程中，除挤出工序外，其他工序试验参数基本为确定值，挤出工序为塑料管材加工最重要的工序，挤出机控制是塑料管材加工的关键。塑料挤出机由传动系统、挤压系统和加热系统组成。传动系统由电动机给螺杆挤出提供动力。挤压系统主要部件包括料斗、螺杆、机筒、机头和模具等，将均匀的塑化流体连续挤出机头，通过模具来控制管材尺寸和壁厚。加热系统由电加热及冷却装置组成，用于控制工艺所需温度，另外还配有冷却装置。

不同配合比塑料管材挤出机温区温度见表 6-6，针对生产实际，对各配合比生产过程进行评价。配合比 1 与重钙粉相比，钨尾矿在挤出塑料管材过程中，螺杆扭矩基本不变，阻力稍微变大，可通过适当减小进料速率来调节。制品光泽度较好，综合性能良好，表明钨尾矿可在生产中与重钙粉配合使用。配合比 2 填充量降低，加工过程正常，生产速率较快。配合比 3 和 4 的填料粒度变细，相比配合比 1，其阻力变大现象有所缓解，表明钨尾矿再生产中可完全代替重钙粉。配合比 5 ~ 9 中塑料管材管壁增厚，给料速率不变，塑料挤出机各温区温度有所降低，塑料制品光泽度较好，抗压强度提高，综合性能均达到企业应用要求。通过不同配合比生产试验可看出，钨尾矿部分或全部取代重钙粉，不影响塑料管材生产过程，钨尾矿填充量可达 120%，生产的 PVC 塑料管材性能良好。

表 6-6　塑料管材挤出机温区温度　　℃

编号	一区	二区	三区	四区	五区	六区	七区	八区
1	200	195	185	178	176	178	195	200
2	195	190	175	170	170	170	190	200
3	200	195	185	178	176	178	195	200
4	200	195	185	178	176	180	195	200
5	172	172	173	173	185	190	190	178

续表

编号	一区	二区	三区	四区	五区	六区	七区	八区
6	175	175	178	178	185	190	190	178
7	176	173	178	173	185	187	190	180
8	174	175	175	178	183	190	188	179
9	175	175	178	178	185	190	190	177

3. 产品性能检测

对塑料管材取样进行环段热压缩力、维卡软化温度、落锤冲击试验、纵向回缩率和体积电阻率的塑料性能检测。表6-7为配合比8的塑料管材产品质量检测结果，由表6-7可以看出，塑料管材产品的各项检测结果均满足国家标准。这也表明钨尾矿粉替代重钙粉可以制备出满足国家标准规范要求的塑料管材产品。

表6-7 塑料管材产品性能

性能	技术要求	检测结果	单项结论
环断热压缩力/kN	≥0.45	0.452	合格
维卡软化温度/℃	≥93	93.1	合格
落锤冲击试验	9/10 通过	10/10 通过	合格
纵向回缩率/%	≤5.0	2.2	合格
体积电阻率/（Ω·m）	$\geq 1.0\times10^{11}$	1.4×10^{11}	合格

6.3.2 尾矿制备生物陶粒

1. 钨尾矿制备生物陶粒

以江西大余下垄钨矿的尾矿为主要原料，以炉渣、粉煤灰、黏土为辅料，采用焙烧法进行了制备多孔生物陶粒滤料的试验研究。尾矿的化学组成见表6-8，其他辅助材料为浓盐酸、造孔材料（木屑或泡沫塑料）、黏结剂（改性淀粉）、丙烯酸酯型白色涂料、二甲苯溶剂等。

表6-8 钨尾矿的化学组成

化学组成	SiO_2	Al_2O_3	CaO	K_2O	Na_2O	Fe_2O_3	其他
质量分数/%	79.60	8.50	0.11	1.43	1.02	1.75	6.31

钨尾矿制备生物陶粒工艺流程如图6-7所示。用20%的盐酸溶液对尾矿进行改性处理，使其具有大量的孔洞。将改性尾矿与炉渣、粉煤灰、黏土按一定比例混合搅拌均匀并添加少量造孔材料和黏结剂，在造

粒机上制成球形陶粒生料。将陶粒生料放入电热恒温干燥箱于120℃下烘1h，然后转入马弗炉，在1h内升温至500℃，恒温10min，再将温度调至800～1200℃焙烧30min，出炉自然冷却至常温。将焙烧产品置于球磨机中以自磨方式打磨表面后，用喷枪喷涂经二甲苯稀释的丙烯酸酯型白色涂料，常温干燥后即得最终生物陶粒产品。喷涂丙烯酸酯型白色涂料时空压机压力为0.2～0.5MPa，喷枪雾化角度为30°～50°，喷枪口离陶粒距离为15～50cm，常温干燥时间为0.5～1.5h，涂层干膜厚度为20～30μm。

试验结果表明，钨尾矿、炉渣、粉煤灰、黏土的体积比为4：1.5：1.5：1，焙烧温度为1100℃条件下，制备出的生物陶粒粒子密度为1.61g/cm^3，堆积密度为1.10g/cm^3，比表面积为9.7m^2/g，酸可溶率为0.17%、碱可溶率为0.33%，筒压强度为8.1MPa。用该生物陶粒处理COD_{Cr}（化学需氧量）为817mg/L的实际污水，挂膜速度快，微生物附着量大，易反冲洗，20天COD_{Cr}下降率达到93%以上。

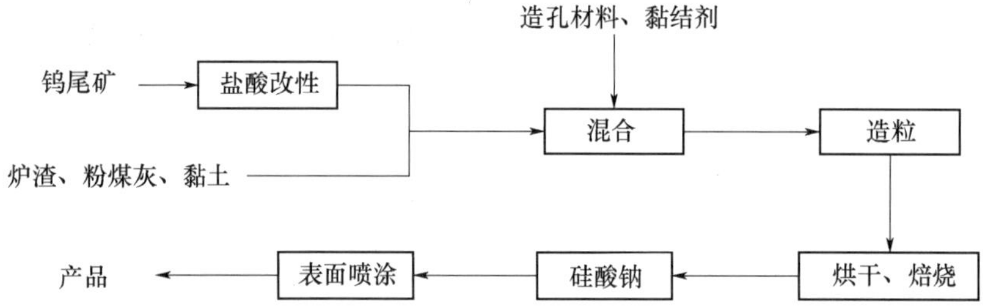

图6-7　生物陶粒制备工艺流程

2. 铁尾矿制备生物陶粒

以唐山迁安铁矿的尾矿为主要原料，以炉渣、粉煤灰、石灰石、有机物外加剂（造孔剂和黏结剂）为辅料进行了制备生物陶粒的试验研究。其中铁尾矿、炉渣、粉煤灰、石灰石的化学组成见表6-9。按照一定的配合比准确称取各原料于水泥净浆搅拌机中，加入27%的自来水搅拌均匀，采用手工成球的方式制得3～5mm的生料球，在（105±5）℃下烘干3h以去除自由水，然后置于高温电阻炉中，按设定升温程序升温至1100℃煅烧30min，陶粒产品在室温下自然冷却即得铁尾矿生物陶粒。

通过污水处理试验，确定原料配比为铁尾矿86%、炉渣7%、粉煤灰5%、石灰石1%、外加剂1%，在煅烧温度1100℃的条件下，可制得表面粗糙、粒径3～5mm、吸水率14.01%、孔隙率31.07%、堆积密度1.12kg/m^3、表观密度1.92kg/m^{3}的陶粒，30h对生活污水的浊度去除率为64.02%，COD_{Cr}去除率高达79.48%，效果显著。

表6-9 原材料的化学组成 %

原料	SiO_2	Al_2O_3	Fe_2O_3	CaO	MgO	K_2O	Na_2O	附着水分	烧失量
铁尾矿	57.56	10.77	13.73	4.43	4.10	2.58	2.11	4.32	2.85
炉渣	4.04	15.47	19.93	38.21	11.60	0.74	1.05	1.56	0.16
粉煤灰	52.33	32.52	4.96	3.65	1.42	0.96	0.34	3.93	1.58
石灰石	2.15	0.42	0.27	53.04	1.32	0.20	0.19	0.80	42.12

3. 铅锌尾矿制备生物陶粒

以南京银茂铅锌矿业有限公司的浮选尾矿为原料，水玻璃和木质素作为添加剂，通过高温焙烧，制备了水处理陶粒，并用其对选矿废水进行了吸附处理试验研究。铅锌尾矿中主要矿物为硅酸盐类矿物，还含有部分Fe、Mn和Al等氧化物，烧失量为18.93%。陶粒的制备过程为称取30g全尾矿置入烧杯中，量取一定体积的蒸馏水，搅拌均匀。利用圆盘造粒机将其制成直径为5～10mm的小球，放入电热鼓风干燥箱在105℃下烘2h，再放入高温箱式电炉控制箱，在一定的温度下焙烧2h，关闭高温箱式电炉控制箱使陶粒在炉内冷却12h，取出陶粒。

试验结果表明，利用全尾矿在800℃下焙烧制备的陶粒对选矿废水的COD_{Cr}吸附效果较好，其最佳吸附时间是30min，温度是常温，最佳投加量是2g/100mL，最佳pH值为8左右，COD_{Cr}去除率和吸附容量分别可达到87.1%和17.85mg/g。为了减少尾矿的脱落，增加陶粒的强度，又进行了添加黏结剂的试验。通过不同黏结剂对吸附效果的影响试验，确定加入的黏结剂为水玻璃和木质素，加入量为水玻璃（2.5g）+木质素（2.5g）/30g尾矿，在800℃下焙烧时间2h后制成的水处理陶粒，在强度上不易被水流冲刷脱落，且其吸附容量达到22.84mg/g。

6.3.3 尾矿制备高效絮凝剂

1. 硫铁尾矿制备聚合氯化铝铁

以川南矿业有限责任公司选出硫铁矿后的尾矿高岭土为原料，进行煅烧后，再用酸溶出原高岭石结构内的Fe_2O_3和Al_2O_3，从溶液中回收铝盐和铁盐，通过聚合反应可制得聚合氯化铝铁混合净水剂，而铁含量大大降低的滤渣可作为制造微晶玻璃的原料。硫铁尾矿制备聚合氯化铝铁的工艺流程如图6-8所示。

将制得的聚合氯化铝铁用于去除废水浊度，表明它是一种新型高效絮凝剂。与常用絮凝剂聚合氯化铝相比，聚合氯化铝铁在絮聚-絮凝净水过程中，具有絮凝体形成快，致密、絮团粗大，而且沉降速度快的特点。水中的泥沙及其他物质被粗大的絮凝体吸附而一起沉降，使水质立即澄清，特别适用于高浊度原水快速除浊应用。聚合氯化铝铁应用于处理废水，不但处理效果好，易于操作，而且用药量少，絮体沉降性能好，净水中残余铝的比率低，是一种优越的无机高分子絮凝剂。

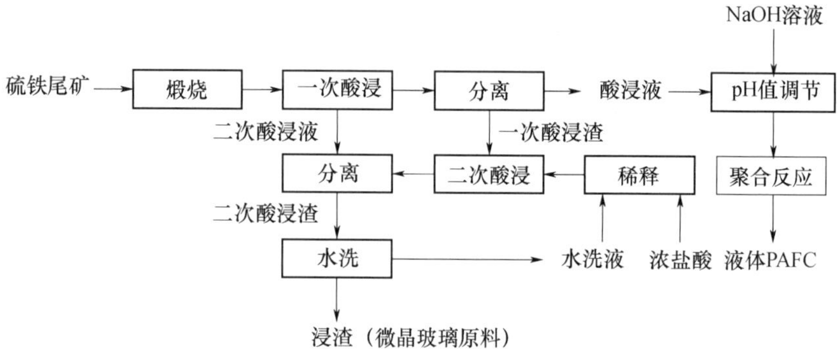

图 6-8　硫铁尾矿制备聚合氯化铝铁的工艺流程

2. 赤铁矿尾矿制备聚合磷硫酸铁

以武钢恩施赤铁矿磁选后的尾矿作为原料，通过酸浸、还原、聚合等一系列工艺，制备出高盐基度的聚合磷硫酸铁，并利用制备出的聚合磷硫酸铁对模拟高岭土废水进行了处理。

通过试验确定了酸浸过程的较佳条件为温度 90℃，搅拌时间 1.5h，搅拌速度 400r/min，酸过量系数 1.5；还原过程的较佳条件为时间 2h，温度 50℃，铁屑过量系数 1.4；聚合磷硫酸铁的聚合条件为 n（NaClO）：n（Fe^{2+}）=0.16，n（Na_3PO_4）：n（Fe^{2+}）=0.075，聚合温度 75℃，聚合时间 30min。

对高岭土模拟水样中投加自制聚合磷硫酸铁、聚合硫酸铁和聚合氯化铝等絮凝剂进行絮凝试验，考察了 pH 值、絮凝剂用量以及沉降时间对余浊和透光率的影响，结果显示，在絮凝试验中，自制聚合磷硫酸铁的絮凝性能远优于聚合硫酸铁和聚合氯化铝。

6.3.4　尾矿制备纳米二氧化硅

自 1984 年纳米材料问世以来，这种新材料引起了人们的极大关注，其研制、生产及应用开发是现代高科技领域的一个重要组成部分，西方发达国家已经把它的研制开发工作作为一项重要的战略任务，纳米二氧化硅就是其中的一种纳米材料。由于纳米二氧化硅具有许多优异的特性，如纯度高、比表面积大，在二氧化硅中硅醇基和活性硅烷键能形成强弱不等的氢键结合，具有吸湿性、消光性、绝热性、绝缘性等特殊性能，因此纳米二氧化硅广泛应用于催化剂载体、高分子复合材料、电子封装材料、精密陶瓷材料、橡胶、造纸、塑料、玻璃钢、黏结剂、高档填料、密封胶、涂料、光导纤维、精密铸造等诸多行业的产品中，几乎涉及所有应用二氧化硅粉体的行业。

尾矿中的二氧化硅占有比率较高，因此是良好的制备纳米二氧化硅的原材料。尾矿粒度相对于晶体或单晶体而言较细，具有较大的反应界面，反应放热多，而且反应速度加快；同时，由于尾矿的颗粒细小，为采用高温固相反应法提取其中的二氧化硅提供了便利，不需要对尾矿进行研磨等前期处理，降低了成本。同时，细小的尾矿颗粒比表面积较大，与溶剂的接触面积相应增加，使反应速度加快，降低了溶剂的用量。

利用尾矿制备纳米二氧化硅：第一步是对二氧化硅进行提取，将尾矿中的二氧化硅转化为硅酸钠；第二步是以尾矿制备的硅酸钠提取液位原料，通过超声沉淀法制备纳米二氧化硅。该技术方法工艺简单，重复性好，控制方便，具有较高的经济效益、环境效益和较宽广的市场推广前景，为该类型尾矿的开发利用提供了重要的途径。

（1）二氧化硅提取。以尾矿、碱性溶剂（如氢氧化钠等）为原料，采用高温固相反应法将二氧化硅转化为硅酸钠，然后用蒸馏水溶解出硅酸钠，达到提取的目的。其反应原理见（式 6-1），提取二氧化硅的工艺流程如图 6-9 所示。

$$SiO_2 + 2NaOH = Na_2SiO_3 + H_2O \quad （式 6\text{-}1）$$

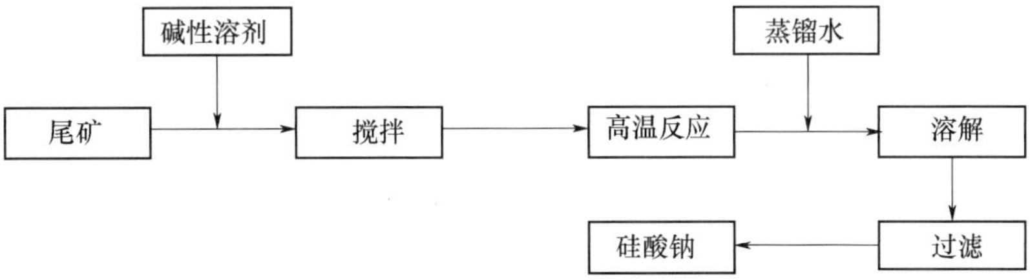

图 6-9　提取二氧化硅的工艺流程

（2）纳米二氧化硅的制备。以尾矿的硅酸钠提取液、盐酸为原料，通过液相超声沉淀法制备纳米二氧化硅，其生产原理见（式 6-2），制备纳米二氧化硅工艺流程如图 6-10 所示。

$$Na_2O \cdot mSiO_2 + 2HCl + nH_2O = mSiO_2 \cdot (n+1)H_2O \downarrow + 2NaCl \quad （式 6\text{-}2）$$

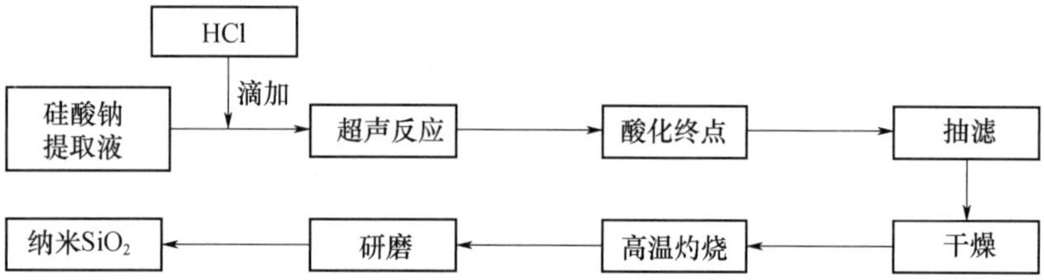

图 6-10　纳米二氧化硅的制备工艺流程

制备过程发现，超声波在纳米二氧化硅制备过程中的作用明显，能够提高产品的分散性，有效防止了纳米粒子的团聚，同时能够控制产品的粒径，使产品的粒子分布范围缩小，有效地提高了产品性能。

参考文献

[1] 张锦瑞，王伟之，李富平，等. 金属矿山尾矿资源化 [M]. 北京：冶金工业出版社，2014.

[2] 孟跃辉，倪文，张玉燕. 我国尾矿综合利用发展现状及前景 [J]. 中国矿山工程，2010，39（5）：4-9.

[3] 谭宝会，朱强，陈莹，等. 我国尾矿综合利用现状及存在的问题和发展对策 [J]. 矿山机械，2013，42（11）：1-4.

[4] 刘志强，郝梓国，刘恋，等. 我国尾矿综合利用研究现状及建议 [J]. 地质评论，2016，62（5）：1277-1282.

[5] 冯安生，吕振福，武秋杰，等. 矿业固体废弃物大数据研究 [J]. 矿产保护与利用，2018（2）：40-43，51.

[6] 杨小聪，郭利杰. 尾矿和废石综合利用技术 [M]. 北京：化学工业出版社，2018.

[7] 杨华明，欧阳静. 尾矿废渣的材料化加工与应用 [M]. 北京：冶金工业出版社，2017.

[8] 工业固废网，中华环保联合会固危废治理专业委员会. 中国大宗工业固体废物综合利用产业发展报告（2017 年度）[Z]. 2018.

[9] 工业固废网，中华环保联合会固危废治理专业委员会. 中国大宗工业固体废物综合利用产业发展报告（2018－2019 年度）[Z]. 2019.

[10] 刘玉林，刘长淼，刘洪召，等. 我国矿山尾矿利用技术及开发利用建议[J]. 矿产保护与利用，2018（6）：140-144，150.

[11] 张以河，胡攀，张娜，等. 铁矿废石及尾矿资源综合利用与绿色矿山建设 [J]. 资源与产业，2019，21（3）：1-13.

[12] 李颖，张锦瑞，赵礼兵，等. 我国有色金属尾矿的资源利用研究现状 [J]. 河北联合大学学报（自然科学版），2014，36（1）：5-8.

[13] 崔旭，宋少先，夏令，等. 尾矿减量化关键技术研究与应用 [J]. 现代矿业，2019（7）：161-165，182.

[14] 刘文永. 铁尾矿制备建筑材料技术 [M]. 北京：中国建材工业出版社，2012.

[15] 潘德安，逯海洋，刘晓敏，等. 铁尾矿建材化利用的研究进展与展望 [J]. 硅酸盐通报，2019，38（10）：3162-3169，3214.

[16] HAJATI A，KHODADADI A，KOLEINI S M. Flotation of zinc oxide minerals from low-grade tailings by oxine and dithizone using the Taguchi approach [J]. Minerals and Metallurgical Processing，2010，24（3）：158-165.

[17] BARRAZA J, GUERRERO J, PINERES J. Flotation of a refuse tailing fine coal slurry [J]. Fuel Processing Technology, 2013 (106): 498-500.

[18] SHIN M N, SHIM J, YOU Y, et al. Characterization of lead resistant endophytic Bacillus sp. MN3-4 and its potential for promoting lead accumulation in metal hyper-accumulator Alnus firma [J]. Journal of Hazardous Materials, 2012 (122): 314-320.

[19] 姚维信. 矿山粗骨料高浓度充填理论研究与应用 [D]. 昆明: 昆明理工大学, 2011.

[20] 张宗生. 金川矿山废石膏体配制与流变特性研究 [D]. 昆明: 昆明理工大学, 2008.

[21] 李立涛. 金川粗骨料充填料浆离析机理及控制技术研究 [D]. 北京: 北京科技大学, 2019.

[22] 陈军. 黄金尾矿井下充填现状综述 [J]. 中国矿山工程, 2019, 48 (3): 30-33.

[23] 刘建功, 李欣旺, 何团. 我国煤矿充填开采应用现状与发展 [J]. 煤炭学报, 2020, 45 (1): 141-150.

[24] 李小健. 选钼尾矿回收低品位白钨矿的实践 [J]. 中国矿山工程, 2012, 41 (2): 20-23.

[25] 王苹, 董风芝. 某铜矿尾矿的综合利用 [J]. 金属矿山, 2010 (3): 171-173.

[26] 薛军, 陈旭峰, 郑永超, 等. 依托京津冀协同发展战略, 通过资源化利用缓解北京砂石供需矛盾 [J]. 混凝土与水泥制品, 2017 (5): 1-4.

[27] 薛军, 郑永超, 陈旭峰, 等. 构建绿色供应链, 打赢蓝天保卫战 [J]. 建设科技, 2018 (9): 9-13.

[28] 陈旭峰, 徐景会, 赵营. 铁尾矿在预拌混凝土产业化应用的技术开发 [J]. 混凝土, 2014 (4): 112-114, 118.

[29] 冯永存. 铁尾矿微粉掺合料及其混凝土性能的研究 [D]. 北京: 北京建筑大学, 2015.

[30] 李莉. 铁尾矿微粉在硅酸盐胶凝体系中的作用及机理研究 [D]. 北京: 北京建筑大学, 2017.

[31] 吝晓然. 钒钛铁尾矿微粉作为掺合料制备预拌混凝土的研究 [D]. 邯郸: 河北工程大学, 2019.

[32] 黄天勇, 陈旭峰, 章银祥, 等. 分级铁尾矿砂对石膏基自流平砂浆性能的影响 [J]. 混凝土与水泥制品, 2018 (7): 91-94, 100.

[33] 黄天勇, 章银祥, 陈旭峰, 等. 铁尾矿砂在干混砂浆中的应用研究综述 [J]. 混凝土, 2017 (9): 133-135.

[34] 黄天勇, 陈旭峰, 章银祥, 等. 尾矿细砂制备特种干混砂浆生产线的关键技术研究 [J]. 混凝土与水泥制品, 2017 (7): 66-69.

［35］HUANG Tianyong，ZHANG Yinxiang，CHEN Xufeng，et al. Research on the Application of Fine Iron Tailings in Surface Mortar for External Thermal Insulation on Outer-walls［C］. Proceedings of the 2016 International Forum on Energy，Environment and Sustainable Development，2016（4）：971-976.

［36］FONTES W C，MENDES J C，DA SILVA S N，et al. Mortars for laying and coating produced with iron ore tailings from tailing dams［J］. Construction and Building Materials，2016（112）：988-995.

［37］ARGANE R，BENZAAZOUA M，HAKKOU R，et al. Reuse of base-metal tailings as aggregates for rendering mortar：Assessment of immobilization performances and environmental behavior［J］. Construction and Building Materials，2015（96）：296-306.

［38］ARGANE R，BENZAAZOUA M，HAKKOU R，et al. A comparative study on the practical use of low sulfide base-metal tailings as aggregates for rendering and masonry mortars［J］. Journal of Cleaner Production，2016（112）：914-925.

［39］代文彬，郑永超，陈旭峰，等. 钼尾矿水泥免烧砖压制工艺及着色特性［J］. 工程科学学报，2018，40（10）：1196-1207.

［40］战佳宇，耿春雷，李万民，等. 基于钼尾矿资源化利用的硅酸钙板制备及性能研究［J］. 环境工程，2017，35（S）：300-303.

［41］战佳宇，杨飞华，耿春雷，等. 钼尾矿机械活化处理及对硅酸钙板性能的影响［J］. 混凝土与水泥制品，2017（6）：56-59.

［42］张思思，陈旭峰，李春萍. 尾矿及其浸出液重金属形态分析与评价［J］. 应用化工，2017，46（6）：1108-1112，1117.

［43］苏静. 尾矿及其建筑材料的重金属迁移固化的研究［D］. 北京：北京交通大学，2017.

［44］彭康，伦惠林，李阿鹏，等. 钨尾矿综合利用的研究进展［J］. 中国资源综合利用，2013，31（2）：35-38.

［45］崔长征，缑明亮，孙阳，等. 从铅锌尾矿中回收重晶石的应用研究［J］. 矿产资源利用，2011（3）：47-49.

［46］刘占华，孙体昌，孙昊，等. 从内蒙古某高硫铁尾矿回收铁的研究［J］. 矿冶工程，2012，32（1）：46-48.

［47］夏长念，孙学森. 充填采矿法及充填技术的应用现状及发展趋势［J］. 非金属矿，2012，35（5）：22-24.

［48］张修香，乔登攀. 废石-为尾矿高浓度料浆的流变特性及输送参数优化［J］. 昆明理工大学学报（自然科学版），2015（3）：39-45.

［49］张学董，朱晓丽，幺琳，等. 高产量铁尾矿陶粒滤料的制备［J］. 科技创新与应用，2014（15）：26-27.

［50］赵通林，陈中航，陈广振. 小岭子磁选尾矿回收处理工艺研究［J］. 中国矿业，2014，23（4）：115-117.

[51] WU J, LI Z, HUANG Y, et al. Crystallization behavior and properties of K_2O—CaO—Al_2O_3—SiO_2 glass-ceramics [J]. Ceramics International, 2013, 39 (7): 7743-7750.

[52] DASH M K, PATRO S K, RATH A K. Sustainable use of industrial – waste as partial replacement of fine aggregate for preparation of concrete-A review [J]. International Journal of Sustainable Built Environment, 2016 (5): 484-516.

[53] 廖茂茵. 利用某金矿尾矿制备纳米二氧化硅的方法研究 [D]. 广州：广东工业大学，2012.